生态城市设计：中国新型城镇化的生态学解读

Eco-City Design: An Ecological Approach for China's Urbanization

伍业钢 ［美］斯慧明 主编

江苏凤凰科学技术出版社

图书在版编目（CIP）数据

生态城市设计 ： 中国新型城镇化的生态学解读 / 伍业钢，（美）斯慧明主编. -- 南京 ： 江苏凤凰科学技术出版社，2018.3

ISBN 978-7-5537-8992-7

Ⅰ. ①生… Ⅱ. ①伍… ②斯… Ⅲ. ①生态城市－城市规划－建筑设计－研究－中国 Ⅳ. ①TU984.2

中国版本图书馆CIP数据核字(2018)第021151号

生态城市设计：中国新型城镇化的生态学解读

主　　编	伍业钢　[美]斯慧明
项目策划	凤凰空间 / 曹　蕾
责任编辑	刘屹立　赵　研
特约编辑	曹　蕾　石　磊
出版发行	江苏凤凰科学技术出版社
出版社地址	南京市湖南路1号A楼　邮编：210009
出版社网址	http://www.pspress.cn
总　经　销	天津凤凰空间文化传媒有限公司
总经销网址	http://www.ifengspace.cn
印　　刷	天津市豪迈印务有限公司
开　　本	710 mm×1000 mm　1/16
印　　张	23.5
字　　数	374 000
版　　次	2018年3月第1版
印　　次	2018年3月第1次印刷
标准书号	ISBN 978-7-5537-8992-7
定　　价	228.00元

图书如有印装质量问题，可随时向销售部调换（电话：022-87893668）。

编委会

前 言

这些年来一直想编写《生态城市设计：中国新型城镇化的生态学解读》这本书。感谢团队每位设计师的智慧和努力，我们终于将这几年来最优秀的一部分作品展现给设计伙伴、城市管理者、研究工作者以及关心生态城市建设的朋友们，希望得到大家的关注和评论。作为生态城市设计师，我们曾经困惑、曾经执着，我们时时刻刻都在考问自己，什么是生态城市？为什么需要生态城市？如何设计生态城市（理念和技术）？

当我们第一次接受淮北生态城市总体规划任务时，我们似乎很明确，生态城市设计就必须是生态可持续的城市设计。而城市的可持续设计就必然要充分了解城市发展的生态承载力，即限制因素或“瓶颈”，更应该把握城市发展过程中的生态关系，即生态城市设计的三要素：生态承载力、生态关系、生态可持续性。

然而，淮北作为煤矿城市（第一章），面临着煤矿资源枯竭亟需转型的“瓶颈”，并受近100平方千米的采矿塌陷区（主城区367平方千米的1/4）的制约。但是，我们通过生态规划和科学分析，认为塌陷区能够保持23平方千米的湿地和水面。同时，生态规划综合考虑了以下三大核心问题：（1）城市建设用地、农业用地、防洪防旱防内涝的土地利用功能；（2）大面积的湿地净化出的水流入淮北的5条污水水系；（3）城市临水而建、沿水而居，打造淮北“江南水乡”。

生态城市设计的目标就是要把握城市发展的限制因素，调整好城市发展的各种生态关系，让城市有一个可持续发展的明天、一个繁荣兴旺的未来。生态城市设计的三要素为生态承载力、生态关系、生态可持续性。生态城市设计的核心永远是实现生态效益、经济效益、社会效益的最大化和可持续性。

从根本上改变淮北水资源和水质的困境，确定水体的面积、深度、形状、沿水线长度，理顺塌陷区的各种生态关系，提升了城市和塌陷区的土地价值。从这个意义上讲，塌陷区给予淮北新的机遇，因为生态城市规划的目标就是要把握城市发展的限制因素，调整好城市发展的各种生态关系，实现生态效益、经济效益、社会效益的最大化，生态城市设计的核心永远是这三大效益的最大化和可持续性。

在生态城市设计的每一个过程中，我们都在问什么是生态城市、生态城市的标准是什么。通过对洛阳伊洛新区（第二章）50 平方千米的水生态文明城市设计，我们定义了水生态文明城市建设的六条标准，并付之于设计之中。这六条标准包括：水生态安全、水环境保护、水资源可持续、水景观美好、水文化传承、水经济繁荣。水生态文明建设是生态城市基础建设的动脉；水生态文明是以水资源环境承载力为基础，实现人与自然水系和谐共生、城市与水系的良性循环和可持续发展。因此，所谓生态城市也就是以水流域资源、自然资源、地形资源、植被资源、气候资源等生态资源承载力为基础，实现人与生态资源的和谐共生、经济与生态资源的可持续发展、社会与生态资源的良性循环、城市基础设施及空间格局与生态资源的相互吻合，并以可持续发展为目标的资源节约型、环境友好型城市。

生态城市设计必然是城市水系设计。水是城市的动脉，以往的城市设计是让水按人们的意志改道，去弯取直，改宽阔的河漫滩为狭窄的河床和两侧高耸的堤岸，更有甚者，围湖造城或在百年洪水线内建城。在萍乡麻山新区（第三章）的设计中，我们反其道而行之，空间设计优先考虑水系（萍水河）的自然格局。按年均和历史最大连续降雨量区划百年一遇洪水淹没区，并在淹没区内限制城市建设，代之以湿地公园建设、水系建设、农用地建设，给洪水留有足够的空间。将城市建设在百年一遇的洪水线高程之上，既保证了城市防洪防旱防内涝的功能，又实现了城市临水而居的宜居环境。因此，城市防洪防旱防内涝的设计及城市临水而居的宜居环境设计是生态城市设计的关键，也是生态城市设计的重要理念。

显然，生态城市设计的理念和技术对当前中国新型城镇化的建设具有非常重要的生态学指导意义。长春市合心镇（第四章）是中国高铁制造基地重镇，合心镇必须启动新型城镇化的建设，以适应高铁作为中国的品牌和合心镇作为高铁国际窗口的地位。但新型城镇化新在哪里？通过合心镇的设计可以总结得出：新在生态设施、新在生态基础设施、新在可持续性、新在智慧城市、新在节能低碳、新在产城融合、新在宜居宜业、新在根植于文化、新在现代建筑、新在合理的空间格局、新在与周边环境的融合、新在天际线的美丽、新在城市的多样性、新在城市按特色小镇组团式的扩展。

可喜的是，中国的新型城镇化伴随着特色小镇建设的兴起，使生态城市设计追求城市的多样性、唯一性、特殊性的目标得以实现。每一个城市设计都是一个新的创作，都要融入当地独特的自然、气候、文化、历史、产业、人文、社会，不能千城一面。这些追求都体现在我们设计的淮北塌陷区耶鲁高科技小镇、长春合心镇的中国高铁之窗小镇、宁国港口新工业小镇（第五章）、秦皇岛抚宁区（第十章）天马湖边的天马体育小镇和长城脚下的足球小镇。

新型城镇化的生态城市设计离不开生态基础设施设计，在大连市庄河康养景区（第七章）的生态基础设施设计中，我们推荐了一系列的生态基础设施建设指标，包括海绵城市设计、生态水系设计、绿色交通设计、绿色建筑设计、绿地景观设计、管廊设计、给排水及污水处理厂设计、步行道自行车道设计、垃圾桶及垃圾回收处理设计、路灯及智慧标识设计、低碳设计、容积率绿地率设计。生态基础设施设计已经成为生态城市设计中最有技术含量和创意的设计内容。

没有产业自然也不会有城市，也就没有生态城市设计。因此，生态城市设计第一要素应该是产业设计，新型城镇化的“新”也体现在产城融合的生态城市。在我们的生态城市设计中，有些是为有针对性的产业所做的产城融合设计，比如宁国的港口工业小镇。有些是改造设计中为未来城市建设和发展协调所导入的产业和产城融合设计，比如绍兴水城（第八章）。产业导入除了传统工业、新兴工业、转型工业，还包括了农业的产业化（秦皇岛抚宁区农业产业园设计）和农村的美丽乡村建设和城镇化生态基础设施建设（萍乡麻山新区新型城镇化及美丽乡村建设）。产业的类型、空间格局、经济效益和可持续性是生态城市设计最具挑战性的设计。

我们的生态城市设计除了把农业作为产业设计的一部分，同时也把旅游业作为产业的一部分，作为产城融合的总体，或称旅游综合体，这一设计最成功的案例体现在天津蓟州区（第九章）矿山生态修复及旅游综合体设计。这应该是我们的首创，在需要花巨资的矿山生态修复中，引入产业和旅游综合体，使之成为营利的项目；通过生态修复，把负资产的矿山废弃地打造成为正资产的旅游产业综合体，使生态城市设计成为真正意义上的顶层设计和可持续经济的创新杰作。

最后，我们特别推荐第六章青岛市琅琊组团生态与产业空间格局设计。它不仅推崇城市组团式的发展和设计模式，而且对以生态为基础的规划设计和产业空间格局的融合做了非常深入的讨论。其设计文本熟练，思路清晰，空间格局流畅，已经成为我们生态城市设计的范本。

其实本没有“生态城市设计”，城市设计本来就应该以生态为本，既能满足人类的各种需求，又能可持续发展。但是城市发展的历史上，出现了大量无序的城市扩张和“摊大饼”式的发展，破坏了城市的生态环境，人们这才开始反思城市设计应当统筹考虑其他方面，考虑生态城市的发展和设计。生态城市设计是以生态本底为基础，可持续地满足人类发展需求（生态的、经济的、社会的），也是生态、产业、空间共融共生的结果。从某种程度上讲，生态保护和经济发展及空间承载力有一定的矛盾，人类一直孜孜不倦地在三者的博弈中寻求一个平衡点。当生态、空间、产业格局相契合时，即可实现生态效益、经济效益和社会效益在内的综合效益最大化。在追求综合效益之后，我们又要去寻求城市的精神和灵魂。人与环境是相互影响的，城市的时间与空间格局反映并影响着人类发展：当布鲁诺因支持日心说而被烧死在罗马鲜花广场，当青年学生在天安门爆发五四运动时，我们很难说这些空间只是冰冷冷的建筑围合起来的，这些空间不但记载和见证了历史，也飘扬着伟大的思想和永恒的灵魂。我们本着对自然、对城市、对人类的敬畏，将这样的规划思想融入每一项城市设计当中，希望能够满足生态城市可持续发展的需要。

读者在这本书里还应该看到，我们的每一项生态城市设计都包含了详细的经济分析。难道是因为生态学的“Ecology”和经济学的“Economy”都含有“Eco”的原因？如果“Eco”可以理解为“家园经济”，那么，“城市生态”和“城市经济”在某种意义上是互通的，生态城市设计就不可能没有经济分析。当然，我们的每一项生态城市设计都希望能落地。要落地，就不能不考虑投资回报等经济分析，尤其是目前国家新型城镇化发展所配套的 PPP（Public-Private-Partnership）战略，使得我们的生态城市设计更有商业模式、项目落地、投融资的实际意义。

作为生态城市设计的设计师，我们很清楚，城市设计理所当然都应该是生态的、可持续的。城市设计师追求的是百年作品，可当前的大拆迁和新型城镇化建设，不能不引起我们的反思。为什么我们的城市建设总是留有短命的年代烙印？为什么我们的城市总是越来越不宜业宜居？为什么我们的城市发生越来越严重的内涝和雾霾？这许许多多的为什么无疑是对我们城市设计师的一种挑战。跟读者一样，我们希望通过生态城市设计寻找一条城市可持续发展的道路。简单地说，就是通过生态城市设计，使我们的作品，或者说使我们的城市能够得以留存百年。这对于我们城市设计师既是奢侈的，也是现实的。

伍业钢 斯慧明
《生态城市设计：中国新型城镇化的生态学解读》编委会
2016 年 10 月

目 录

第一章

淮北市生态城市
总体规划设计

淮北生态城市总体规划设计以绿色、低碳、生态为理念，建立在生态可持续性和经济发展的最大潜力的总体效益的宗旨上，为淮北提供了全方位的发展愿景，阐述了淮北在环境、经济、社会、工业、农业、生态、能源等领域未来发展的动态和活力。这个项目的重点是 100 平方千米采煤塌陷区改造，通过塌陷地再利用，将采煤塌陷地建成绿地、湖泊，植入精品旅游项目，为塌陷区创造出不可估量的地产价值，打造出新的淮北生态城。此外，交通网络、新能源、生态农业、清洁水系、宜居社区、高端产业等规划将为淮北打造出新的城市名片，为淮北创造无限的商机、美好的生态人居、源源不断的投资、旺盛的旅游业以及繁荣的经济。淮北生态城市设计确定了城市发展的方向和城市发展的各种限定和界限，防止城市的无度和混乱发展。

第一节　淮北建设生态城市的背景

一、城市简介

1. 城市区位

淮北市位于安徽省北部，总面积2770平方千米，占全省总面积的1.95%，其中濉溪县2399平方千米，市区371平方千米（城区22.5平方千米）。淮北距徐州观音机场60千米，6条国道、省道以及连霍、京福和正在建设的泗许高速公路穿境而过。较好的区位优势，方便快捷的立体交通网络，为淮北加快发展、跨越发展提供了低成本的人流、物流和广阔的空间。

2. 城市气候

淮北市地处中纬度地区，属暖温带半湿润季风气候区。主要气候特征是季风明显，四季分明，气候温和，雨水适中，春温多变，秋高气爽，冬季显著，夏雨集中。

3. 城市地形

淮北市地处淮北平原中部，地势自西北向东南微倾，除东北部有少量低山地形分布外，其余为广阔平原。其主要类型是山丘、平原、湖洼地、河流。

4. 自然资源

淮北市土地总面积2770平方千米，其中耕地面积1359.88平方千米，林地面积232.67平方千米，水域面积100平方千米，养殖水面83.33平方千米，荒沙、荒漠14.67平方千米。淮北地区土壤类型主要有潮土和砂礓黑土两大类。淮北煤、铁、铜、金等矿产资源储藏量较为丰富，其中煤炭资源最具优势，煤种齐全、煤质优良、分布广泛，远景储量350亿吨，工业储量80亿吨。古稀珍贵树木有古柏、古槐、银杏等。果树主要有杏、桃、核桃、石榴、蜜枣等。淮北农业基础雄厚，它是国家重要的粮食、棉花、畜牧、丝绸和其他农副业的生产基地。淮北位于黄河与淮河之间的小麦生产带，其小麦年产量高达5亿千克。

二、城市在传统煤炭产业发展下出现的问题

淮北是全国13个重点煤炭基地之一，是一个典型的资源型城市。建市50余年累计生产原煤8亿吨，为国家经济建设作出了历史性贡献。但长期的煤炭开采对环境造成了破坏性影

响，城市付出了相应的沉重代价。2009 年 3 月 5 日，国家发展和改革委员会公布了第二批 32 个资源枯竭型城市名单，淮北名列其中。这些影响具体表现在以下几个方面。

1. 生态环境破坏严重

煤炭开采对生态环境的破坏非常严重，废水、废气、废渣和采煤塌陷（图 1-1-1）等问题层出不穷。近 50 年的大规模开采已造成 200 平方千米土地沉陷。这些塌陷地严重破坏地表自然形态、建筑物和农田，致使周围生态环境由陆地环境转变为水生生态环境，由此引起的水土流失、耕地减少、资源浪费等问题愈加突出。长期过量开采造成地下水水位下降，也使得淮北成为全国缺水较严重的城市之一（图 1-1-2）。

图 1-1-1 采煤塌陷地

图 1-1-2 水资源枯竭

2. 社会负担日益沉重

由于资源枯竭，矿井关闭破产，煤炭企业减员增效，职工下岗失业问题以及因采煤塌陷造成耕地减少、农民失去土地的问题比较突出。

3. 产业结构单一、层次低、高度刚性

淮北是工业城市，因资源而立，因资源而兴。在经济上严重依赖资源开采、加工，资源产业一枝独秀，导致第一产业基础薄弱，第三产业发展缓慢、滞后。

煤炭产业以采掘和火力发电为主，供应市场的主要是初级产品，科技含量低，产品增加值小，深加工严重不足，产业链条短，产业间横向协调差，纵向水平低。

产业结构高度刚性，缺乏结构调整的激励，使得城市经济长期过分依赖煤炭。

4. 城市化质量和水平偏低，城市功能不够完善

城市布局“点多、线长、面广”，基础设施不配套，服务功能不健全，严重制约和影响了城市化进程，无法形成中心城市聚集、辐射效应。

5. 低碳经济冲击传统产业

低碳经济是以低能耗、低污染、低排放为基础的经济模式，淮北市传统煤电产业高耗能、高污染、高排放、低收益的经济模式与其背道而驰，传统产业升级成为形势所需。

以上严峻的现实、潜在的压力，迫使淮北必须实行城市转型。

三、国家支持淮北建设生态城市的相关政策

习近平总书记在阐述生态与文明的关系时指出：“生态兴则文明兴，生态衰则文明衰。”这一观点既蕴含着中国传统文化的哲学思想，又贯穿了马克思主义历史唯物主义和辩证唯物主义的哲学思维。纵观历史，放眼世界，人类文明都不可能脱离这条社会发展的普遍定律。

党的十八大首次把生态文明建设纳入我国社会主义现代化建设“五位一体”的总布局之中。十八大报告指出：“必须更加自觉地把全面协调可持续作为深入贯彻落实科学发展观的基本要求，全面落实经济建设、政治建设、文化建设、社会建设、生态文明建设五位一体总体布局，促进现代化建设各方面相协调。”可以说，生态文明建设已经上升到我国社会主义现代化根本属性的战略高度，成为我国现代化建设顶层设计的重要内容和显著特征之一。在我国现代化建设“五位一体”总体布局的新阶段，在全面建成小康社会的新的历史时期，淮北市加快建设生态文明城市具有极其重要的现实意义。淮北向生态城市转型势在必行。

第二节 淮北建设生态城市的具体策略

淮北生态城市建设总体规划是建立在生态可持续性和经济发展的最大潜力的总体效益的宗旨上，综合了各个区域的和谐发展、长期和短期的发展策略，将这些理念融合于整个区划过程中，为淮北未来发展提供科学发展的美好蓝图。

一、淮北市生态城市建设的五大要素

可持续城市的五大要素是：能源、食物、交通、垃圾处理、水。

1. 能源

根据中国国家能源战略，我们建议淮北的能源产出模式从煤炭能源转向可持续能源，采用新的技术采集煤层中的天然气，发展智能采煤技术、清洁煤技术，全面开发低水头发电、风能发电、太阳能、生物能源、地热能交换等新能源（图 1-2-1 ~ 图 1-2-4）。规划还建议，在淮北丰富的湿地和公园内大量种植柳枝稷或芦苇一类的生物能源植物，增加就业机会和开发新的产业。另外，海藻的大量培植和海藻生物能源的发展，对于淮北来说有着重要的意义。淮北的煤炭燃料电厂以排放二氧化碳为主，海藻可以通过生长将工业排放的二氧化碳转化成大量的生物量和生物能量。这是一个新兴的生物能源领域。

图 1-2-1 煤炭

图 1-2-2 太阳能

图 1-2-3 清洁煤技术

图 1-2-4 地热能

2. 食物

淮北生态城市规划的另一个重要理念在于保护农业、农田以及发展高价值农业经济和食品安全的可持续模式。

淮北绿色农业经济的发展（减少浪费、提高产量的高性能农业）也将把这一特色农田发展成淮北农业旅游景点，同时增加农产品的价值。具体包括：

生态农业。淮北应该鼓励和发展生态农业产业（减少污染，高产量、高产值农业）（图 1-2-5），尤其是淮北西南的农田应优先发展高价值作物。

都市农业。加大都市农业的发展（图 1-2-6）。

图 1-2-5 生态农业

图 1-2-6 都市农业

温室农业与水培农业（图 1-2-7、图 1-2-8）。推广运用水培养殖系统技术的高产温室，这些温室结合养殖各种鱼虾和种植多种农作物及蔬菜。我们规划塌陷区北湖南部区 30% 的湖面作为浮动温室（图 1-2-9）。

屋顶菜园或屋顶绿化（图 1-2-10）。新的建筑和厂房，提倡绿色屋顶，在屋顶上种植植被、蔬菜、水果、花卉等，这个理念应在淮北小规模发展并逐步推广。

图 1-2-7 温室农业

图 1-2-8 水培农业

图 1-2-9 浮动温室

图 1-2-10 屋顶花园

3. 交通

交通系统的规划体现了一个城市的风貌。淮北构建交通网络的关键在于考虑与区域、全中国、全球的整合和连接，它必须是全方位的、网络的、畅通的、开放的（图 1-2-11）。具体策略有：

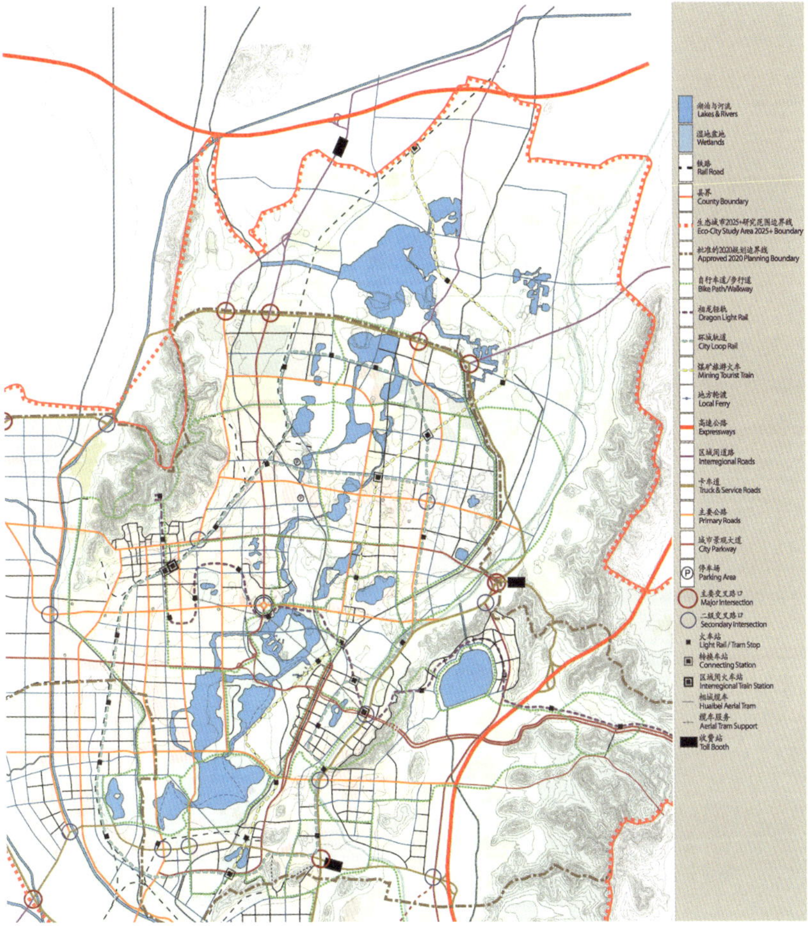

图 1-2-11 淮北交通规划（2020 年）

（1）环城轨道（图 1-2-12）。淮北应该尽快将现有的矿区铁路连接起来，建设成新的环城铁路交通。环城轨道与相龙轻轨的建设，将从整体上改变淮北的交通、城市布局、城市生活居住和发展格局。

（2）轮渡服务（图 1-2-13）。随着淮北城市湖面的增加，增加轮渡连接水上的旅游景点、水上别墅庄园、水上娱乐。它安静、环保、舒适。

（3）相龙轻轨。规划相龙轻轨，连接淮北的两座名山（相山和龙脊山），满足城市居民日常交通、上下班交通以及旅游观光的需要。

（4）有轨公交（图 1-2-14）。淮北有轨公交，它的环境效应和低碳效应更为公众和政府所喜爱。

（5）空中缆车（图 1-2-15）。规划一条连接化家湖、中湖、相山等旅游景点的空中缆车，作为一种城市内的交通补充，还是旅游观光的好工具。

（6）煤矿主题乐园旅游列车。经过塌陷区的轨道将在适当的时机开放成为煤矿主题乐园旅游列车，通往新的煤矿主题乐园。

（7）交通网络。构建辐射型交通网络，使淮北路网得到全方位的开放。

图 1-2-12 环城轨道

图 1-2-13 轮渡服务

图 1-2-14 有轨公交

图 1-2-15 空中缆车

4. 垃圾处理

淮北应该努力实现垃圾发电、垃圾再利用、垃圾分解回田、垃圾无害化处理（用于公园和森林植被和花草），实现真正意义上的“3R”：减少垃圾（Reduce）、重复利用（Reuse）、再生循环（Recycle），将垃圾变为能源（图 1-2-16 ~ 图 1-2-19）。在北湖地区规划新建一个生物能源燃料的营销和加工厂；在城市北部新增污水处理设施，尽量采用自然流放势能，并配以泵站补充；采取低碳发展的战略减少工业垃圾与污染；城市垃圾进行集中收集回收分类，并结合城市堆肥的基础设施的开发。

图 1-2-16 城市垃圾

图 1-2-17 垃圾堆肥

图 1-2-18 垃圾收集

图 1-2-19 垃圾收集

5. 水

塌陷区将为淮北发展提供最宝贵的资源。淮北煤矿塌陷区为淮北从“煤炭城市”向“水城”的转变提供契机。

岛屿：塌陷区内的湖泊里，我们规划了一定数量的岛屿（图 1-2-20 ~ 图 1-2-22）。它除了具有保护生物多样性等功能，还具有很强的水体净化功能。

防洪：利用自然河道、湿地、植被，保护淮北城市免受洪水灾害。

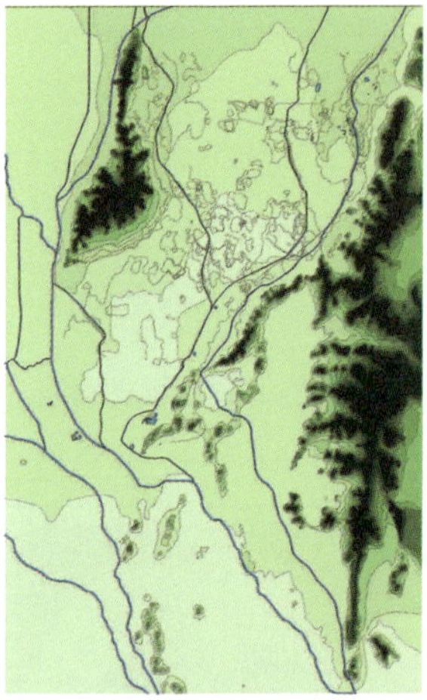

图 1-2-20 淮北过去水系

图 1-2-21 淮北现状水系

图 1-2-22 淮北未来水系规划

水质净化：从淮北境外流入淮北的河流，大多污染非常严重，必须加强湿地净化和生物能源基地的净化，并杜绝农业污染、城市生活用水污染和工业污染，重现淮北“水城”的风貌；规划塌陷区内的湖泊面积、形状、水岸线，按照湖泊的分布再规划湿地，作为水净化的自然生态系统功能的空间分布；河道应该保持曲直结合，以保证不同的水流速，在弯曲河道区，我们尽可能规划具有一定规模的湿地和小湖泊，以保证水质净化功能。

调水（图 1-2-23）：从南沱河调水到南湖的调水工程，必须保证调水河道的水净化作用，保证软堤岸，尽可能宽的河床（30 ~ 80 米）。为了美化城市景观和多渠道调水，我们规划了从新濉河往东的三条调水渠道，进入老濉河或进入南湖的新湿地，得到净化后进入南湖。这将极大地改善淮北城市的面貌。

图 1-2-23 淮北调水工程

二、淮北生态城市规划设计

1. 淮北生态城市概念性总体规划

这个总体规划涵盖约500平方千米的主城区和100平方千米的塌陷区（图1-2-24）。将塌陷区与主城区融合在一个总体规划里，体现了淮北发展的整体智慧。应该说塌陷区给淮北带来了新的机遇，它将成为淮北未来主城区最有活力的一部分，而且将是核心的部分。因为它给淮北带来的发展潜力是无穷的。主城区也因为有了塌陷区而从根本上改变了城市的景观和发展战略。因为有了100平方千米的塌陷区，淮北将得到新生，重新作为一个年轻的城市而充满魅力。我们的总体规划通过感受这种新生的魅力，怀抱主城区的历史和现实，放眼整个区域，来打造一个全新的淮北，一个充满希望的淮北（图1-2-25）。

图1-2-24 项目边界

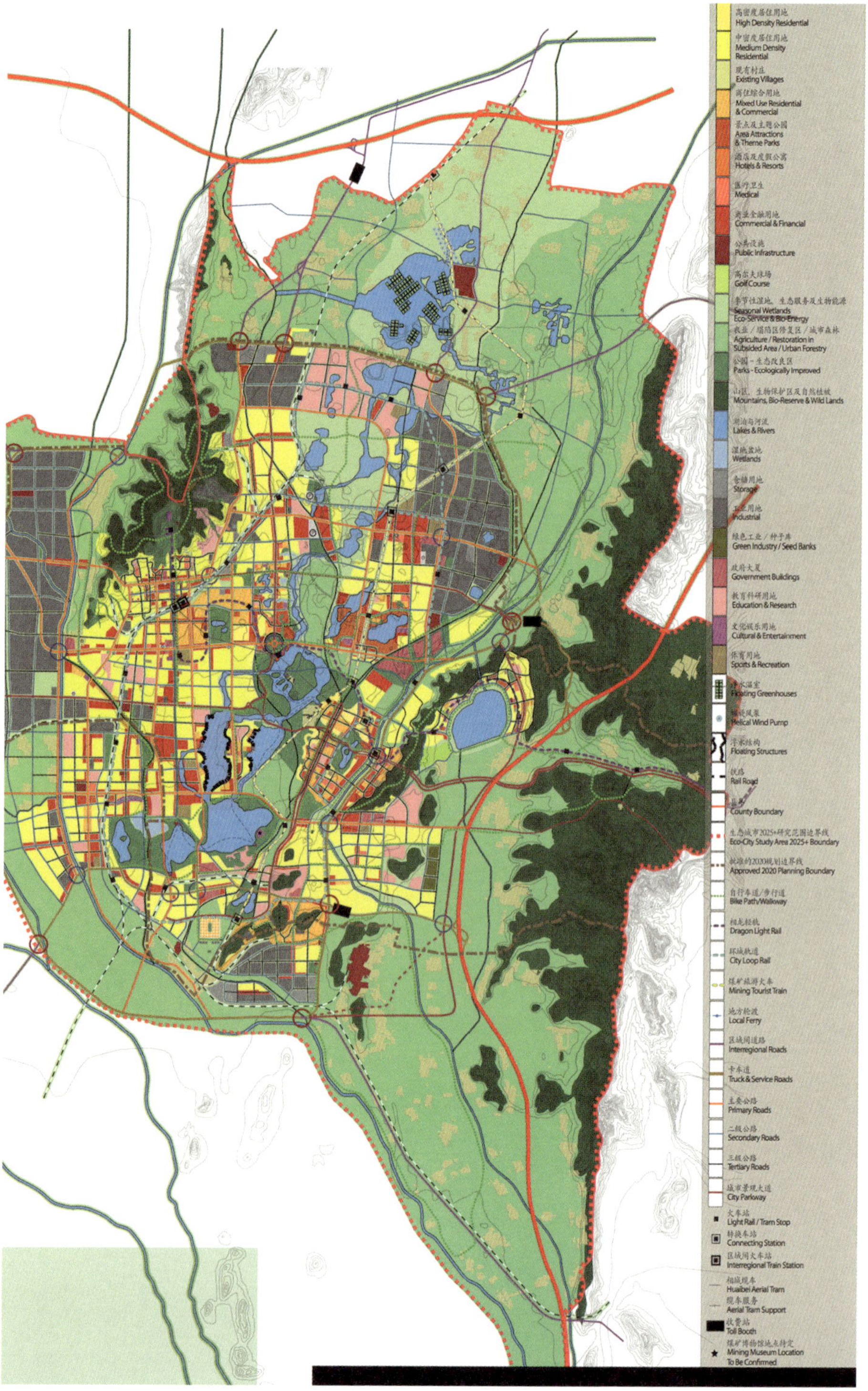

图 1-2-25 淮北生态城市概念性总体规划（2025 年）

2. 淮北焦点地区规划

淮北焦点地区规划见图 1-2-26。

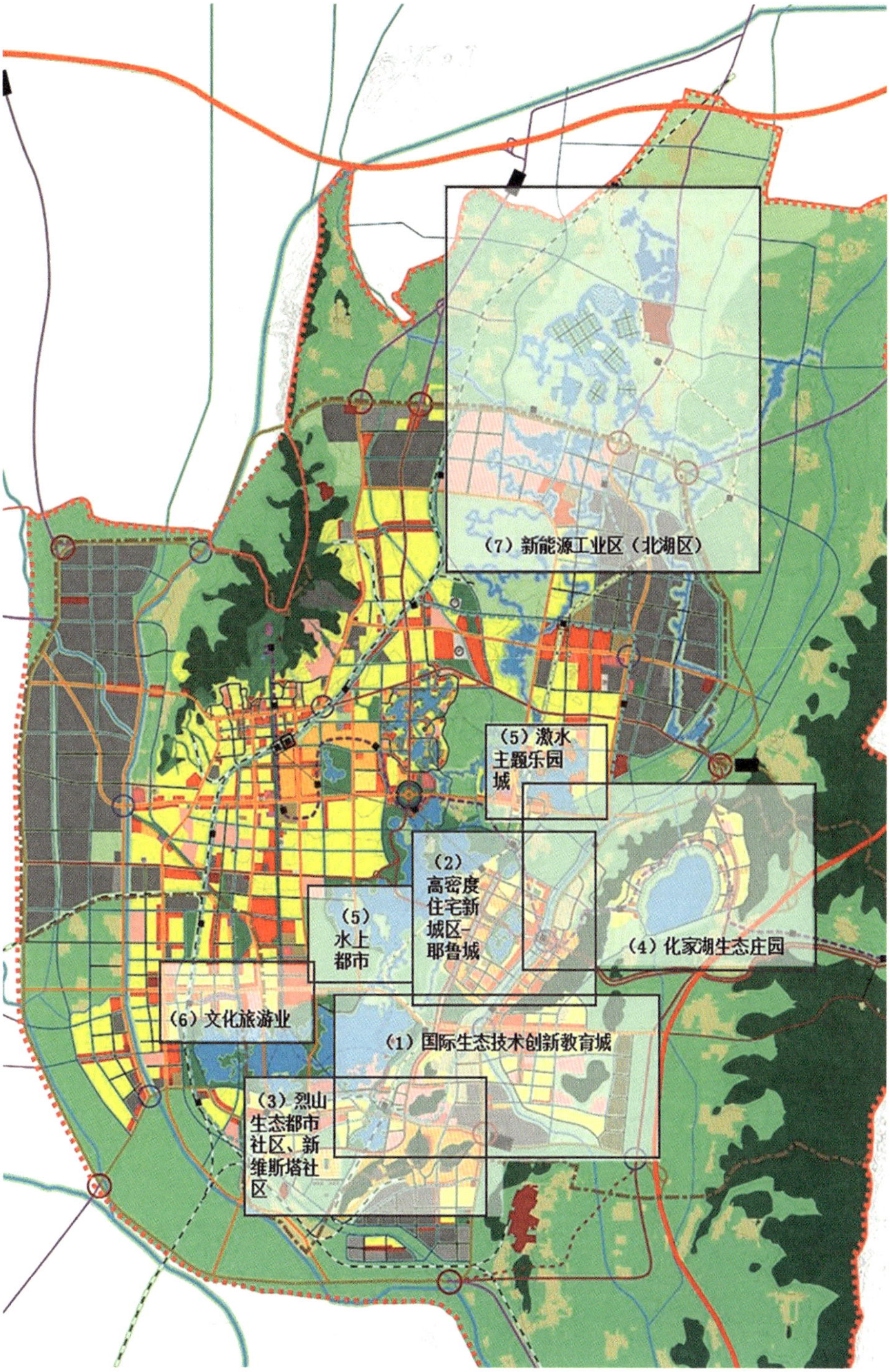

图 1-2-26 淮北焦点地区规划

1）国际生态技术创新教育城

国际生态技术创新教育城（图 1-2-27）将是淮北的城市新形象，它将大幅度地提高淮北的高等教育水平，增加工作机会。同时，为淮北的明天、为淮北的经济转型、为淮北的生态城市建设推波助澜。

图 1-2-27 国际生态技术创新教育城规划

（1）湖滨生态大学城（图 1-2-28）。生态大学城安排在塌陷区的东南边，与工业园比邻，占地约 4 平方千米，力图打造一座“国际生态高新技术创新大学城”。生态大学城应该是生态社区、生态设计、生态景观、生态建筑的具体实施。它与湖水相映，与湿地相伴，生态环境优美。生态大学城培养不同层次的人才，从普通技术学校，到高等专科学校，到高等本科教育和研究生。生态大学教育课程的设立不仅包括环境和城市发展，也包括各种专业，如生态技术、生态建筑、生态能源、生态农业、生态系统修复、生态卫生、生态物流、生态产品等。

（2）煤矿主题乐园（图 1-2-29）。现已关闭的矿井和矿区，可以开发成为煤矿主题乐园。煤矿主题乐园突出了淮北煤矿城市的品牌，展示煤矿业发展的历史和进步，同时，也展示新技术的发展、清洁煤技术的利用、新能源的开发等。煤矿主题乐园应该是淮北独特的旅游品牌。

（3）生态技术工程产业孵化园（图 1-2-30、图 1-2-31）。它提供的是一个创新的环境、创业的基地，也是一个高新生态产业的孵化园。生态技术工程产业孵化园内设立生态技术管理委员会、生态技术研发中心、生态技术产业孵化园、生态技术创业园。这里是淮北生态城市建设和生态技术产业的龙头，也是淮北生态技术研发的龙头。在生态技术工程产业孵化园内的绿地和湖边，我们设计了一个水质研究所。这标志着淮北对水质的重视和对绿化环境与可持续发展未来的决心及实际行动。

图 1-2-28 湖滨生态大学城

图 1-2-29 煤矿主题乐园

图 1-2-30 生态技术工程产业孵化园

图 1-2-31 生态技术工程产业孵化园

（4）生态工业园（图 1-2-32、图 1-2-33）。与生态大学城比邻的是 6.5 平方千米的生态工业园。从教育到研究到产品开发、产品生产，再到市场，这个工业园是生态大学城的延伸和扩展，它将发展成为生态城里的生态城。它包括生态建筑、生态社区、生态人居，还有商业、娱乐、酒店、度假休闲场所。它的设计也充分体现了生态园林的特点，它与湿地环境融合，形成景观的多样性。加上它人性化的交通网络系统，使其从根本上脱离了传统的工业园区方方正正豆腐块的格局以及单纯工业厂房建筑的单一景观。在这样一种新理念的工业园内创业、投资、生活是一种新的人生体验，更是对淮北发展明天的一种向往。

图 1-2-32 生态工业园

图 1-2-33 生态工业园

（5）淮北农业种子库（图 1-2-34）。种子库将与生态大学城和工业园相连，成为生态农业教育和研究的重要基地。它不但作为农作物基因研究基地、基因保存基地，也将研究基因的变更，不同基因的抗性（抗虫、抗病、抗旱、抗寒等）和品质、产量，不同基因产品对人体和健康的影响。这个种子库也将是生态农业研究的“图书馆”和“资料室”，它对淮北的生态农业和生态技术的发展也将起到积极的作用。

图 1-2-34 淮北农业种子库

（6）生态林修复。淮北的许多荒山与经常的破坏、放牧、采石采矿关系极大。因此，对于植树造林、生态修复应该根据荒山不同的地形地貌、水文、破坏程度等具体制定可行的修复方案。还应该重视不同树种的搭配，尽量使用本地树种，做到树、灌、草结合。

中国科学院生态环境研究中心李锋课题组提出不同地区不同破坏程度采用不同的修复类型、修复技术来植树造林，具体阐述见表 1-2-1。

表 1-2-1 淮北修复技术

类型	技术选择
道路可视范围、工矿周边石质山坡	宫胁生态造林法
深山区、景观影响小、破坏不严重	封育自然修复
不适宜造林需人工恢复区域	生态植被毯铺植技术、植被恢复基材喷附技术、挂网 + 植被恢复基质喷附技术、生态植被袋生物防护技术、复合植被修复技术
需修复的采石形成的大坡度岩石坡面	垂直绿化法

2）高密度住宅新城区——耶鲁城

耶鲁城是与塌陷区中湖湿地公园相邻的高密度生态人居新城，是一个融合居住、商业、娱乐为一体的独特的国际度假中心。它是淮北新兴的国际生态城，完全按生态城的理念设计和建设（图 1-2-35）。城市设计充分体现了现代城市的景观和大疏大密的风格，高楼成群，便利步行购物、娱乐、健身，这是一个极具人性化的城市（图 1-2-36、图 1-2-37）。耶鲁城主导建筑风格为绿色、节能、整洁的玻璃造型（不是镜面反光的玻璃镜）。在耶鲁城 4 平方千米的土地上，我们将其分成两个城区，中间设计了一个公园，在湖的东边是商业街和商业城，西边是公寓楼和居住城区。整个城市倒映在湖面上，两边的高楼群对应，各异的建筑大楼，整体形成非常独特的城市景观。它将是淮北旅游的另一道亮丽风景。我们认为耶鲁城可满足 7 万居民的居住需求，并可容纳 3 万游客，即到 2020 年，这个地区可以容纳 10 万人。

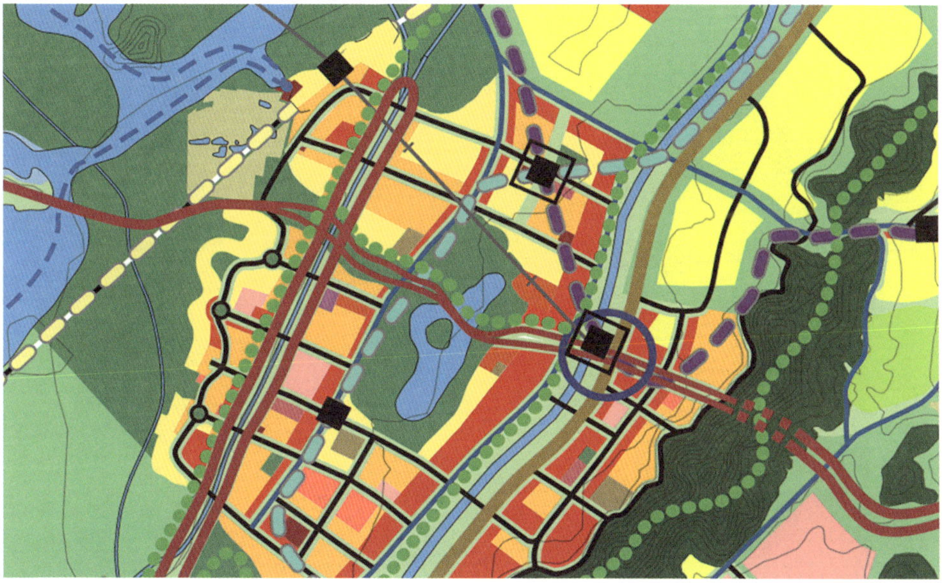

图 1-2-35 高密度住宅新城区——耶鲁城规划

图 1-2-36 高密度住宅新城区

图 1-2-37 高密度住宅新城区

这里湖边有一个村庄，我们需要保留它，但应该改造它成为旅游景点，它将是淮北的历史与现代和未来发展的融合。这里与耶鲁城的联系靠轮渡通往“耶鲁码头”，这个轮渡和码头又将是一个吸引人的旅游景点和项目。在湖边建有各种各样的餐馆、酒店、咖啡店，它连接着居住区和酒店，加上花园美景和湖光秀丽，这里将成为湖边最繁荣和最有人气的城区。

在耶鲁城的中心，我们设计了长达 1 千米的三层商贸长廊——耶鲁商城。商城中间一连串小公园连山接海，通往湖边。人们可以乘坐轻轨方便地前往公园、市区、工业区及其他重要地区。耶鲁城的独特性将由它与中湖和湿地公园之间的微妙距离、各种丰富的旅游活动和方便的交通而进一步突显。

3）烈山生态都市社区、新维斯塔社区

烈山生态都市社区、新维斯塔社区如图 1-2-38、图 1-2-39 所示。

（1）烈山生态都市高密度建筑群（图 1-2-40）。它提供现代生态人居社区、商业、工业等综合城市建设。高密度绿色居住建筑群将与被破坏的山体镶嵌并相融成为一体，既可修复被破坏的山体和废弃工矿、厂房，又重新将烈山区打造为依山傍水的山体人居城。改造后的烈山区，破坏的山顶将修复成绿地公园，成为城市娱乐场所。

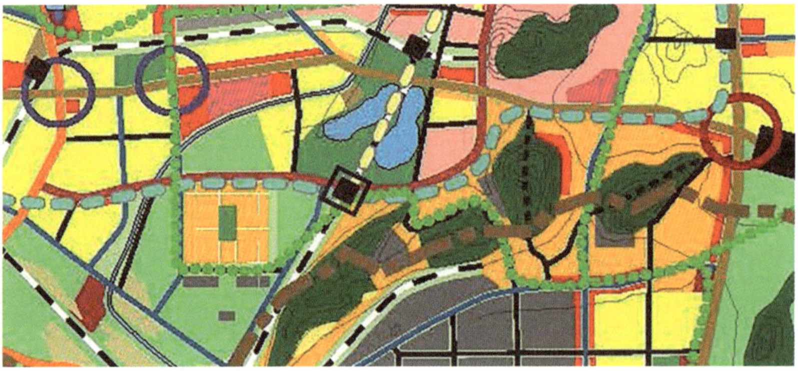

图 1-2-38 烈山生态都市社区、新维斯塔社区规划

图 1-2-39 生态居住环境

图 1-2-40 烈山生态都市高密度建筑群

烈山生态都市高密度建筑群用新的理念来融合自然。我们采纳了雷杰斯特先生的设计理念，更多地创造社区景观、社区艺术，更多地创造人与人之间的联系。在建筑设计上，巧妙地设计不同的“钥匙孔”，从不同角度对社区建筑、景观、艺术进行“一孔之见”，以达到不同的欣赏效果。这种设计，除了注重自然景观在社区内的多样性、艺术性，还特别注重社区内不同建筑风格的体现。

（2）新维斯塔。新维斯塔是美国 Nova Tek 公司设计投资建设的一种“概念生态社区”，它是一个大型密集连排的建筑群。每个建筑通常为 7 层，呈三角形布局，相互嵌合，可以向不同方向不断延伸扩展，每一个社区都是一个完整的新维斯塔。它的倡导者是该公司的老板、亿万富翁大卫·贺尔先生。作为试验，我们建议在烈山区南部划出 1 平方千米，作为新维斯塔的建设用地。

每个新维斯塔由一定的家庭所拥有的居住单元组成。屋顶用于绿化或农业，有公共通道和商业区。每个新维斯塔结构类似，可以不断复制，因此，建筑、材料和设计成本都大大降低。

新维斯塔还包括自给自足的农业、畜牧业、市场、工厂等以可持续的生产方式提供食物、水等商品给新维斯塔内的居民。新维斯塔的设计还合理地解决排水、污水处理问题。但它基本没有公路，社区内设置步行道、自行车道和电动车道网络，居民依靠步行、自行车、电动车出行。

新维斯塔建筑最大的亮点在于它的地热能交换和设计，在建筑楼的基础上，它科学并巧妙地设计了大量打入地下到达地热层的大型地热交换管道，充分利用地热能、太阳能、煤气等低碳节能技术，这值得在淮北借鉴、试验和推广。

4）化家湖生态庄园

化家湖生态庄园将遵从生态城市建设的生态环境指标进行设计和建设，我们希望将其打造为淮北生态城市建设的亮点工程和国际生态城市的典范工程（图 1-2-41）。我们规划了 6 平方千米作为化家湖生态庄园和高尔夫球场的建设用地。其中，3 平方千米作为生态庄园居住，1 平方千米作为高尔夫球场生态系统，另外 2 平方千米作为景观山体修复，并建议缩小 15% 的湖面，加深 3～6 米的湖底，建设 200 米宽的湖边绿色植被带，以保证城市备用饮用水的水源和水质。

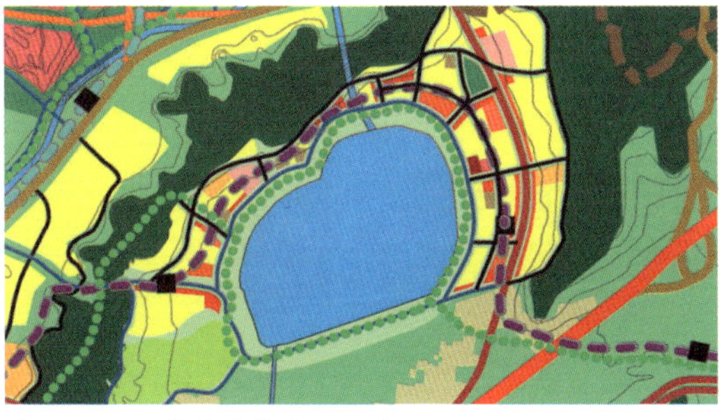

图 1-2-41 化家湖生态庄园规划

（1）化家湖高尔夫球场生态系统（图 1-2-42）。高尔夫球场位于庄园的西南端，是山和水景观修复的产物和成功的标志，也为淮北的旅游度假增添了新的景点和娱乐项目。它将按生态理念来打造和管理，成为真正意义上的高尔夫球场生态系统。化家湖高尔夫球场将按奥林匹克高尔夫球场的规格建设，并符合国际高尔夫球比赛球场的标准，其基础设施、服务设施、居住设施也将达到国际化标准。它的国际知名度也将同时提升淮北的国际知名度。

（2）化家湖生态庄园居住。化家湖生态庄园是中高档的居住区。湖的东面可以设计 5 ~ 6 层高的建筑，与东面的高山相协调。湖的西面山体较低，建筑一般应该限制不超过 3 层。建筑密度应该更接近于欧洲的密集风格，有人气。密集的建筑形成建筑组群，不同的组群具有不同的建筑风格，包括地中海风格、意大利风格等。

（3）新商业区。在塌陷区中湖的东边，一座被破坏了的山体，将得到修复和开发成为淮北新的商业区。这个商业区将通过轻轨与市政府、耶鲁城、生态大学城、中湖、湿地公园等相连。

（4）“城市映像”村庄（图 1-2-43）。按澳大利亚生态城市建设专家董唐博士的建议，我们在商业区的南面规划了一些“城市映像”村庄。这在淮北、乃至在中国都是没有先例的创举。董唐博士认为，我们应该保持这种“城市映像”村庄的独立社区结构和功能，保持其与中心城市共同发展的整体效应。它既能保持传统村庄的历史和邻里关系，又具有城市的现代生活方式和可持续发展的技术和基础设施，这将是生态城市最基本的理念的体现和最基本的生态社区。它是生态城市的一个缩影，也是淮北生态旅游的一个归宿。

5）水上都市 + 激水主题乐园城

水上都市 + 激水主题乐园城如图 1-2-44 所示。

（1）水上新城（图 1-2-45）。在主城区规划各种高大的商业大厦和金融中心，突出主城区的核心特征，为淮北增添商业活力和经济魅力。新的市政府大厦与生态大学城和化家湖城区遥相呼应，形成淮北城市新名片和迎宾门。它与激水主题乐园城紧邻，体现了淮北的“江南水城”的“亲水力”。它还与耶鲁城的密集居住高楼群呼应，成为淮北的圆点标志性建筑。

图 1-2-42 化家湖高尔夫球场

图 1-2-43 “城市映像”村庄

（2）水上生态庄园（图 1-2-46）。水上生态庄园充分利用塌陷区湖泊的水面，打造令人耳目一新的新功能住宅区和社区，或称浮水生态城或水上生态城。我们设计的是中等密度的水上生态庄园，这些建筑大多浮在水面上，也有的在湖边和湖中岛屿上，它们就像几百条船似的房屋建筑群漂浮在水面的码头。它可以充分利用地热能作为空调保温系统。每一个住宅或商业酒店或餐馆都临水，风景宜人，也节省土地。水上社区更加关注保护水质的措施和管理手段。水上生态庄园还可以包括服务设施和办公楼房，方便服务和办公。

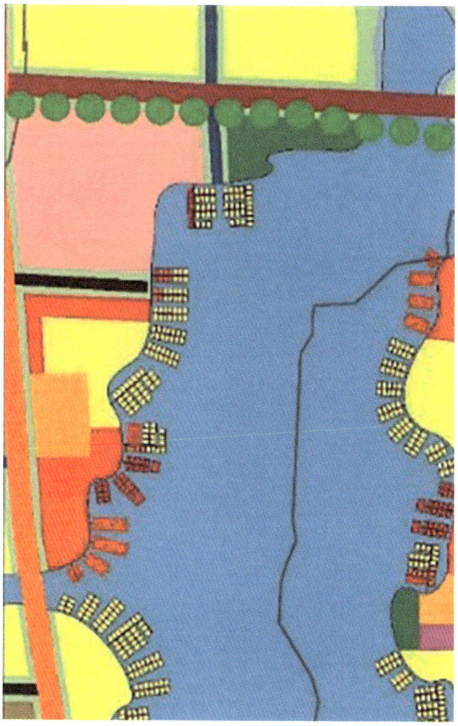

图 1-2-44 水上都市 + 激水主题乐园城规划

图 1-2-45 水上新城

图 1-2-46 水上生态庄园

（3）激水主题乐园城（图 1-2-47、图 1-2-48）。一个迪士尼乐园式的、以水为主题的激水乐园将与市政府大楼比邻。生态城市建设、塌陷区修复、煤矿、湖泊、湿地、生态系统都可以融合在激水乐园的主题之中，让淮北的激水乐园更具独特性，也更加凸显淮北生态城市的主题。在激水主题乐园城内，3 平方千米将是主题乐园的核心部分。它包括各种新的娱乐设施和老工矿区改造而来的设施，比如“飞驰矿井”。我们还设计了各种水上漂浮的餐馆、娱乐场所、酒店等，它将淮北和水乡联系在一起，给予淮北新的形象。我们将以非常夸张的设计手法，设计 200 米宽的激水乐园城大道，环绕整个乐园的各个激情娱乐场所。激水乐园城整合了酒店、度假村、商业、娱乐等，有利于促进淮北房地产的升值和旅游业的发展。

图 1-2-47 激水主题乐园

图 1-2-48 激水主题乐园 2

6）南部的焦点：文化旅游业

文化旅游业如图 1-2-49 所示。

淮北应该打造一个生动的全方位的旅游产业：公园景点、水上运动和娱乐、农业旅游、历史古迹、探险、爬山、远足等。

图 1-2-49 文化旅游业地段规划

（1）石板街古街保护。石板街（图 1-2-50）和它的建筑是淮北最珍贵的历史遗产，应该予以修复保护。这个方圆 1.5 平方千米的地区应该限制建筑物高度，保持古街的历史观感，保证环境和建筑风格的协调。我们还应该增加商业、教育、历史博物馆等项目，把石板街打造成为淮北的历史明珠。我们应重修它的历史老街、建筑、民居、小商品世界，再现淮北 18 世纪的风貌。

（2）相山公园（图 1-2-51）。相山公园是目前淮北最重要的自然景观公园，相山内的许多景点都是旅游的好去处，为人们爬山、运动、修身养性提供了一个优美的环境。

图 1-2-50 石板街

图 1-2-51 相山公园

（3）国家公园（图 1-2-52）。它是淮北巨大的自然资产和社会财富，保护淮北国家湿地公园的自然景观，同时打造一个空前的旅游产业，将是淮北发展的长远目标。

图 1-2-52 国家公园

（4）西山花园新居。西山花园新居为淮北的投资者、建造者、管理者提供了一流的居住环境。我们为西山花园新居北区打造了生态绿地及三层楼的连体别墅。这里的居住环境别具一格，可方便地到达主城区，具有多样地形地貌景观，风景宜人。

（5）东山花园新居（图 1-2-53、图 1-2-54）。化家湖高尔夫球场的南面是东山花园新居的南区。比起北区，它的居住密度要大些，但它包括一部分的娱乐和商业服务，生活会更便利。这个园区以 5 ~ 8 层的公寓为主，同时也有一些 3 层的连体别墅。连体别墅一般位于街边、高尔夫球场边、公园边。

（6）龙脊山。龙脊山可以被打造成为淮北的一个重要的旅游廊道。首先，我们要修复并凸显山上的植被，使其绿树成阴，更有魅力。其次这里有果园，是农业旅游的理想景点。最后，山里有许多幽静的山村，这些山村将成为龙脊山旅游的亮点，为村民增加经济收入。

图 1-2-53 东山花园新居

图 1-2-54 东山花园新居

（7）梅花庄园。它面对农业开阔地，周围山峦起伏。梅花庄园能给淮北生态城市提供一个新的旅游度假模式，包括农业观光、农家居住、山村生活等。它将山村的传统生活情调与现代生活的舒适感结合在一起。这种模式与意大利的土斯坎尼类似，那里的山庄围绕着连绵的葡萄园，以农业观光为主，是一个成功的模式。

（8）村庄（图 1–2–55、图 1–2–56）。淮北村庄的改造、保护与平衡发展是淮北生态城市建设必须重视和投入的重大工程。淮北许多边远小村庄更应该得到保护、改造，并保持每个村庄的独特性。随着旅游业的发展，这些村庄里的居民应该得到各种培训，为新的旅游产业打造各自独特的旅游项目，比如桑拿、爬山、远足、农活、饲养、工艺、农家乐饮食和居住、森林考察、果树栽培与参观、茶园参观和采茶、水上运动等，村庄也可以设旅游服务的餐馆、商店等。这种旅游适应不同层次的游客，对淮北的旅游业是一个很重要的补充。村庄的保护和改造应该因村庄而异，提倡多元化，保持各自的特色和品位。

图 1-2-55 淮北村庄

图 1-2-56 村庄分布

7）北部的焦点：新能源工业区（北湖区）

北部的焦点如图 1–2–57 所示。

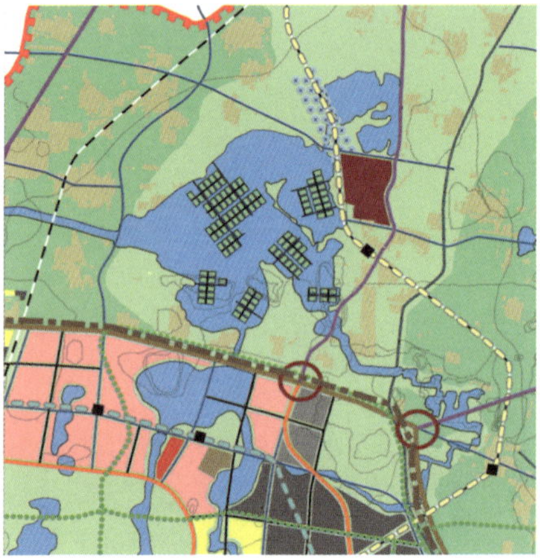

图 1-2-57 新能源工业区规划

（1）北湖生活污水处理厂（图 1–2–58）。

（2）北湖物流中心（图 1–2–59）。物流中心放在北湖地区，因这里处于两条轨道铁路之间，交通便利，与徐州的交通连接也很方便。随着淮北生态城市的发展，物流中心的自动化、信息化功能和设施将有更大的发展潜力。

（3）低风速涡轮机 – 风能变水能蓄电（图 1–2–60）。将塌陷区北部的湖泊规划为水库。先在最北端的大湖上建造 2 米高的堤坝，然后从南面的湖不断抽水，保证湖面水位。抽水的电力由德国制造的一种低风速涡轮机提供，当开闸向南放水时，安装低水头发电机，变成长流水稳定发电电源，以此实现湖河相连的常年流水，又通过流水发电，达到双赢。

图 1–2–58 北湖生活污水处理厂

图 1–2–59 北湖物流中心

（4）生物能源发电厂。塌陷区北部湖区的南部规划为生物能源基地。生物能源的植物可以是柳枝稷（图 1–2–61），也可以是当地的芦苇等其他植物种。我们充分利用塌陷区的土地，不仅让其作为生物能源基地，还希望它成为污水自然净化的湿地，一举多得。发电厂地处两条轨道之间，交通方便。生物能源发电厂将污染的高碳的煤炭火力发电方式，转变为干净的低碳的生物能源发电方式，同时，也可以在煤炭发电中结合生物颗粒发电。生物颗粒包括麦秆、稻壳等农业生物量，成本较低，为当地清洁能源提供了一个很好的补充。

（5）农业产业园（图 1–2–62）。农业产业包括生产高品质的农产品、农产品包装、储存、食品生产、控制食品安全等。农业产业园将是更好的促进农业产业化的形式，这也是淮北生态城市发展的主要目标之一。

（6）湿地生态系统服务功能（图 1–2–63）。湿地是一座天然的污水处理厂，也是效率高、代价少的自然净化系统。我们充分利用生物能源基地作为污水处理的湿地，将被污染的河流引入湿地，经自然净化处理，再向塌陷区的湖泊和南面的河流排放。这有效地解决了外来污水的问题，保证了淮北的水安全。

（7）漂浮温室。漂浮温室即船载温室，这对于淮北塌陷区湖泊来说非常实用。水上温室可以有自己独立的风能、太阳能发电系统，以维持温室的正常运行。这些漂浮温室可以与餐馆连接在一起，为其提供新鲜的蔬菜和鱼。一般认为这种漂浮温室可以覆盖 30% 的湖面，对湖泊生态系统不会产生太大的负面影响。

图 1-2-60 低风速涡轮机 - 风能变水能蓄电

图 1-2-61 柳枝稷生产

图 1-2-62 农业产业园

图 1-2-63 湿地生态系统服务功能

第三节　淮北生态城市设计的意义

淮北生态城市规划顺应时代的要求，为淮北规划了一个生态、繁荣的未来，为建设美丽中国发力助航。

一、淮北生态城市设计对淮北的意义

这个生态城市设计以绿色、低碳、生态为理念，建立在生态可持续性和经济发展最大潜力的总体效益的宗旨上，为淮北提供了全方位的发展愿景，阐述了淮北在环境、经济、社会、工业、农业、生态、能源等领域未来发展的动态和活力。这个项目的重点是 100 平方千米采煤塌陷区，通过塌陷地再利用，将采煤塌陷地复垦为绿地、湖泊，植入精品旅游项目，为塌陷区打造出不可估量的地产价值，打造出新的淮北生态城。此外，交通网络、新能源、生态农业、清洁水系、宜居社区、高端产业等规划将为淮北打造出新的城市名片，为淮北创造无限的商机、美好的生态人居、源源不断的投资、旺盛的旅游业及繁荣的经济。淮北生态城市设计确定了城市发展的方向和城市发展的各种限定和界限，防止城市的无度和混乱发展。

二、淮北生态城市规划对国家的意义

生态城市规划已经是中国城市发展的重要前奏，是一种新的城市发展模式，具有非常重要的战略意义。

（1）它顺应国家的法律法规以及关于生态文明、节能减排、低碳生态城市建设、新型城镇化建设等政策要求，引领中国生态城市的建设和发展。

（2）生态城市也是中国新型城镇化发展过程中的必然选择，符合新型城镇化城乡统筹、城乡一体、产城互动、节约集约、生态宜居、和谐发展的基本特征。

（3）生态城市在改善人们生活质量的同时保护日益紧缺的资源，为资源枯竭型城市或者塌陷区提供参考和借鉴。

（4）可持续城市具有创新的活力和整合各种科技发展的能力，同时鼓励个人和社会各阶层的创造力。

（5）生态城市规划和可持续城市发展将是实现绿色未来世界的重要杠杆和起点。

第二章

洛阳市伊洛新区
水生态文明城市设计

洛阳是中国四大古都之一、世界四大圣城之一，是古丝绸之路的东方起点之一。伊洛新区位于《历史文化名城保护规划》定义的历史河谷区，隋唐历史保护轴和汉魏历史保护轴之间，伊河文化景观带和洛河文化景观带分别从新区南北侧穿过。我们的设计以水定形态，以水定建设，随水布景观，随水亮文化，用水增价值，用水提品质。整个方案都是以水生态文明为总体框架，结合洛阳深厚的历史文化底蕴，探索由千年帝都向魅力新城转型的产业思路。龙形水系通过一条龙形的脉络，串联了城市组团核心，并作为载体，通过贯穿古今、串接城市和农田，将历史文化、都市景观、城市产业结合，形成具有洛阳特色的文化载轴与产业链条。我们的设计创造性地将新区城市组团的主要功能作用与帝都文化的主题底蕴相结合，使文化的风韵与都市的功能完美融合。夏都、商都分别通过旅游小商品展示其字赋，周都通过乐龄烘托其礼赋，汉都通过教育文化体现其文史赋，唐都通过商业办公展露其长歌赋。

第一节 水生态文明城市建设背景

一、文明之源，天下之中

洛阳是中国四大古都之一、世界四大圣城之一，是古丝绸之路的东方起点之一，是中原地区承接发达国家和我国沿海发达地区产业转移、西部战略资源输出和国家中亚战略的枢纽和核心区域，也是建都最早、朝代最多、历时最长的城市，享有“世界文化名城”称号。目前，洛阳经济发展态势良好，城市规模和发展水平仅次于郑州，已被确定为国家重点建设的工业基地。

2009 年，国务院常务会议通过的《促进中部地区崛起规划》提出，中部地区有望成为中国经济新的“增长极”。以郑州为中心的中原城市圈是中部地区优势经济圈之一，而洛阳是郑州经济圈的核心城市之一。

洛阳不仅具有经济优势，而且具有生态文明建设的机遇。2012 年，党的十八大作出“大力推进生态文明建设”的战略决策。“生态文明”将是中国社会发展的又一次伟大转型，伴随而来的潜力将为经济发展释放巨大的空间。

什么是生态文明？什么是水生态文明？

生态文明是指以资源环境承载力为基础，以人与自然、人与人、人与社会和谐共生、良性循环、全面发展、持续繁荣为基本宗旨，以可持续发展为目标的资源节约型、环境友好型社会和城市。

水生态文明是指尊重水、保护水生态系统、节约水资源、打造良好的水环境、制定合理的管理机制，解决由于人口增加和经济社会高速发展出现的洪涝灾害、干旱缺水、水土流失和水污染等水问题，使人和水的关系达到一个和谐的状态，使宝贵有限的水资源为经济社会可持续发展提供长久的支撑。

二、历史河谷，生态绿核

1. 产业升级

根据《洛阳新区总体规划（2010 — 2020）》，洛阳新区是洛阳转变发展方式的重要引擎，是推动洛阳经济能级跃升，调整产业、区域、空间结构，提升城市品质、品牌、品位，夯实历史文化、生态文明，推动体制创新、模式创新的战略支点。

《洛阳市城市总体规划（2011 — 2020 年）》提出了“一心两轴三区”（图 2-1-1）。其中，“一心”为洛阳市城区（包括中心城区和吉利组团）；“两轴”分别是洛 — 偃 — 新城镇发展轴和焦柳 — 两广沿线城镇发展轴；“三区”分为东北部城镇密集区、中西部产业促进区和西南部生态保护区。规划区位于“一心、两轴”的交会处，区域地位重要性不言而喻。

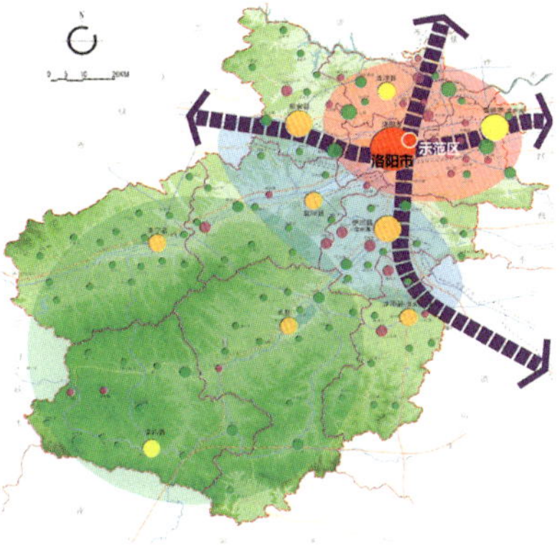

图 2-1-1 洛阳市域空间发展结构

示范区的建设围绕绿色产业进行，以知识密集型产业为主，大力发展生态农业、休闲旅游和产业服务业。促进洛阳市产业升级的同时，探索环境友好、生态和谐的城市建设模式，为未来其他组团的发展和升级改造作出示范（图 2-1-2）。

2. 生态核心

中心城区的功能结构呈环状布局（图 2-1-3），外圈层为工业圈层，集中了洛阳的生产制造企业；中圈层为居住和商贸服务圈层；示范区位于圈层结构的核心，根据上位规划定位为生态核心，是中心城区的旅游、休闲中心。同时，示范区位于生态保育区内（图 2-1-4），应严格控制产业类型、开发建设项目，主要发展与生态相适应的旅游、文化博览、休闲等项目。生态保育区内严格控制建设用地比例在总用地的 25% 以内。

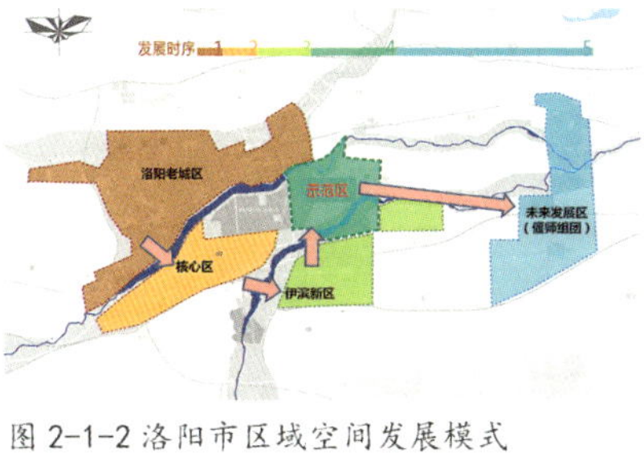

图 2-1-2 洛阳市区域空间发展模式

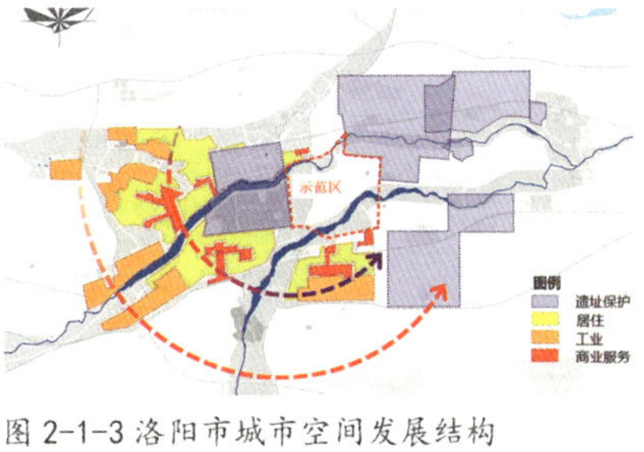

图 2-1-3 洛阳市城市空间发展结构

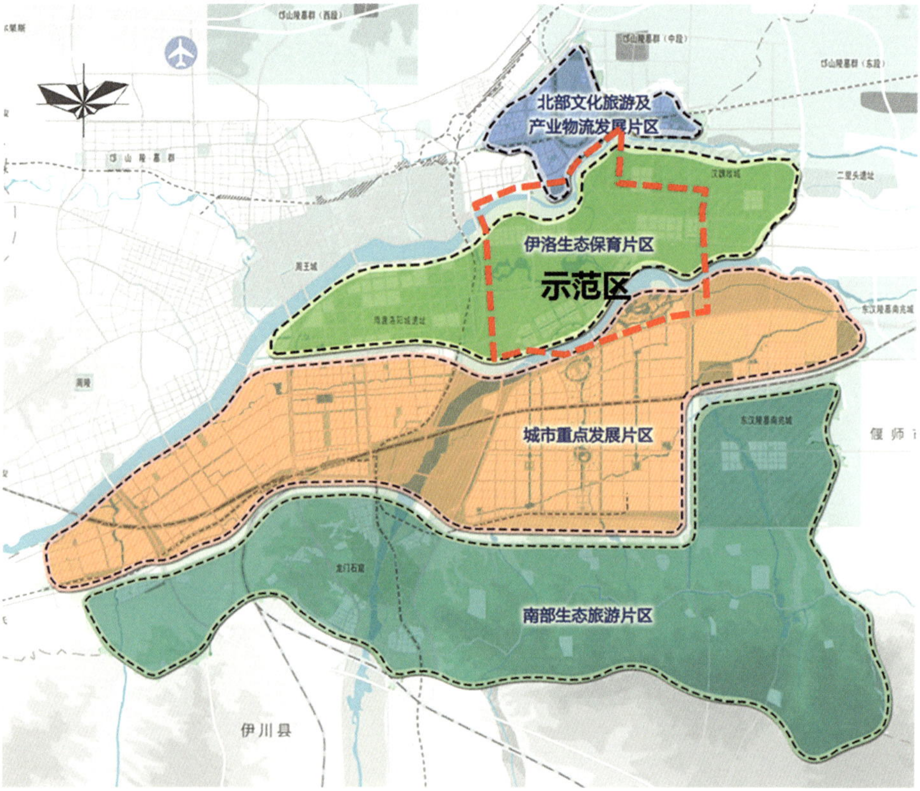

图 2-1-4 洛阳新区总体规划

3. 历史河谷区

示范区位于《历史文化名城保护规划》定义的历史河谷区（图 2-1-5），隋唐历史保护轴和汉魏历史保护轴之间，伊河文化景观带和洛河文化景观带分别从示范区南北侧穿过。

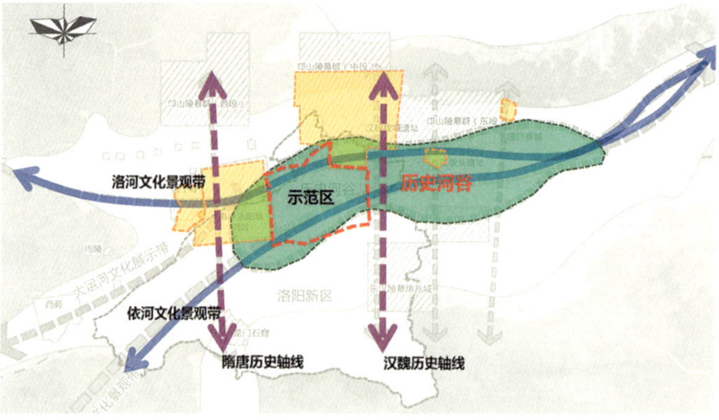

图 2-1-5 历史名城保护规划

三、两河中枢，文化之地

1. 示范区开发势在必行

规划区位于中心城区范围内、洛 — 偃 — 新城镇发展轴和焦柳 — 两广沿线城镇发展轴的交会处，总面积约 54.4 平方千米。距离洛阳北郊国际机场约 13 千米，距离洛阳东站 4 千米，二连浩特 — 广州高速公路（二广高速）从中穿过，对外交通优势明显。

根据《洛阳市城市总体规划（2011 — 2020）》，到 2020 年，中心城区城市人口控制在 285 万人以内，城市建设用地控制在 265 平方千米以内，城市人口压力显而易见。

洛阳中心城区北、西、南侧三面环山，并受众多历史文物和遗址保护区的制约，致使城市扩张受限，中心城区只能向东以跨越式的模式依托偃师市发展。由图 2-1-6 可见，示范区西侧的老城区发展已饱和，目前正在大力发展的核心区和伊滨区也趋于饱和。因而，示范区成为洛阳中心城区周边唯一可以开发的地块，且由伊洛两河相夹，生态本底良好，具有一定的独特性。其开发和建设有利于缓解中心城区人口压力，是洛阳东进战略的重要节点。

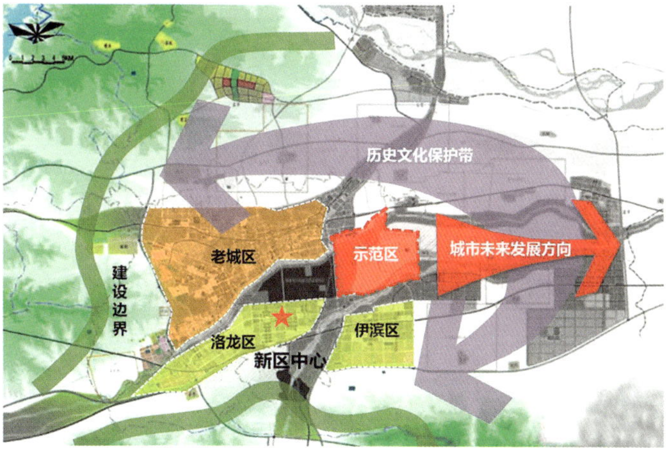

图 2-1-6 区位分析

2. 基地缺乏统一规划

地块外部：示范区周边新城缺乏规划，用地混杂；与周边区域联系较少，交通可达性较差；紧邻历史文化遗产保护区，须控制开发量。

通过分析水系（图 2-1-7）、道路（图 2-1-8）、建设用地（图 2-1-9）、土地利用现状（图 2-1-10）可知，地块内部：

（1）多以耕地为主，少量村庄、工业分布，缺乏统一规划。

（2）水资源丰富，景观价值较高，具有生态优势。

（3）不在历史文化保护区内，地势平坦，具备开发优势。

（4）历史文化源远流长，具有背景优势。

（5）缺乏交通。

（6）地块被高速公路穿越分割，用地限制。

（7）地块内部景观单一，缺乏变化。

综上分析，我们对伊洛新区充满希望和信心，相信通过规划后能为这里的人们创造一个美好的家园和一幅繁荣的景象。

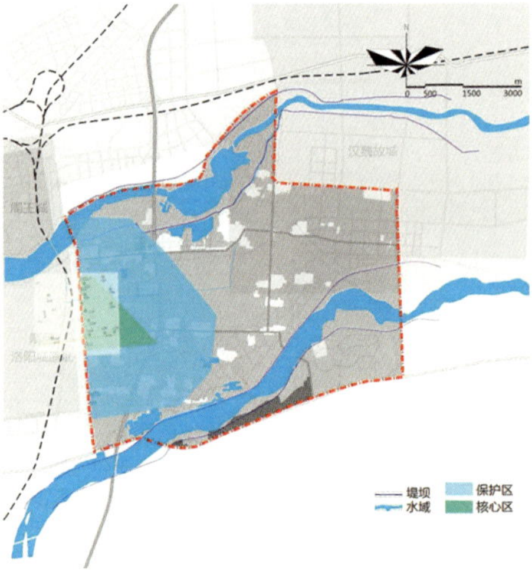

图 2-1-7 水系分布现状

图 2-1-8 道路交通现状

图 2-1-9 建设用地分布现状

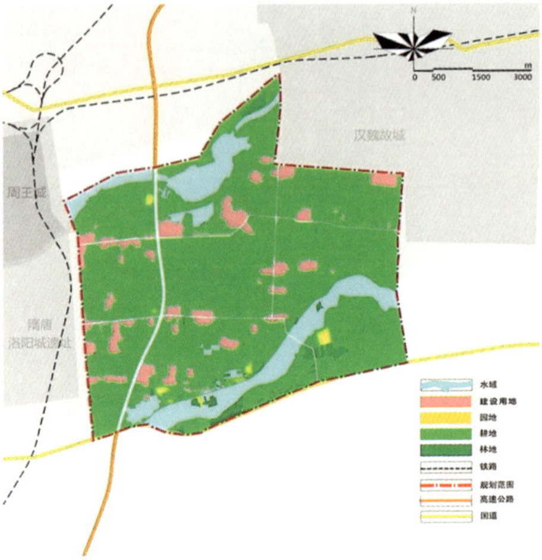

图 2-1-10 土地利用现状

四、空间管制分区

洛河南侧和伊河北侧的带状空间地势平坦，景观资源优越，同时受到可抵挡百年一遇洪水的堤坝保护，是最适合开发建设的区域；堤坝内的区域、高速公路两侧、龙形水系中段部分地块以及城市组团和农业用地之间的林地为禁止建设区；中部农业地带为限制建设区，可考虑作为文化、旅游、休闲、娱乐设施用地（图 2-1-11）。

图 2-1-11 空间管制分区

第二节 项目定位

一、设计思路

洛阳项目的出现，将几种新的发展诉求摆在了我们面前，如何在遵循上位规划内容与方向、保证生态建设与环境保护的前提下，进行合理的开发建设？如何在百年堤防、橡胶水坝的水安全硬性措施条件下，保证水系的生态贯通、蜿蜒有致？传统农业的升级改造，历史遗迹保护限建区的重重包围，向东发展的大趋势，历史文化资源丰富却未能有效开发利用的尴尬局面，城市产业如何快速有效地转型？这些尖锐的问题，集中出现在了这片洛阳发展道路中必经的关键区域上。

“以水为脉，破题为势，一案多用”就是我们交出的答卷。

“以水为脉”：以水定形态，以水定建设，随水布景观，随水亮文化，用水增价值，用水提品质。整个方案都是以水生态文明为总体框架，结合洛阳深厚的历史文化底蕴，探索由千年帝都向魅力新城转型的产业思路。

水生态文明的精髓是什么？这个命题的最终目的是什么？可以说，这两个问题在整个方案的制作期间一直萦绕在我们心里。作为黄河支脉的伊洛两河，北方季节性河流的特点，针对汛期安全及两岸低洼地的内涝隐患，城市建设必然带来的生活污水和地表径流污染，大片农田的农药面源污染问题，橡胶坝和硬质堤岸对生态活动的阻隔效应，水与文化的传承关系，如何将景观建设和水的文化结合，如何将产业的概念融入其中，这些问题摆在了我们的面前。

“破题为势”：25% 的建设用地限制，是结合分析得出的用地适宜性成果。由此我们决定将建设用地分别布置在两条河流的沿岸；对建设强度的限制，对农业保障的研究，得出了带状的防护性林地与中央的综合农业地块；周边的历史文化遗迹，沿洛水建都的历代王都轮廓，敲定了组团核心开放空间的分布；对生态连续的需求，对历史文化延续的贯穿，对伊洛两河连通的需要，对内部雨涝的排除，对慢行系统的思考，让我们最终得到了龙形水系。

“一案多用”：所有的设计思路，所有的方案措施，每一条河流，每一处绿地，每一块森林，每一段道路，都是从数个方面思索推敲、综合考量后得出的最合理答案，初步规划方案轮廓见图2-2-1。例如蜿蜒的龙形水系，既是雨汛时期的快速排涝通道，也是荡舟览景的通运之水；既是连通南北新区的慢行系统，也是贯穿五个历史公园的文化之河。再如分列两河沿岸的五个功能组团，既是历史文化要素的解读，也是特色鲜明的产业地带；既能满足组团内部的各种功能需要，又是一个有机综合的整体。多用途、综合思考、分项成果，叠加得出结论，就是这一阶段的思考方式与工作过程。

二、总体定位

以水为中心、以历史文化为主轴、以经济可持续发展为引擎的规划理念，最终使我们得出了整个新区的定位：总体定位为“水生态文明示范区与国际旅游新城”，形象定位为“生态美域、产业智芯、文脉悠城”。

重点突出基地水生态与文化底蕴的双重禀赋特色，紧扣国家 — 区域 — 城市的核心发展诉求，形成了层次分明、维度多元的愿景目标：

（1）顶级生态美域，塑造全国生态文明的品质标杆；

（2）智慧产业集聚，形成区域产业“三二一”转型发展的智慧中枢；

（3）文化魅力传扬，打造洛阳独一无二的国际旅游胜地。

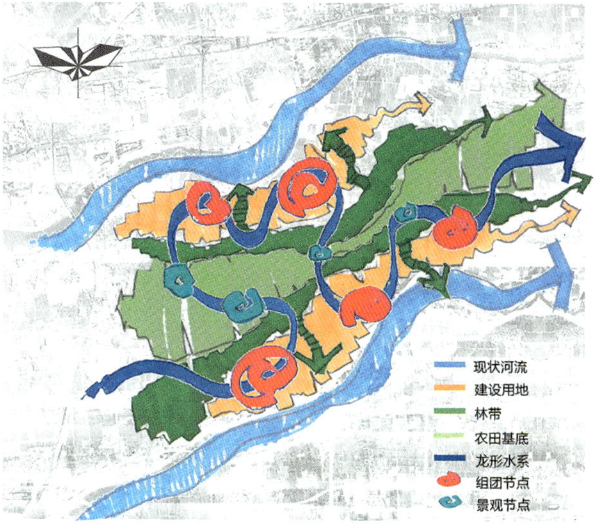

图 2-2-1 规划方案初始轮廓

第三节　规划策略

一、生态策略

一个真正坚持生态理念的项目，不仅要靠生态的灵魂去把控顶层设计的规划方向，更要让生态的血液流淌在每个环节的设计思路与建设工法中。新项目的开发建设，势必会带来一个区域内资源分布、生态格局、污染排放、环境承载等各个方面不同程度的变化。因此，生态环境的平衡性保护必须成为城市开发建设的重要组成部分。

1. 自然生态保护

1）生态补偿与提升

我们从城市生态保护的建设理念出发，坚持做好项目地开发建设的生态补偿与提升。通过对规划前后的对比（表 2-3-1），可以清晰地看到整体生态系统服务价值当量的总量并未因为建设开发而损失或降低，我们通过增加高单位当量的用地类型面积（湿地、水域、林地等），对增加建设面积造成的生态服务当量损失进行了有效补偿，并使整个示范区的生态服务价值当量得到了进一步提升。

2）生态廊道网络系统构建

根据项目地的地形和生态特征以及城市发展的格局，建立由生态斑块、生态踏脚石（hub）和生态廊道（link）组成的城市生态网络。梳理整合并完善了城市生态廊道网络，建立了洛河生态廊道、伊河生态廊道和中央复合生态斑块、龙形水系生态廊道及湿地生态斑块（图 2-3-1），形成具有更高功能的有机生态系统。

3）生物多样性保护

我们将从两方面同时入手保护生物多样性，一方面，严格保护现有自然生态保护区域不遭受新破坏，适度恢复或重建相对退化的生态环境，逐步改善生物栖息地破碎化、孤岛化以及城市生物类群同质化现象；另一方面，从区域内物种种类和数量的保育出发，深入调查与评价本地生物多样性，通过对鸟类、鱼类、植物种类的逐步恢复与引入，丰富整个区域的生物多样性。

表 2-3-1　规划前后土地利用类型生态服务价值当量对比

生态服务功能	现状耕地	规划后耕地	现状园地	规划后园地	现状林地	规划后林地	现状湿地	规划后湿地	现状水域	规划后水域	现状合计	规划后合计
面积（公顷）	4592.00	1003.00	31.00	0	122.00	895.10	0	425.60	182.00	1734.00	5440.00	5440.00
空气调节	2296.00	501.59	15.50	0	427.00	3132.96	0	766.08	0	0	2738.50	4400.63
气候调节	3949.12	826.73	27.59	0	329.40	2416.85	0	7277.76	83.72	797.74	4389.83	11319.08
水源涵养	2755.20	601.90	18.60	0	390.40	2864.42	0	6596.80	3709.16	35343.20	6873.36	45406.32
土壤形成与保护	6704.32	1464.63	45.26	0	475.80	3491.01	0	727.78	1.82	17.34	7227.20	5700.76
废物处理	7530.88	1645.20	50.84	0	159.82	1172.62	0	7737.41	3308.76	31527.94	11050.30	42083.17
生物多样性保护	3260.32	712.25	22.01	0	397.72	2918.12	0	1064.00	453.18	4318.18	4133.23	9012.55
食物生产	4592.00	1003.17	31.00	0	12.20	89.51	0	127.68	18.20	173.42	4653.40	1393.78
原材料	459.20	100.32	3.10	0	317.20	2327.34	0	29.79	1.82	17.34	781.32	2474.79
娱乐文化	45.92	10.03	0.31	0	156.16	1145.77	0	2362.08	789.88	7526.47	992.27	11044.35

图 2-3-1 伊洛河生态廊道网络系统规划

2. 城市基础设施生态化

以绿色低碳、可持续为规划设计理念，以构建生态化的人居环境为目标，积极打造绿色智能、集约化的生态城市基础设施示范区。主要包括常规的六大系统：能源系统、给排水系统、道路交通系统、通信系统、环境系统、防灾系统。

1）一体化的市政综合管廊

建议采用城市地下管道综合走廊的方法（图 2-3-2、图 2-3-3），即在城市地下建造一个隧道空间，将市政、电力、通信、燃气、给排水等各种管线集于一体，设专门的检修口、吊装口和监测系统，实施统一规划、设计、建设和信息化管理，延长管线寿命，提高维护的便捷性和安全性。

图 2-3-2 地下市政综合管廊整体空间示意

图 2-3-3 地下市政综合管廊内部构造

2）绿色复合型交通系统

主要通过对交通网络、交通工具、交通对象进行生态化规划、建设和管理，使其在满足基本功能的同时尽可能减少资源占用并降低能耗，达到生活环境和生态环境的协调统一。本案主要采取了以下措施：①建立智能交通管理中心，将其纳入智能城市管理体系中（图2-3-4）；②鼓励步行、自行车、公共交通等绿色出行方式，支持并完善公共道路交通系统及相关基础设施，便于绿色出行方式的实现与推广；③减少交通和出行的需求，如实施用地复合开发、适度网络购物和网络办公、选购本地原料和物资等。

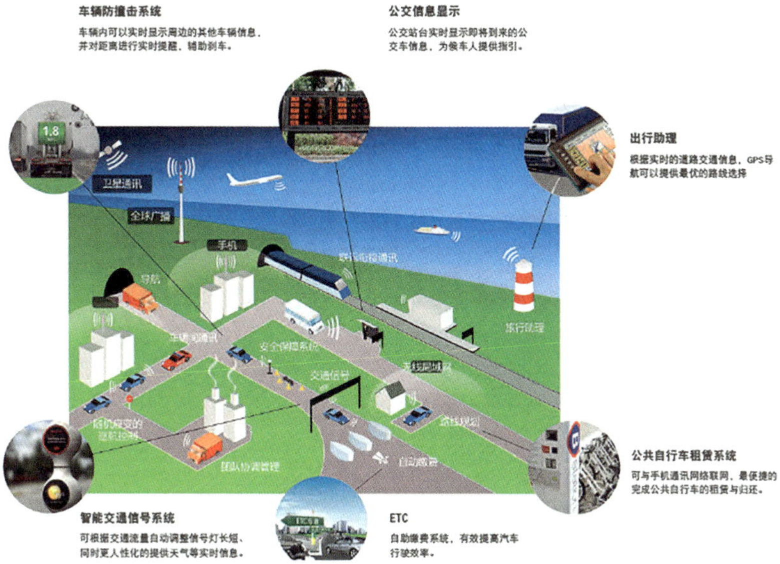

图 2-3-4 智能交通系统

3）废弃物管理

废弃物减量与收集措施有：①增强公众教育；②垃圾分类收集；③推广废弃物收集新技术，如太阳能压缩垃圾桶，建筑内垃圾真空收集系统（图 2-3-5）等；④有机垃圾堆肥处理；⑤区域性循环产业；⑥产品生命周期分析与评价办法。

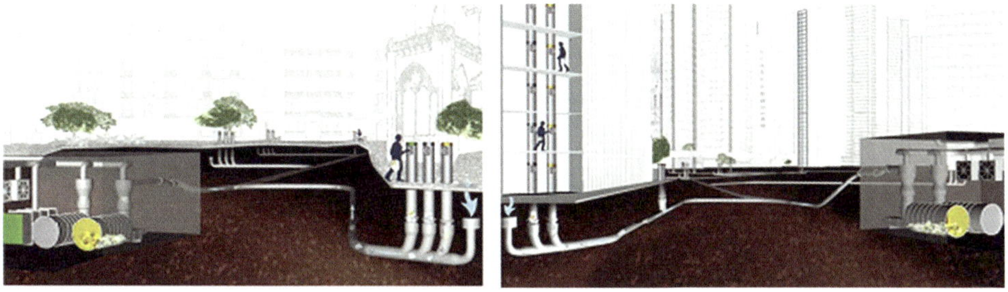

图 2-3-5 真空垃圾收集系统

3. 水生态文明指标体系构建

全面构建伊洛河水生态文明指标体系，提升城市水生态品位。按照“水系为韵、生态洛阳”的发展思路，构建如下体系（图 2-3-6）：①科学规范、综合涵盖的水管理体系；②人水和谐、健康发展的水生态体系；③优美宜人、绿色环保的水环境体系；④高效利用、优化持续的水资源体系；⑤安全可靠、破题为势的水安全体系；⑥特色鲜明、优美宜居的水文化与水景观体系。走不以牺牲农业和粮食、生态和环境为代价的“三同步同发展”的新路子，将规划区建设成为水清、岸绿、城美、人和、古都文化与现代文明交相辉映的水生态文明示范区。

图 2-3-6 洛阳水生态文明建设指标体系

1）水管理

以“全局把控，综合整治，水陆共治，监管并具”为综合治理理念。强化水资源统一管理，健全地方水资源管理政策法规体系；实行最严格管理制度，建立用水总量控制制度、用水效率控制制度、水功能区限制纳污制度以及水资源管理责任与考核制度；完善地下水监测站点布局，实施地下水动态监测（图 2-3-7）；建立协同配合机制；在五个主要城市组团的开放绿地空间建设中考虑与洛河、伊河的水系连通，并实施分质供水。

图 2-3-7 地下水补水管线分布及监测点位

2）水生态

加强水生态系统保护与修复体系建设，改善河湖水生态质量，实现“水系为韵、生态洛阳”目标。

（1）水系连通及扩大水面工程。我们设计了一条龙形水系将两条建设地带与中央的农田带有机串联在一起，通过水面的宽窄变化形成不同的水面分布，最窄宽度不小于 20 米。并且根据不同河段地形适度调整坡降比，以增强河流水动力，增强其自净化能力（图 2-3-8）。

图 2-3-8 生态水道结构

（2）湿地工程。在伊河、洛河两岸保持原有低洼地形，保护原有植被，保留原有池塘的基础上，适当拓宽水面，增加植物品种，形成丰富而有特色的植被景观。

沿龙形水系周边布置湿地形成整体湿地圈（图 2-3-9）。湿地绿岛面积每增加 4 公顷，外围降尘半径扩大 60 米，湿地绿岛最小有效面积 5 公顷，有效降温半径 300 ~ 400 米，具体见图 2-3-10。在本案规划区东南角拟建集生态保护、湿地休闲、文化体验为一体的大型服务性湿地公园。

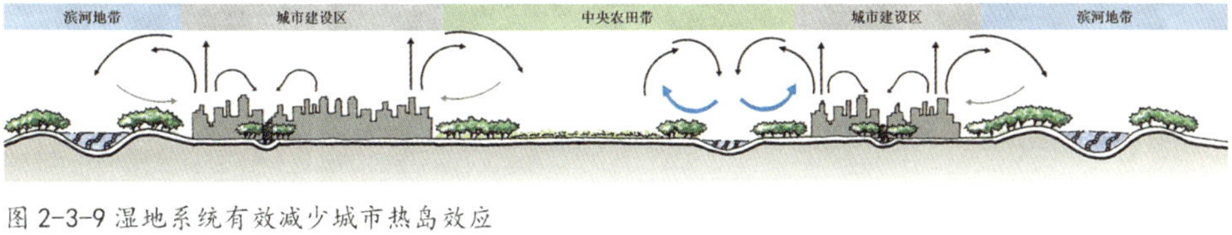

图 2-3-9 湿地系统有效减少城市热岛效应

（3）生态护岸工程。生态护岸具有防洪效应、生态效应、景观效应和自净效应等功能。本项目对于岸坡侵蚀严重的河湖段，采用生态驳岸式，同时要进行岸坡绿化美化；对于岸坡侵蚀较轻的河湖段，可以采用植物护岸、木栅栏护岸、石材生态护岸等护岸方式，具体见图 2-3-12。

3）水环境

采取“源头减排、过程阻断、末端治理”的治污总体方针，分段、分级、分期进行水环境保护与治理。具体策略包括以下方案：

（1）基础设施建设。完善市政管网建设，新建污水处理厂并对已建处理厂进行改造提升，提高污水处理能力，改善河流的水环境；采取“雨污分流”制，利用“集中与分散”处理相结合的方式对示范区生活污水进行处理，尾水利用湿地、绿地进行深度处理。

（2）面源污染控制。①减少污染物产生。减少农业面源污染，建立绿色农业、有机农业、观光农业、立体复合农业示范区。严格控制化肥农药投放量。②降低径流污染。将建设区内初期雨水处理率提高到 70% 以上，并建立生态植被过滤拦截系统，通过植被净化带、湿地、生态沟渠等对径流进行截留净化，具体规划图见图 2-3-11。

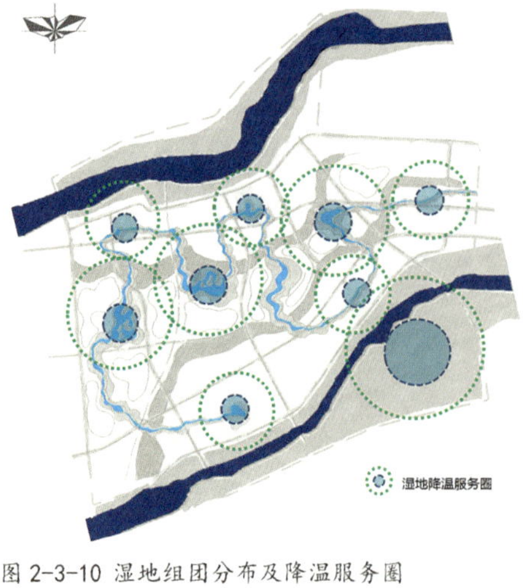

图 2-3-10 湿地组团分布及降温服务圈

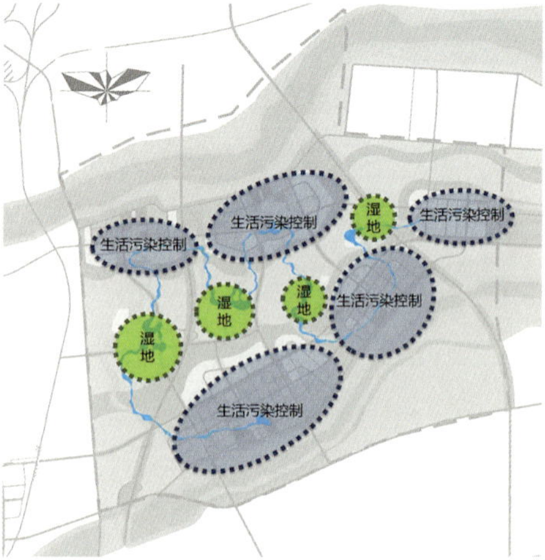

图 2-3-11 湿地截污过滤组团

4）水资源

全面推进节水型社会建设，转变用水方式，提高水资源利用效率和效益，实现农业用水微增长、生活用水适度增长、非常规水利用明显增长。示范区内10眼井开采量为1095万立方米。

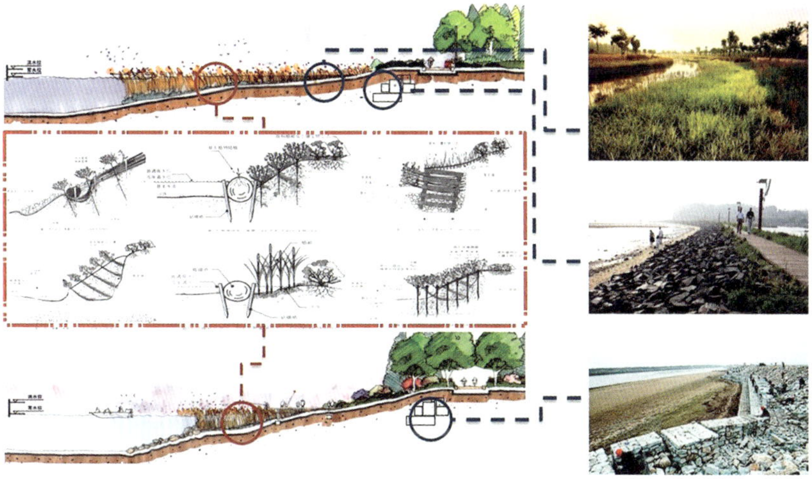

图 2-3-12 生态护岸工程

（1）建立李楼水源地保护示范区。一级保护区：取水井外围50米的区域。二级保护区：一级保护区外150米的区域，洛河赢州桥至二广高速公路桥大堤以内的区域。准保护区：涧河310国道公路桥至洛河入河口大堤以内的区域，区域范围见图2-3-13。

（2）构建水循环系统。构建“取水—给水处理—配水—初次利用—重复利用—污水处理—再生—排水”的新模式。提倡“开源、节流、管理”的新方式进行水资源利用（图2-3-14）。

图 2-3-13 水源地保护范围

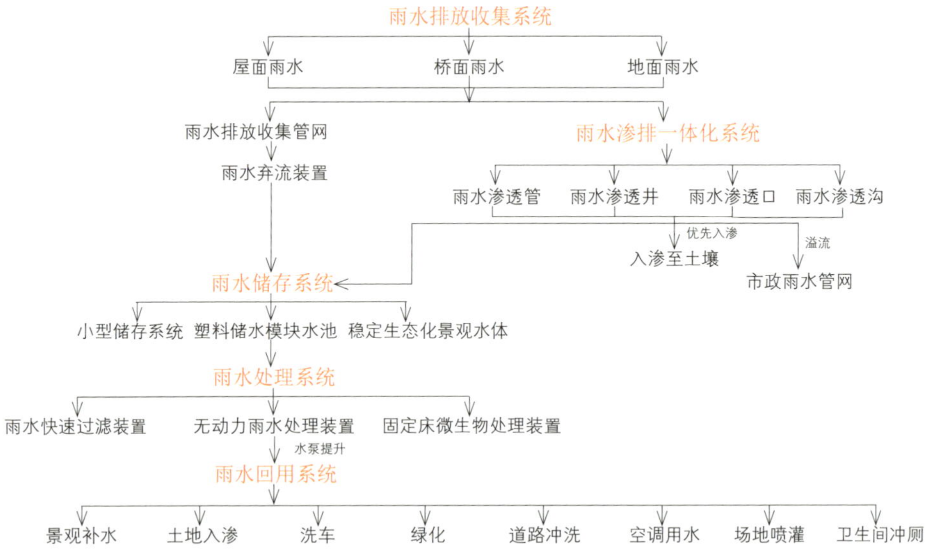

图 2-3-14 雨水排放收集系统

5）水安全

（1）防洪排涝。本案的水安全规划指导思想是确保防洪安全，高低共建，分层次建设生态水系（图 2-3-15）。具体如下：①防洪标准百年一遇，管网标准三年一遇，排水系统标准五年一遇；②建设区与河道之间留有防护地带，宽度不小于 50 米。③示范区中部低洼处湿地、农田及绿地可作为临时行洪通道，减少洪水对南北两侧建设区影响；④龙形水系排涝、滞纳功能——设置可淹没区，宽度不小于 50 米；⑤两河建设区高程整体提高 0.5～1.5 米。

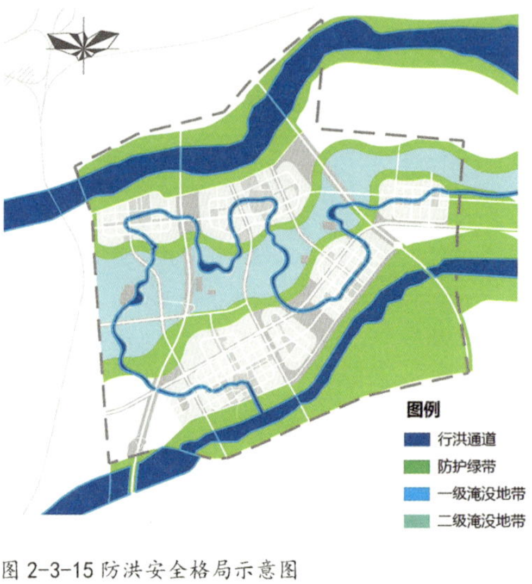

图 2-3-15 防洪安全格局示意图

（2）低影响开发建设。将雨洪作为一种资源进行收集、处理、利用，积极构建海绵城市体系。模仿自然水文特征，设计绿色开放空间作为城市的雨洪排放和蓄滞空间（图 2-3-16）；利用路旁绿地、边沟和中央龙形水系作为雨洪排放的渠道和引导系统（图 2-3-17）。地势绿地占全部绿地的 50%；透水铺装面积占全部铺装面积的 70%；每 1 万平方米硬化面积配建 500 立方米调蓄设施；规划区综合径流系数（含建设区、绿地、道路）不高于 0.5（按照建设区综合径流系数 0.4，道路经流系数 0.8 计算）。

图 2-3-16 城市中水体的多种存储收集方式

图 2-3-17 洪涝通道

6）水景观与水文化

（1）景观设置结合建设开发。设置滨河景观带，带动周边地块价值提升，沿水布景、随景建设、水景结合。对水景观进行高程分层、分类，并对应相应的安全等级（表 2-3-2）。

表 2-3-2　项目设置景观类型防洪要求等级分类

不同等级的项目设置景观类型	被洪水淹没频率	设计洪峰等级
软景（绿化、种植、湿地等）	经常淹没	2 ~ 3
简单的边界次级道路	高度（可以被淹没）	3 ~ 5
主路	中度 - 轻度（偶尔被淹没）	5 ~ 10
简单景观元素（观景亭、平台、坐凳等）	轻度（偶尔被淹没）	10 ~ 20
复杂的构筑和设施（集散广场、喷泉等）	极少被淹没	20 ~ 50
永固建筑（商业广场、桥）	不被淹没	50 ~ 100

（2）打造富有洛阳特色的城市水景观界面形象。结合具体功能进行水景观布置（特产、特色小吃、特色商业）；岸线尽量自然、富有变化，空间布局多样化、趣味化；景观分层布

置，样式丰富，有层次感，有立体感（水瀑、叠水、水面、水底等）；多元化景观考虑——夜景、冬季景观、枯水期景观（灯光、冰场、冰灯、冰雕、绿廊、旱水步道）。

（3）水文化的传承与宣传。利用龙形水系贯穿五个历史主题园区（城市组团中心开放空间）（图 2-2-18）；沿河打造以历史文化为要素的景观，制作宣传资料，公共媒体播放，突出洛阳特色。

图 2-3-18 历史主题园区贯穿龙形水系

二、文化策略

洛阳作为千年帝都，历史文化遍布洛水沿岸，源远流长，其龙脉水韵、千年帝都、农耕文化赋予了洛阳在当代发展的基石和活力。

1. 帝都文化

沿伊河、洛河文化轴线布置建设区，提取规划区周边现存的五朝帝都形状、大小与相对位置，分别规划设计五个节点空间（图 2-3-19）。

将城市组团的主要功能作用与帝都文化的主题底蕴相结合，使文化的风韵与都市的功能完美融合。夏都、商都分别通过旅游小商品展示其字赋，周都通过乐龄烘托其礼赋，汉都通过教育文化体现其文史赋，唐都通过商业办公展露其长歌赋（图 2-3-20）。

图 2-3-19 文化节点空间

2. 龙文化

龙形水系通过一条龙形的脉络，串联了城市组团核心（图 2-3-21），并作为载体，通过贯穿古今、串接城市和农田，将历史文化、都市景观、城市产业结合，形成具有洛阳特色的文化载轴与产业链条（图 2--3-22）。

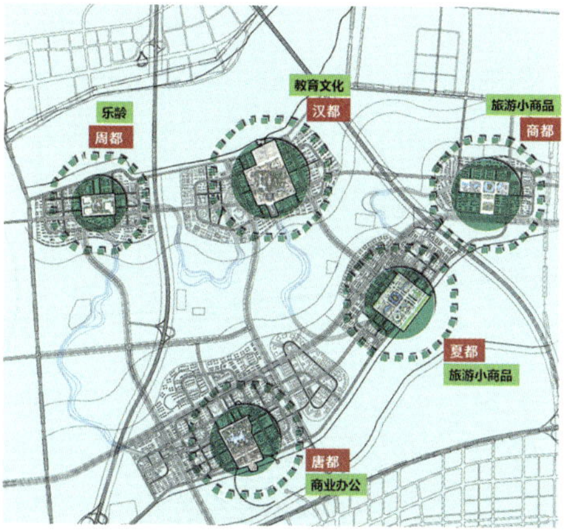

图 2-3-20 产业分布与文化的对应

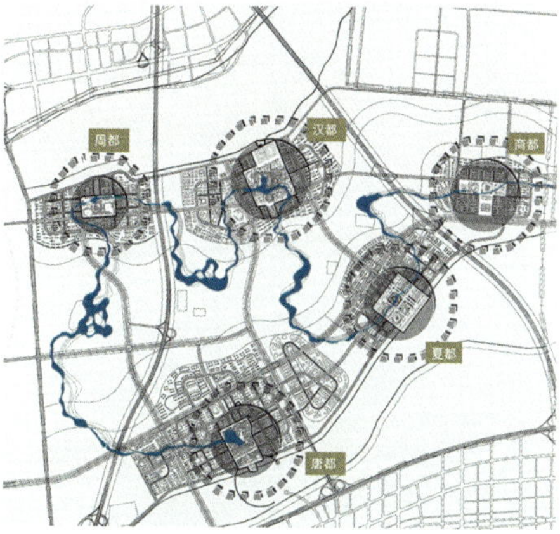

图 2-3-21 龙形水系串联

3. 农耕文化

洛阳作为历史上集聚四方的皇家粮仓，养育四方。然而传统的农耕文化需与生态城市建设融为一体，共同发展，形成一系列低碳绿色的新农业产业。可以通过产业改革塑造田园景观，打造新农业产业，将农业与文化、景观相融合，形成有机的、生态的发展模式，让农田成为整个城市生态的基底（图 2-3-23）。

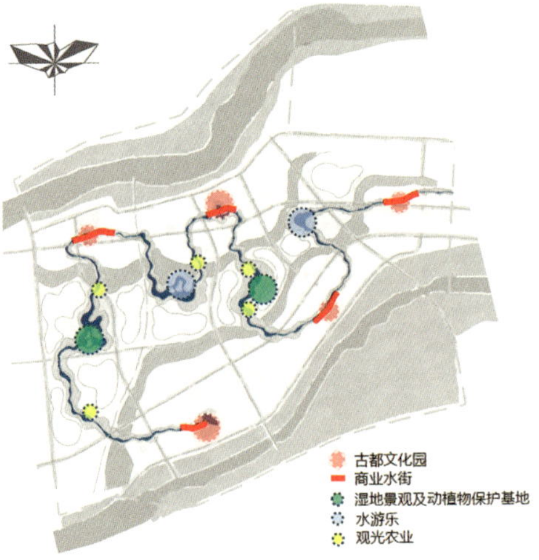

图 2-3-22 龙形水系与景观产业的融合

图 2-3-23 生态田园带

三、产业策略

1. 产业体系构建

基于“外部功能联动 + 内部良性循环”两大原则，满足契合全球及区域产业和城市发展理念、与周边产业形成有机联动和配套、构建具有专业识别性的特色产业基地、充分利用和挖掘本底资源基础这四个维度需求，以及与其对应的高创新引领性、高关联带动性、高专业识别性、高资源契合度四个特征，构建基地产业发展方向。因此得出六大产业功能领域，其中以旅游休闲为核心产业，以养生医疗、科技教育、商务会展、文化创意为优势产业，以现代农业为特色产业（图 2-3-24）。

产业体系有两大特色：外部功能联动——补齐区域经济发展的服务业短板，以功能错位补位策略形成与周边工业板块的联动发展；内部产链循环——构筑产业系统内部的自循环体系，以高效完善的产链结构提升基地产业集聚度与竞争力。

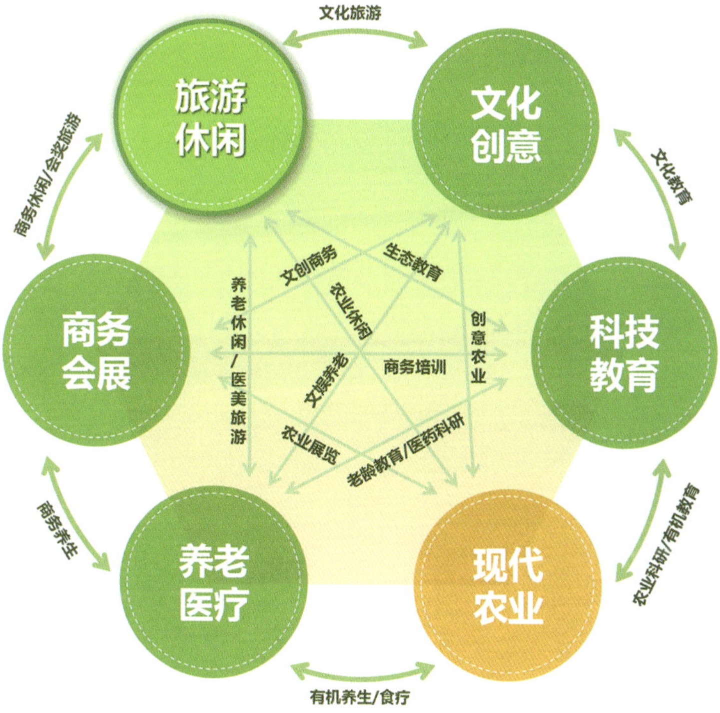

图 2-3-24 产业体系构建网

2. 产业发展思路及产品策划

以旅游业为龙头联动其他产业，通过文化旅游、生态旅游、商娱休闲、修学旅游、医美旅游五大旅游产业系列，五位一体打造国际旅游目的地，形成 20 大重点旅游产品、6 大爆点项目，具体见表 2-3-3、表 2-3-4。

表 2-3-3　旅游产品类型

类型	文化旅游	生态旅游	商娱休闲	修学旅游	医美旅游
重点旅游项目	创意工坊群落、地景雕塑公园、帝都民俗文化街、洛邑露天博物馆	梦想花田世界、奢野乡村度假区、伊洛湿地公园、清境亲子农场	主题购物乐园、游客集散中心、国际滨水风情街、欢乐海洋星球	国际会奖基地、菁英拓展成长营、未来花博馆、夜光科幻花园	禅修养生茶香园、中药百草景园、国际医美会所群、乐龄健诊中心
爆点项目	洛邑露天博物馆	奢野乡村度假区、梦想花田世界	欢乐海洋星球	夜光科幻花园	国际医美会所群

表 2-3-4 旅游规划重点产品

类型	名称	备注
文化旅游	创意工坊群落	以文化创意为主的现代艺术聚落，集大师工坊、设计创作、展示、艺术休闲于一体的特色创意街区
	地景雕塑公园	极具文化底蕴与艺术气息的公共开放空间，以地景创意、雕塑小品为主题的文化型公园
	帝都民俗文化街	以洛阳帝都文化为依托，仿古建筑街区为形态，打造民俗观光、购物的休闲胜地
生态旅游	清境亲子农场	针对都市亲子家庭的综合型休闲农场，集农业观光、采摘、种植互动、亲子游乐、有机食宿于一体
	伊洛湿地公园	利用滨河湿地资源，打造生态观光、生态休闲、生态教育于一体的现代湿地公园
商娱休闲	主题购物乐园	以时尚购物、亲子购物为主题，打造新城时尚生活聚集地和一站式商业休闲中心
	游客集散中心	大型游客中心，形成集游客交通转运、旅游咨询服务、特色餐饮、休憩购物等于一体的魅力集散平台
	国际滨水风情街	以滨水酒吧街、国际影剧院、休闲会所等构建滨水休闲娱乐的国际风情街区
修学旅游	国际会奖基地	针对企业年会和会奖旅游客群，打造团体会议、培训、拓展运动、休闲的会奖基地
	菁英拓展成长营	采用寓教于乐的方式对菁英少年们进行社交、运动、学习等全方位的培养的特色营地
	未来花博馆	以洛阳花卉文化为依托，融入绿色科技教育，以花卉、植物为主题打造未来主义风格的生态农业主题景园
医美旅游	禅修养生茶香园	以禅修课程、茶道养生为特色，打造心灵修养和私密社交的养生圣地
	中药百草景园	以中草药种植打造特色养生景园，集观览和国医养生休闲于一体
	乐龄健诊中心	引入多种机能疗法的乐龄健康中心，集自然生态诊疗与医疗保健手段于一体

第四节　规划布局

一、空间结构规划

规划空间总体概括为：“两河相拥，城在其中；龙形水系，城文共生。”区域内整体布局结构形成“一轴、三带、五组团”的空间布局结构：一轴是蜿蜒在地块中部的龙形水系，联系了五个城市组团；三带分别是伊河景观带、生态农业观光带和洛河景观带；五组团指五个相对独立、具有完善服务功能的城市功能组团（图 2-4-1）。

二、功能布局规划

在功能布局上合理规划，打造集居住、就业、休闲、学习为一体的水生态文明示范区。主要有七种功能区，分别是滨水社区、田园社区、生态社区、乐龄社区、科技教育区、休闲商务区、文化创意区（图 2-4-2）。

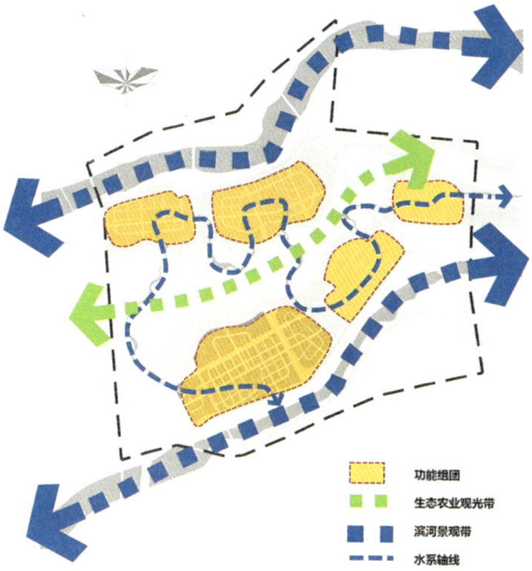

图 2-4-1 空间结构规划

图 2-4-2 功能布局规划

三、产业布局规划

在产业布局中，规划结合现状和优势资源，合理布局（图 2-4-3）。商业办公结合组团分散设置，满足各组团需求；开拓大道东侧设置文化创意产业园，吸引和扶持优秀文化创意产业；在周都组团南部设置乐龄产业，为中老年人提供一站式、全方位服务；以发展“特色农业、绿色农业、观光农业、外向农业、品牌农业”为目标，推进传统农业向现代农业的转变。

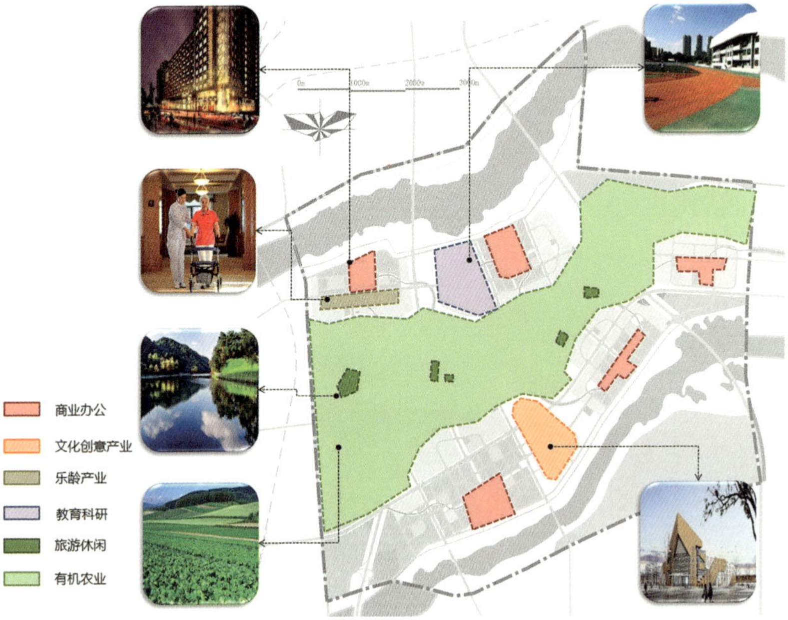

图 2-4-3 产业布局规划

四、土地利用规划

土地利用规划见图 2-4-4、表 2-4-1。

图 2-4-4 土地利用规划

表 2-4-1　土地利用平衡表

项目	用地代号	用地名称		面积（公顷）	比例
建设用地	R	居住用地		523.32	38.6%
	R1		一类居住	342.66	25.3%
	R2		二类居住	180.66	13.3%
	B	商业服务用地		117.12	8.6%
	A	公共管理与公共服务用地		215.51	15.9%
	A6		社会福利用地	16.16	1.2%
	A5		医疗卫生用地	6.69	0.5%
	A3		教育科研用地	167.76	12.4%
	A4		体育用地	13.03	1.0%
	A2		文化设施用地	11.87	0.9%
	U	市政		47.49	3.5%
	G	绿地		137.57	10.1%
	G1		公共绿地	118.97	8.8%
	G2		防护绿地	18.54	1.4%
	S1	城市道路用地		315.73	23.3%
	总计			1356.74	100.0%
	占总用地比例				24.9%
非建设用地	H2		对外交通用地	41.28	1.0%
	E1		水系	670.58	16.4%
	E1		湿地	492.75	12.1%
	E2		林地	1600.92	39.2%
	E2		农田	1253.02	30.7%

五、交通系统规划

1. 对外交通系统规划

在对外交通方面，二广高速南北向贯穿地块并设有一出入口，通过该出入口与园区主干路网连接；规划区的对外路网可以快速抵达铁路洛阳东站、关林站和公路以南客运站；规划区通过李城路、中原大道连接洛阳老城区；通过古城路、伊洛路连接洛龙区；通过伊洛大道、开拓大道、中原大道连接伊滨区（图 2-4-5）。

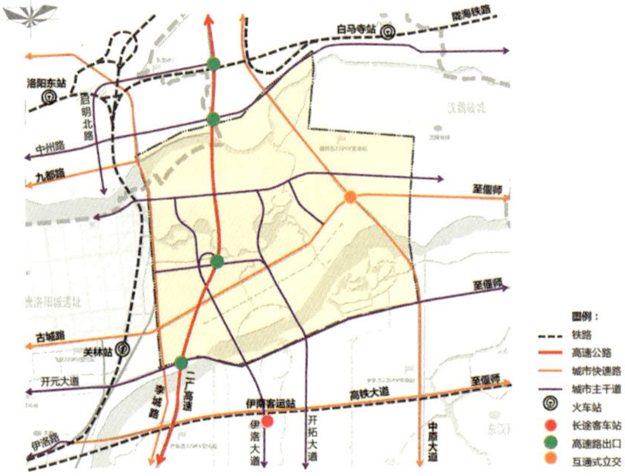

图 2-4-5 对外交通规划

2. 道路系统规划

道路系统分快速路、主干路、次干路和支路（图 2-4-6）。提高道路空间的利用效率，对主干路选用机非分离的三块板道路断面形式，红线控制较低的次干路和支路应采用一块板断面形式（图 2-4-7～图 2-4-9）。

图 2-4-6 道路系统规划

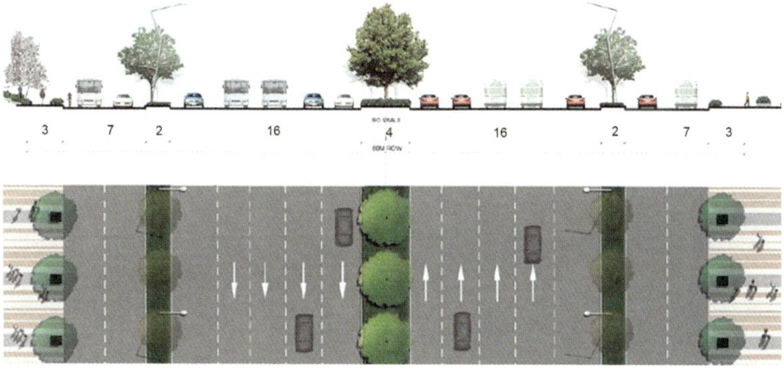

图 2-4-7 快速路断面

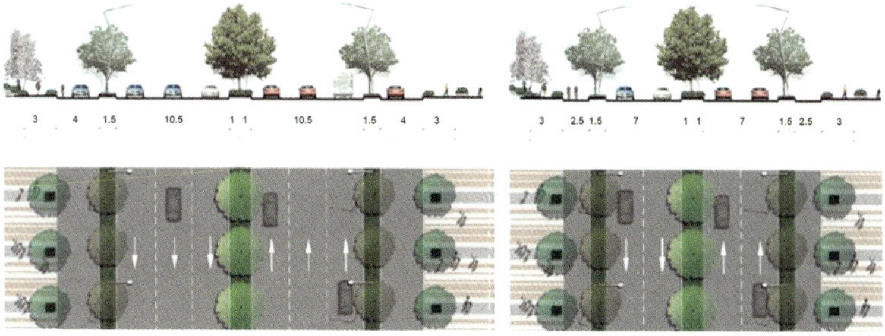

图 2-4-8 主干、次干路断面

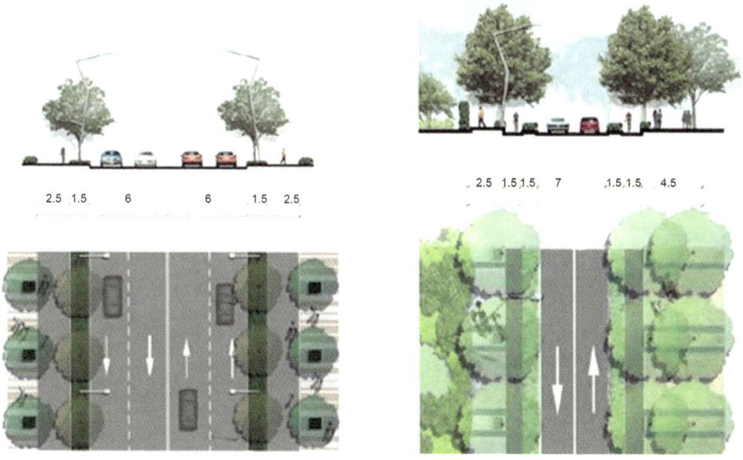

图 2-4-9 支路横断面

3. 公共交通系统规划

根据不同出行目的与公交需求特征，建立快速公交为骨架、普通公交为辅助的公交层级，形成功能明确、相互补充、便捷衔接的公交系统，推动示范区的快速发展与品质提升。

规划沿主干道设置公共交通环线，串联各组团，在各组团设置公共交通停靠站。沿各组团主干道设置公交支线，环绕组团按 300 米服务半径设置支线公共交通停车站，站点覆盖率达到 95% 以上。干线公交和支线公交设置换乘站点，进而保证整个园区的公共交通可达性（图 2-4-10）。

4. 慢行交通系统

规划打造“绿色出行”园区，积极倡导“慢行交通”，打造安全舒适的慢行交通系统。通过慢行系统联系主要居住社区和公共服务设施，构建促进慢行交通发展的城市空间结构。沿伊河、洛河龙形水系组织滨水休闲游憩步行道，提高河流、水景的可达性，提升城市空间品质。慢行系统包括伊洛河景观步道、龙形水系滨水步道、林间小径和城市田园步道四种类型（图 2-4-11）。

图 2-4-10 公共交通系统规划

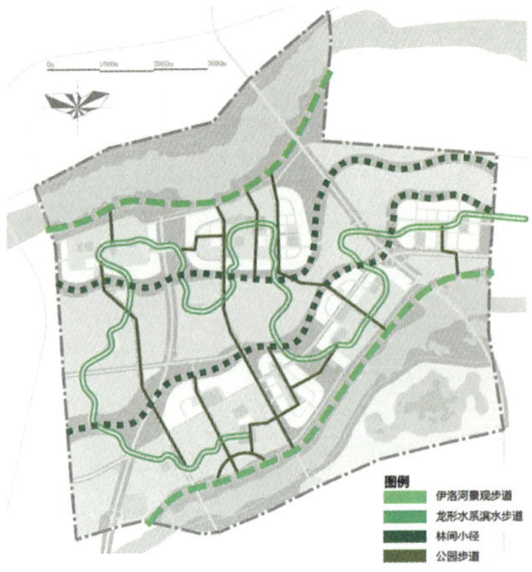

图 2-4-11 慢行系统规划

5. 旅游交通规划

园区外围有唐洛阳城遗址、汉魏古城、东汉帝陵南兆域等知名历史景点，园区内打造夏、商、周、汉、唐都园及水主题乐园。通过二广高速承担本园区快速旅游交通集散，通过李城路、中原大道、中州路、古城路、开元大道承担本园区游客与外围区域的交通转换。园区内部景点通过组团间主干路和环路高效串联，满足景点之间旅游集散的需要（图 2-4-12）。

图 2-4-12 旅游交通规划

六、居住用地规划及人口规模测算

规划居住用地 523.32 公顷，占城市建设用地的 38.6%。

其中一类居住用地 342.7 公顷，居住人口规模 51400 人；二类居住用地 180.7 公顷，居住人口规模 63200 人。规划区总人口规模约 114600 人。

社区结构为基本单元 — 街区 — 片区。各级配置相应规模的公共服务设施及公共空间，对应不同的机动与绿色交通网络（图 2-4-13）。

图 2-4-13 居住用地布局

七、公共服务设施规划

1. 商业服务设施分布

商业服务设施用地 117.1 公顷，占建设用地的 8.6%。

商业服务设施分为 3 级（图 2-4-14）：片区级商业，服务 5 ~ 10 万人，服务半径 1 千米；组团级商业服务中心，服务各功能组团，服务半径 1 千米；社区级商业服务中心，以居住组团为服务对象，服务半径在 500 米以内。

商业服务设施围绕公园绿地和水系布局，可以带来人气，提升商业价值。

2. 中小学布局

参照《洛阳市城市中小学校幼儿园规划建设管理条例》，应当符合下列标准：

（1）每 2 万人口区域内预留一所 36 个班规模的中学建设用地。

（2）每 1 万人口区域内预留一所 24 个班规模的小学建设用地。

按每 1 万人 1 所小学，2 万人 1 所中学，5 万人 1 所高中配置教育设施。共规划 8 所小学，3 所 9 年一贯制学校，3 所初中，2 所高中。按照中学服务半径 1000 米、小学服务半径 500 米进行布局规划，保证教育设施的覆盖率（图 2-4-15）。

3. 公共服务设施布局

（1）社会福利用地 16.16 公顷，占建设用地的 1.2%。

（2）医疗卫生用地 6.69 公顷，占建设用地的 0.5%。

（3）体育用地 13.03 公顷，占建设用地的 1.0%（图 2-4-16）。

八、绿地系统规划

规划绿地 137.6 公顷，占建设用地的 10.1%。其中公园绿地 119.1 公顷，占建设用地的 8.8%；防护绿地 18.5 公顷，占建设用地的 1.4%（图 2-4-17）。

沿洛河和伊河两侧为滨河绿地，以“生态优先”为前提，以“生态平衡”为主导，从整体空间体系的角度出发，使绿地系统的生态效益得到最大限度的发挥，形成绿地环绕城市组团的框架结构，改善区域的大气循环、水循环、小气候等。

九、景观系统规划

主要景观廊道沿建设区外围布置，并渗透至各组团之间连接伊洛河。景观廊道在连接各个组团的同时，对非建设区域和建设区域起到景观过渡作用。各组团均设有各自的景观节点，形成组团景观中心（图 2-4-18）。

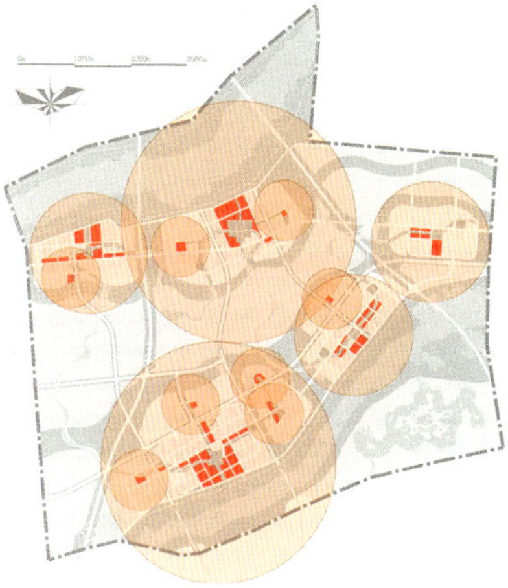

图 2-4-14 商业服务半径分布

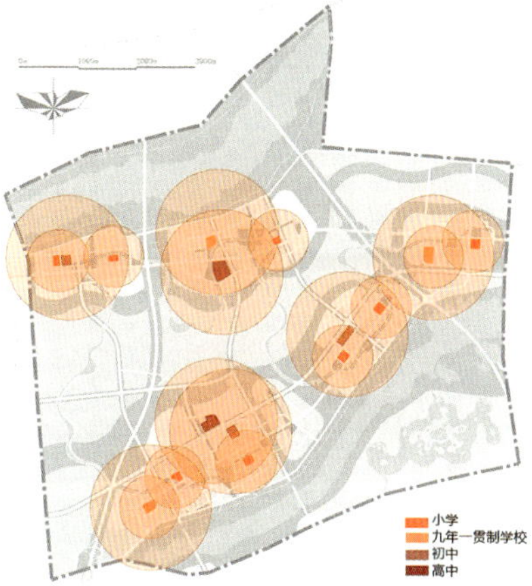

图 2-4-15 中小学服务半径分布

图 2-4-16 公共服务设施布局

图 2-4-17 绿地系统规划

图 2-4-18 景观系统规划

十、水系规划

1. 龙形水系

龙形水系起源于水位较高的伊河，在地势平坦的规划区内蜿蜒向东，在五个城市组团的中心位置依次穿越而过，形成自然弯曲的河面和富有变化的滨水岸线（图 2-4-19）。

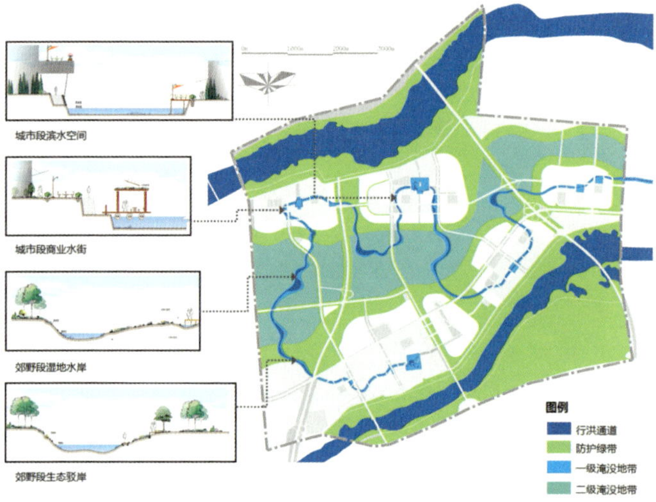

图 2-4-19 水系规划

2. 分层设置

在设置的淹没地带，沿水设置不同等级的水系景观与滨水驳岸类型。

3. 分段布置

在不同的地段设置不同的驳岸处理手法，并结合所处地段的功能布局，做出富有特色的空间。

十一、市政设施规划

规划结合区域对外交通状况设置 4 处社会停车场，每处占地 1.5 ~ 2 公顷。

结合规划布局，在园区南北各设置 1 处一级消防站，每处占地 2 公顷，每个消防站满足责任辖区的要求，配置相应的消防装备。

规划参照《洛阳新区总体规划（2010 — 2020）》在南北各设置 1 处 220kV 变电站，每处占地 0.5 公顷，满足片区用地要求。

沿规划主干路设置 1 处燃气门站，占地 0.2 公顷，满足园区燃气需求；规划结合居住用地布局，设置 5 处垃圾中转环卫设施（图 2-4-20）。

十二、分期实施建议

为了实现整个区域的有序建设和稳步发展，规划建议分三期进行开发建设（图 2-4-21）。

近期（2014 — 2019 年）为起步阶段，首先树立区域形象，建立最大的功能组团、商业服务中心及产业园区，利用资源创造良好城市形象，奠定生态基础。

中期（2019 — 2025 年）为提升阶段，建立北侧功能组团，与南部组团形成呼应，引入更多产业入驻区域内部，实现区域协同发展。

远期（2025 年以后）为完善阶段，形成多个组团平衡布局，多元化产业发展模式，进一步完善区域配套，提升区域影响力和知名度。

图 2-4-20 市政设施规划

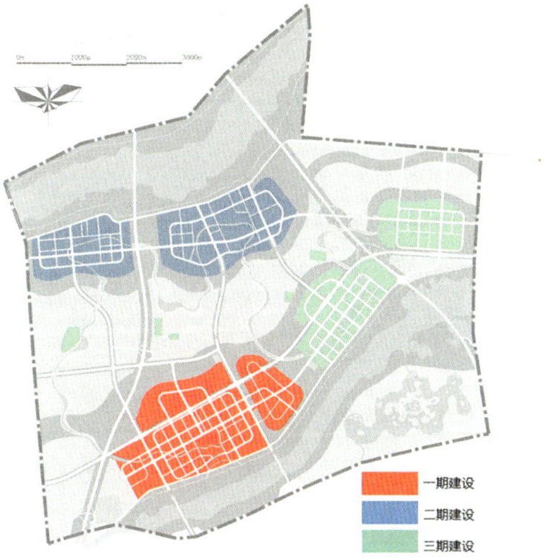

图 2-4-21 分期实施规划

第五节　城市设计

一、总体城市设计

新城分为五个组团，宛若遗落在绿海中的五个绿岛，分布在基地滨河的两侧（图 2-5-1~图 2-5-3）。城市组团面向河道，展现城市滨河景观。基地中部设计为农田景观轴线，以龙形水系及水系绿廊有机串联城市景观与田园景观。水系绿廊及道路绿廊、城市防护林、城市绿岛、农田组成了城市绿海。

图 2-5-1 总平面

图 2-5-2 总体鸟瞰

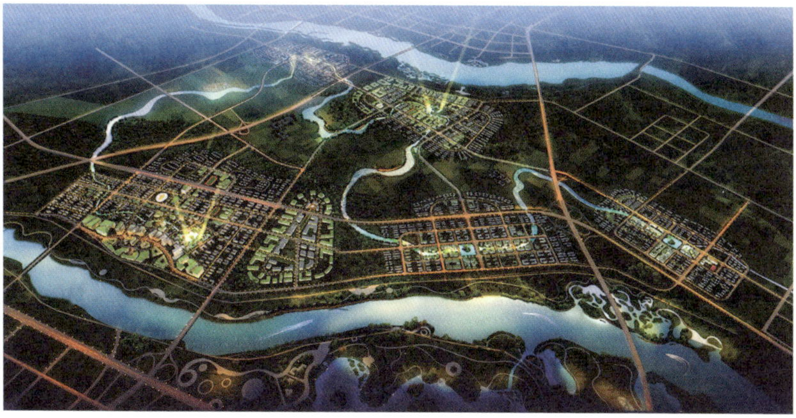

图 2-5-3 夜景鸟瞰

1. 建筑高度控制

为了使区域整体开发具有适宜的规模和空间形态，设计在建筑高度上作了细致的区分。设计 20 米以上的高层建筑主要集中于大型商业中心，形成地标型建筑，点亮城市天际线。靠近伊洛河滨水界面及组团中心地区的高度较高，向外围逐渐降低，靠近地块中部农田的地区高度最低，保证景观可见和视线通畅（图 2-5-4）。

2. 开发强度控制

土地开发的强度与整体组团功能及地理位置保持了良好的一致性。住宅以中低密度开发为主，整体保持适中的开发强度，容积率较高的开发地块布置在商业中心及滨河区域，提升土地价值（图 2-5-5）。

图 2-5-4 建筑高度控制

图 2-5-5 开发强度控制

二、城市节点设计

五个城市组团内部设计中心花园，花园作为组团的中心，形成商业、文化、休闲和娱乐综合绿核。花园景观选取五个历史古都为主题，以历史古城城郭轮廓线为设计要素，对洛阳五个古都进行景观解读。龙形水系景观带串联了五个城市组团核心绿地、串联了各朝文化和组团公园，共同构成洛阳历史魅力展示带。五个组团的中心花园分别为：唐都园——长歌赋；汉都园——文史赋；周都园——礼赋；夏都园——青铜赋；商都园——字赋（图 2-5-6）。

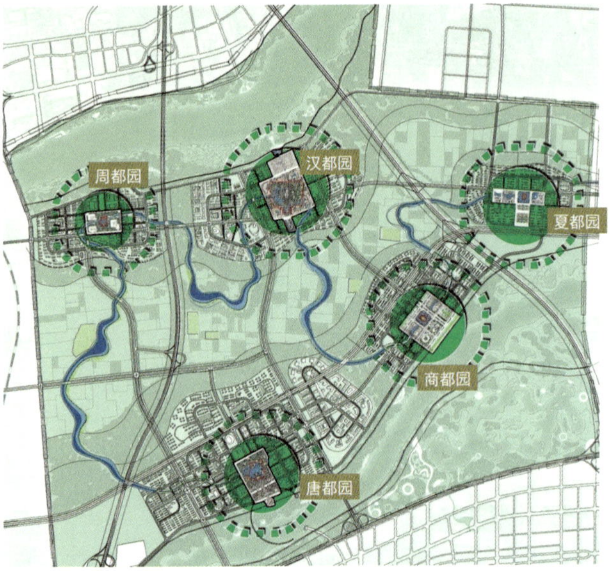

图 2-5-6 五园分布

1. 唐都园

唐都设计的源泉来自于唐都的“盛”，将帝王文化、诗文化、书文化、画文化 、佛文化、商文化、歌舞文化、私园文化通过各种形式集于一身；另一方面，也集结了生态的绿脉水脉功能及城市绿核的休闲养生功能（图 2-5-7）。

2. 汉都园

设计构思来源于对汉魏古城的城郭边线及当时汉魏古城所毗邻的环境，提取汉魏城郭、宫城轮廓、主轴、洛水、邙山几个要素，进行景观解构，形成园区设计（图 2-5-8）。一山一水，阴阳结合，古城遗址，历史再现，文化传承，现代演绎，将古城风韵融合在汉都园的设计中。主要以水景观营造的水上博物馆，以水的灵动唤起对历史的呈现，展开了汉魏历史的篇章。在园区入口处打造大幅的古城疆域图，使人一进入园区就能感受到点题的历史文化视觉冲击。

3. 周都园

周代礼制已经成熟，对应的产业定位是乐龄产业，整个设计以符合山水养生的形态出现。周边的水系强化了城市古都的轮廓，中轴延续的是周代的历史、地雕的疆域图、对称的中轴线、步移景异的步道系统、戏水广场（图 2-5-9）。

4. 夏都园

设计的主题是“青铜”“河图洛书”“最早的宫城遗址”，核心是河图洛书广场，周边设有青铜景观盒，沿河道设置商业水街。

河图洛书广场以个性鲜明的色彩与空间构成展现恢弘的文化和悠久的历史，让人徜徉于历史长河、游走于文化画卷之间。

现代景观盒使人文、城市与自然达到一种交融互含的状态，给人以三维空间和文化的体验（图 2-5-10）。

休闲空间利用阵列地灯及文化铺装等元素，营造轻松愉快的氛围，同时展现文化内涵，打造舒适的空间环境。

5. 商都园

以甲骨文为主，设计的主题是字赋，核心是文字之源广场，同样用景观盒突显文化冲击力（图 2-5-11）。

文字之源广场利用有质感的材料并在其上雕刻各种文字来表达文字的起源，使人们在广场中游憩之余能够体验到历史文化的厚重。

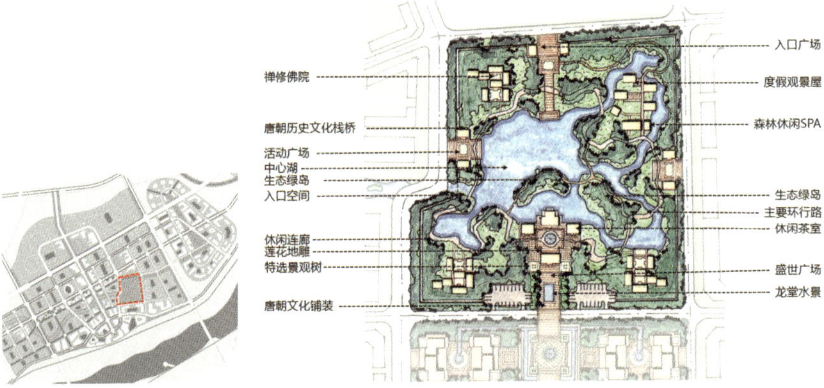

图 2-5-7 唐都园平面

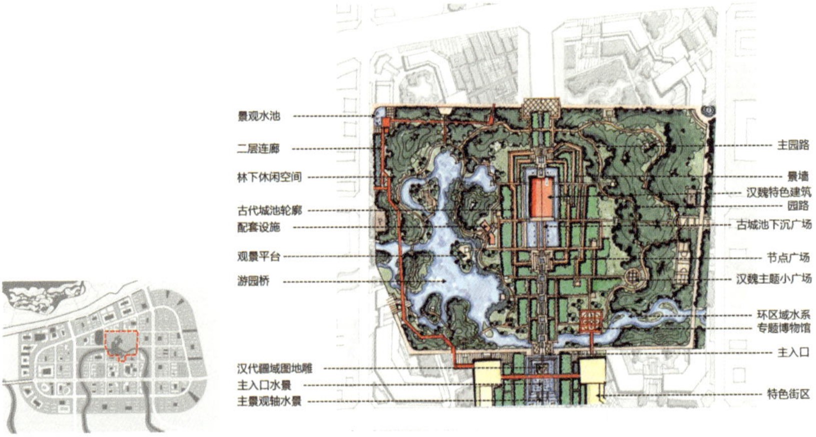

图 2-5-8 汉都园平面

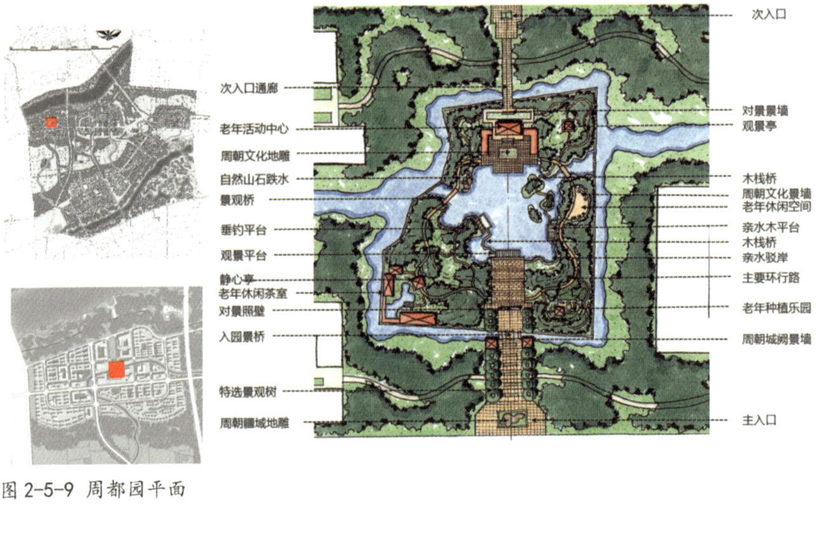

图 2-5-9 周都园平面

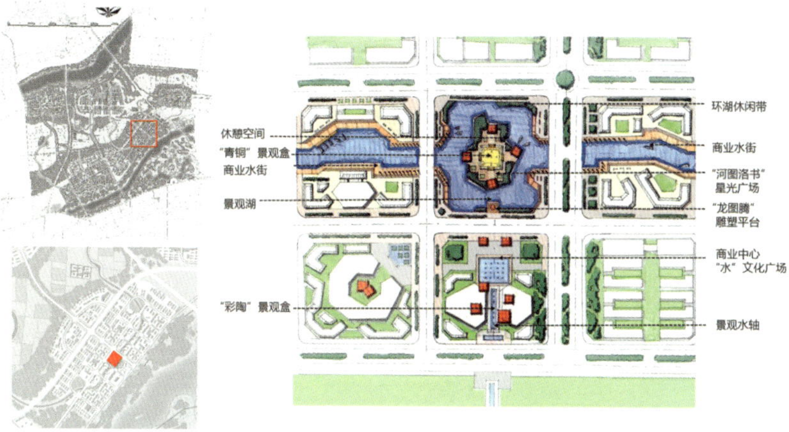

图 2-5-10 夏都园平面

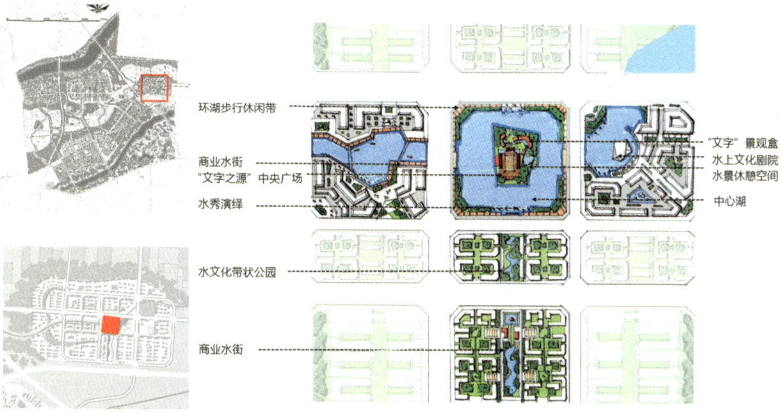

图 2-5-11 商都园平面

第三章

萍乡市麻山新区
山水林田湖与美丽乡村设计

麻山新区是萍乡市未来城市转型的重要试点和先行军，是国家新型城镇化和生态文明建设的重要示范区。城镇角度：产城游一体化的生态城镇典范；生态角度：国家级海绵城镇示范区；产业角度：绿色产业前沿示范区；旅游角度：江西休闲养生度假目的地、萍乡文明的荟萃与传承平台、萍乡休闲度假后花园。我们的设计将水安全、水生态、城市建设三区作为蓝线划分依据，并以地表III类水为目标水质标准，划分为建设区、限建区和非建设区；并将100年一遇淹没范围作为绿线划定主要依据，结合海绵城市、生态三道防线等理念划定。打造原生态“山、水、田、林、城”格局，充分体现山间养志、河畔养性、田园养心、生态宜居的生态规划理念，营造望得见山、看得见水、记得住乡愁的意境。

第一节　萍乡市麻山新区建立背景分析

一、形势严峻、地位关键

2008 年 3 月，萍乡被列为全国首批 12 个资源枯竭型城市之一。目前，萍乡正处于城市转型的关键时期，萍乡市将建设江西省重要新型工业城市、现代消费型城市、赣西经济转型发展示范城市、赣湘边际地区重要的中心城市。

同时，萍乡是全省 4 个享受东北老工业基地税收优惠政策的城市之一，是全省唯一一个全国循环经济试点城市，是全国首批资源枯竭型城市可持续发展转型试点城市之一。萍乡面临由工矿城市、资源枯竭型城市向现代消费型城市、新型工业城市、转型发展示范城市、赣湘边际地区重要的中心城市的重要转变。

二、寻找新的突破点

在国家号召建设生态文明、海绵城市及新型城镇化的今天，萍乡迎来了城市转型的春天和崭新的契机。

1. 生态文明

党的十八大把生态文明建设纳入中国特色社会主义事业五位一体总体布局，“我们一定要更加自觉地珍爱自然，更加积极地保护生态，努力走向社会主义生态文明新时代。”并要求“坚持节约资源和保护环境的基本国策，坚持节约优先、保护优先、自然恢复为主的方针”。习近平总书记指出：“建设生态文明，关系人民福祉，关乎民族未来。”“生态环境保护是功在当代、利在千秋的事业。”

2. 海绵城市

2015 年中央财政支持海绵城市建设试点申报工作启动。中央财政对海绵城市建设试点给予专项资金补助，一定三年，具体补助数额按城镇规模分档确定，直辖市每年 6 亿元，省会城市每年 5 亿元，其他城市每年 4 亿元。对采用 PPP 模式达到一定比例的，将按上述补助基数奖励 10%。2015 年 3 月，萍乡入选海绵城市建设试点城市。麻山新区作为一个即将崛起的新城，具有良好的“山、水、田园、林”生态本底，具有建设海绵城市的先天优势。

3. 新型城镇化

国务院总理李克强在十二届全国人大二次会议上作政府工作报告时说，2014年要推进以人为核心的新型城镇化。坚持走以人为本、四化同步、优化布局、生态文明、传承文化的新型城镇化道路。新型城镇化的使命要求麻山要以人为本，构建符合本地特色的生态城镇。

三、麻山新区建设具有重大战略意义

2016年2月，习近平指出，江西生态秀美、名胜甚多，绿色生态是最大财富、最大优势、最大品牌，一定要保护好，做好治山理水、显山露水的文章，走出一条经济发展和生态文明水平提高相辅相成、相得益彰的路子。2017年3月，习近平提出，要着力推进供给侧结构性改革，加法、减法一起做，既做强做大优势产业、培育壮大新兴产业、加快改造传统产业、发展现代服务业，又主动淘汰落后产能，腾出更多资源用于发展新的产业，在产业结构优化升级上获得更大主动。

麻山新区是萍乡市未来城市转型的重要试点和先行军，是国家新型城镇化和生态文明建设的重要示范区。城镇角度：产城游一体化的生态城镇典范；生态角度：国家级海绵城镇示范区；产业角度：绿色产业前沿示范区；旅游角度：江西休闲养生度假目的地、萍乡文明的荟萃与传承平台、萍乡休闲度假后花园。

四、区域合作优势

“长江中游城市群”发展规划出台，区域合作快速推进，“中三角”将成为未来30年我国经济发展最快的地方。萍乡处于“中三角”三大城市群武汉城市圈、环长株潭城市群、环鄱阳湖城市群中间地带，是连接三大城市群的重要纽带，将率先享受三大城市群合作政策覆盖与经济发展辐射带动。目前长株潭—新宜萍“赣湘开放合作试验区”已先期启动，萍乡先行先试，抢占赣西经济转型发展的制高点。

随着国家产业结构的转型升级换代，沿海地区发展成本加大，人才、资本、技术开始外溢，萍乡作为内陆发展城市，具有成本洼地的优势，是未来承接相关资源要素的重要承载地。

五、上位规划

萍乡市总体规划对麻山片区的定位是生态保护区、城市发展备用地。依托优势，发展服务于湘东工业园区的服务配套，以及服务于安源区的养老养生、近郊休闲娱乐，积极发展高效生态农业、服务于中心城区的休闲旅游基地。大力发展以居住、商业服务业为主的第三产业，发展房地产业、休闲旅游业、商业服务等生产、生活服务设施，促进区域产业协调发展（《萍乡市城市总体规划（2008 — 2020）》）。

麻山新区位于麻山镇经济主轴线与经济次轴线交会处，含麻山镇中心组团东部及镇域次中心桐田、基层村中心善洲和小桥村，主要发展工业和农业综合开发等（《麻山区总体规划（2009 — 2025）》）。

第二节　基地条件

一、区位交通

麻山新区地处萍乡市湘东区东部，萍乡城区西南部，东接昌九城镇密集带，西邻长株潭城市群。昌九城镇密集带与长株潭城市群，这两个城市群分别是江西、湖南两省经济最为发达的地带。西跨萍水河，东靠萍莲高速公路，北至横杂冲路，南至外环路，总面积约为 13.60 平方千米。新区周边有沪昆高铁、萍莲高速公路、G320 国道等陆路，临长沙黄花机场约 80 千米。周边有多条铁路、公路干线（图 3-2-1）。

图 3-2-1 麻山新区区位

二、资源分析

基地周边自然资源丰富，为未来旅游业的发展打下良好的基础。基地范围内有鸬鹚嘴湿地公园、七彩葡萄园、双月湾湿地、幸福大观园等自然资源，生态本底良好，可作为景点引入旅游业。萍乡市有玉湖公园、鹅湖公园、人文纪念公园、安源国家森林公园等，但是缺乏大型生态新区类项目，为基地创造了补位发展的机会。

三、水系现状

萍水河流经规划地块，其余水域多为小水库、水塘、沟渠，多沿农田分布。萍水河是萍乡市境内最大河流，流域面积为 1423 平方千米。萍乡市多年平均降水量为 1642.5 毫米。春末夏初季节常有大雨、暴雨出现，山洪暴发，河水猛涨，造成水灾；夏末秋初季节降雨稀少，地势较高区域河流小，水流急，流量不丰，常发生旱灾。

四、地形地貌

运用 GIS 技术对现状地形地貌进行分析，建立数字高程模型，可以看出新区内山地较多，萍水河北部以及新区中部、西南部多为山地，局部最大高程为 200 米左右，不适合开发建设；其他部分地势较为平缓，平缓地带地势起伏较小，道路可沿水系布置，适合开发建设（图 3-2-2）。

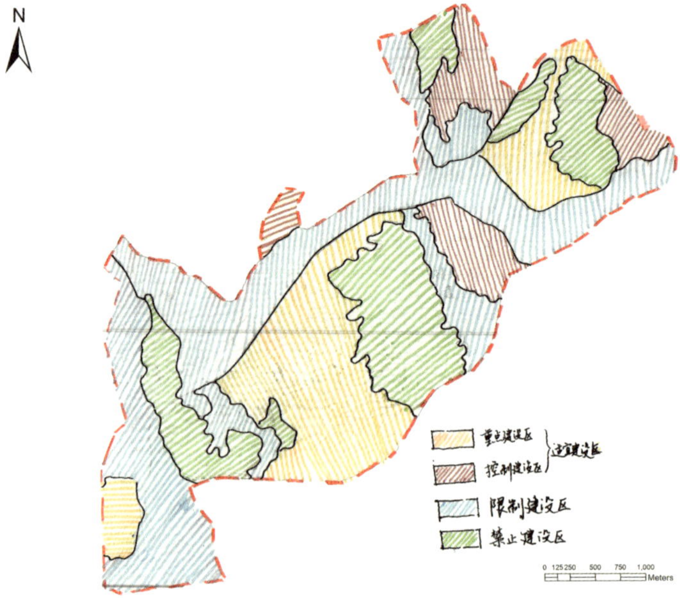

图 3-2-2 用地适应性评价分析

五、现状用地分析

现状用地以城乡居民点用地、耕地、山林地为主，有少量采矿用地。城乡居民点用地主要沿河流及道路自由带状布局，耕地主要分布在萍水河两侧及地势平缓地带，其余以山林地为主。

六、用地适应性评价

综合考虑高程、坡度、地形起伏度、洪水淹没线、水源保护区、水环境敏感性、风景名胜区、森林公园及采空区等因素，通过 GIS 等多种技术方法的综合运用，从区域系统的整体性出发，对全区城乡建设用地适宜性进行评价，划分适宜建设、限制建设、禁止建设三大类别（表 3-2-1）。

表 3-2-1 麻山新区用地适应性评价

类型	用地面积（公顷）	比例（%）
适宜建设	479	35.22
限制建设	565	41.54
禁止建设	316	23.24
合计	1360	100

七、生态分析

1. 萍水河污染严重

近 5 年萍水河水质为Ⅳ ~ Ⅴ类。麻山镇境域外的萍水河上游建有污水处理厂，通常污水处理厂削减的污染物种类和浓度有限，直接将大量尾水排入水体，仍有可能超过受纳水体的自净能力，对生物生境造成破坏。建议在污水处理厂排水处构建湿地净化区，净化尾水后排放。此外萍水河上游为安源区，红线范围内河段建有鞋厂，易产生生活污水、工业废水。

2. 水土流失导致地质灾害多发

麻山河水源保护地建有铁矿开采区。其采矿区、排土场、尾矿库、矿区道路和工业场地等产生的污染物通过大气、雨水沉降等方式进入水体，对红线范围内麻山河河段造成污染；同时，采矿本身会造成植被破坏和水土流失，诱发崩塌、滑坡、泥石流等地质灾害。麻山镇已被列为地质灾害次重点防护乡镇。

3. 雨洪调蓄能力弱

麻山镇若遇集中降水，易发生内涝；若遇降水偏少，易发生阶段性干旱。由于河道较窄、堤岸过高、建设区缺乏“海绵体”等，致使其无法有效进行雨洪调蓄，出现内涝水患和水资源短缺双重矛盾，造成水土流失、生态平衡破坏的恶性循环。

八、产业发展现状

萍乡近年来经济增长平稳，工业仍占主导地位，二产对经济增长的贡献大，三产占比缓慢提升。

萍乡居民消费意愿指数略高于江西省平均水平，但有消费外溢现象。消费结构仍以生存性消费为主，休闲娱乐、运动养生等服务型消费发展严重滞后。

萍乡以煤炭工业及钢铁、陶瓷等资源加工型企业为主，需加强高附加值产业及配套业的结构调整。萍乡煤炭业竞争力下降，区位优势已不明显；制造业对工业产值的贡献超过90%，成为转型接续产业的重点；萍乡当前的制造业发展重点以中间品制造业、深加工制造业为主，远期为配套业。

第三节　定位战略篇

在国家生态文明建设如火如荼、生态发展成为我国未来主旋律的大背景下，麻山生态新区以生态为基本理念，积极响应国家“海绵城市”的建设方向，充分利用麻山新区“山清水秀”“林野田园”“河湖湿地”等资源本底，发挥介于萍乡市区与湘东区的区位交通条件，并在自身及周边整体发展大环境的基础上，努力将自身打造成为“新型城镇化”趋势下独具特色、适合本地而又不失现代的“生态田园城镇”，成为萍乡市“生态新区”的典范。

一、总体定位

麻山新区的总体定位为产城游一体化的水墨田园生态旅游小镇。

麻山新区作为“生态”“低碳”“回归”“田园”等符号的标识，必然以“低碳环保零污染”的产业结构为未来产业引进导向；同时结合旅游大省江西的总览图以及麻山新区本身优质的山水田园生态资源，打造产城游一体化的水墨田园旅游小镇是水到渠成、综合发展的最优选择。

二、目标定位

麻山新区的发展，生态是根基，产业是内容，城镇是结果，旅游是动力。多重角度的目标将会在新区逐步发展过程中一一实现，构建起麻山新区的内涵与品牌，成为麻山新区的灵魂、价值与声誉。

（1）生态角度——国家级海绵城镇示范区。

（2）产业角度——江西绿色产业前沿示范区。

（3）城镇角度——江西产城游一体化的生态城镇典范。

（4）旅游角度——江西休闲养生度假目的地、萍乡文明荟萃与传承平台、萍乡休闲度假后花园。

第四节　四大战略

以麻山生态新区的总体定位为根本，以伟大蓝图的落地为目的，以战略目标的实现为路径，本案提出四大发展战略。

一、生态文明发展战略

“生态基底打造—生态产业引导—生态空间构筑”三个层面落实生态文明发展。在梳山理水的基础上打造片区生态基底，通过引导生态产业落位生态基底，实现特色产业落位特色空间，构筑生态城市空间，实现城水共生、城旅互动的生态新区。

生态文明理念下的城乡规划在关注功能布局、尺度与比例、效率与安全、交通与道路、市政与公共服务等传统城乡规划要素的前提下，不仅关注宏观层面的生态制度建立、生态基础运营网络，还关注中观层面的生态型城市功能区。因此，如何保障片区生态安全、提升生态环境、实现片区可持续发展成为本案的重要内容。

二、海绵城市发展战略

通过“构建应对不同降雨量的生态水安全网络，合理布局麻山新区的绿色网络空间，建立绿色基础设施网络”，保证海绵城市理念的落地。

1. 生态水安全网络构建

1）一般降雨

通过低影响开发技术措施，采用雨水花园、下凹式绿地等吸收雨水，再通过植物、土壤进行净化，并渗入地下，富余雨水溢流至下沉广场形成景观水体或进入收集池。

2）暴雨

建立立体市政管网，当低影响开发技术措施不能完全消纳雨水时，多余的雨水溢流排入市政管网中，最终排入河道。

2. 绿色基础设施网络体系构建

（1）建设生态化的基础网络：主要通过人工绿地建设、生态改造等。如沿道路、滨河、池塘建立生态廊道，结合公园绿地、防护绿地等斑块创建高质量的绿色空间网络体系。

（2）塑造生态化的绿色空间：加强绿色斑块与生态廊道间的连通性，塑造良好的生物栖息环境。保护和提升现有的绿色空间，增加低维护地被，提高自我生存与修复能力，减少养护成本。

三、新型城镇化发展战略

新型城镇化的发展，是基于区域整体发展的区域综合发展，是区域经济发展，也是社会发展，同时包含了城市建设。麻山新区的发展遵循六大原则、九大要点。

1. 六大原则

（1）以人为本，着力提高新区户籍人口城镇化水平，降低城镇准入门槛；

（2）坚持城乡统筹，实现经济一体化发展；

（3）优化新区格局，促进人口分布、经济布局与资源环境相协调；

（4）以小带大，以新区重点板块优先发展，带动整个新区发展，并与周边城镇联合共同发展；

（5）集约高效，合理控制建筑用地规模，合理设置新区各类建设用地标准；

（6）完善新区功能，改善人居环境、基础设施和公共服务。

2. 九大要点

（1）建设低碳生态新区；

（2）构建现代城镇基础设施体系；

（3）组建新型城镇化体系；

（4）完善城市功能、结构；

（5）发挥产业集聚作用，实现产城游一体化；

（6）创新城镇管理；

（7）塑造城镇特色风貌；

（8）提升城镇公共服务能力；

（9）增强城镇文化软实力。

四、产城游一体化发展战略

通过“绿色产业、新型城镇化、休闲养生度假游”一体化发展，实现“山、水、田、林生命共同体”的发展目标。

通过“绿色产业、新型城镇化、休闲养生度假游”一体化发展，通过“活跃的产业驱动力”建设“智慧低碳产业高地”，以“严格的城市调控力”成就“优质生态城市客厅”，以“旺盛的需求推动力”打造“休闲旅居生活乐土”，以“持续的文化传承力”塑造“多元文化荟萃长廊”，最终以“生态、生产、生活”的“三生理念”（生态——水生态、林生态、绿地生态、农田生态；生产——高科技产业、旅游产业、文化产业、商务商服；生活——生态居住、休闲娱乐、运动养生、应急避难），通过“价值叠加、功能复合、融合提升”实现“山、水、田、林生命共同体”的发展目标——“三生共荣的麻山生机绿脉 — 水墨田园生态旅游小镇”。

第五节　多规合一的理念、优势、意义

新型城市的诞生、成长、辉煌及持续发展离不开规划的引导，由于城市系统是一个融合了经济和社会发展、土地空间利用、生态文明建设以及交通、卫生等多个重要因素在内的巨大综合体，其正常运转需要多个专项规划指导，随之而来的是各个专项规划之间的矛盾：或是数据格式不兼容，或是功能有冲突……导致城市发展反受多规之累。

而多规合一理念的出现，则是力图在各个规划之间建立一种和谐关系，从理论上讲，多规合一是指推动经济社会发展规划、城乡规划、土地利用规划、生态环境保护规划高度衔接统一，落实到一个共同的空间规划平台上，实现一个市县一本规划、一张蓝图，解决现有各类规划自成体系、内容冲突、缺乏衔接等问题。

可见，多规合一的核心在于各项规划之间和谐关系下的一致性，在规划一致性基础上，以一种核心思想、一张规划蓝图指导城市发展。

在指导城市发展上，多规合一的优势则更加具有实际意义。

1. 多规合一提升规划体系科学性

多个规划采用统一的数据标准，形成一套统一的数据库，保证各个部门之间可以共用一套数据，不仅可以节约时间，提升效率，更为重要的是，在数据一致性的支撑下，各部门可以更为积极主动地发现各个规划中出现的问题，从而及时进行修正，极大地节约规划成本，提升规划体系的科学性。

需要指出的是，规划数据的标准化是多规合一的重要支撑技术之一，建立多规融合、具有开放集成能力的信息平台，是规划数据标准化的前提。

2. 多规合一更加优化资源配置

习近平总书记多次指出，规划科学是最大的效益，规划失误是最大的浪费，规划折腾是最大的忌讳。由于多规合一将空间、产业、生态等多个重要因素统筹考虑，可以以更优的比例安排各要素之间的发展，从而避免了诸如基础设施建设脱离发展需求造成饱和或闲置，专项规划与城建和土地规划衔接不够项目反复拆建影响社会稳定，产业规划脱离市场指导造成产能过剩等问题，从根本上优化资源配置。

3. 多规合一有效调整部门间利益

规划的调整背后是利益的调整，通过建立多规合一的规划体系，可以解决整体利益与局部利益的矛盾、长远利益与短期利益的矛盾，从而提高城乡资源利用效率，优化城乡二元结构统筹发展体系。

4. 多规合一有助于项目落地性

多规合一所具有的数据统一、目标一致、资源优惠配置等特点，为项目的实际落地扫清了障碍，为“让情怀落地”提供了最大可能性。

第六节　生态规划

一、全流域生态分析

湘东区内动植物资源丰富，生态本底基质良好。植被种类丰富，约 84 科 200 属 367 种，森林植被覆盖率达 75% 以上，其中珍贵树木有红豆杉、檀树、银杏等。动物资源多样化，有鸟类、哺乳类、两栖类、爬行类等 560 多个品种，其中重点保护动物有鹰鹃、猴面鹰、水鹿、金钱豹等。

湘东区境内的萍水河发源于宜春市水江乡，流经东源、赤山、彭高、萍乡市区、麻山、湘东，在荷尧金鱼石出境，流入湖南礼陵后汇入湘江。河流水质较好，除上栗三田至南坑河汇入口河段外，水质达Ⅱ～Ⅲ类。上栗三田至南坑河汇入口河段水质为Ⅳ～Ⅴ类，是江西省重点污染防治河段之一，主要污染物有氨氮、总磷等。

水、旱灾害是湘东区的主要自然灾害。春末夏初常有大雨、暴雨出现，受地形地势等因素影响，凡日降雨量超过 100 毫米，或三日降雨量超过 250 毫米时，加之行洪不畅和被动防洪，山洪暴发后河水猛涨，就会出现大水灾。夏末秋初降雨减少，在地势较高区域，水流流速较快，水量减少常发生旱灾。

湘东区境内并无大型蓄水滞洪工程，萍水河担负着重要的排洪蓄水任务。由于河道调蓄洪峰能力极差，受洪峰流量和自然地形条件影响，洪水一旦形成，只能采取被动防洪措施。部分区段植被遭到严重破坏，河道狭窄且堤岸过高等问题最终导致行洪能力不畅。老城区建筑紧邻河岸，使该段河道难以扩大行洪断面。

部分污水处理厂直接外排超负荷污水，萍水河汪公潭河段的窨井汇集了大量污水。污水直排一方面是由于污水量超出了污水处理厂的处理负荷；另一方面有 3 条小河与排污管道连通，雨水和污水混合后直接进入排污管道，大大增加了污水处理量。

二、规划区生态分析

规划区内生物资源丰富，水系发达，河流水质良好但存在污染风险和行洪问题，麻山镇存在地质灾害隐患。

规划区内森林植被覆盖率在70%左右，主要以杉树、毛竹、油茶、松树为主，其中还有千年樟树、百年荆柴等古木名树以及杨梅、板栗、柑桔等经济作物。动物种类繁多，有牛、羊、兔、鸽等畜禽，是物产丰饶的富庶之地。

麻山河、萍水河水质较好，大部分河段达Ⅱ～Ⅲ类水质标准。萍水河自西北向东南流经规划地块，麻山河从桃源进入境内，自东南向西北经流全境。发源于茶溪及中坪茶冲口、新塘冲的数条小溪，分别汇入萍水河和麻山河，最终在桐田村的晒网洲汇合。萍水河是穿越规划区的主要排洪河渠，部分区段如善洲桥存在堤岸过高等问题，致使行洪不畅。

规划区内水质存在污染风险。污水处理厂出水水质为一级B标准，对污染物的种类和浓度削减有限，直接将大量尾水排入河道，可能超出受纳水体的自净能力。此外，规划区附近是企业集中的安源区和湘东区，沿河分布有居民区和鞋厂等工厂，生活污水、工业废水的不合理排放对水体造成污染风险。

麻山镇已被列为地质灾害次重点防护乡镇，主要地质灾害类型见表3-6-1。

表3-6-1　麻山镇主要地质灾害

灾害类型	诱因
采空塌陷	矿区易发生采矿导致地面塌陷、建筑开裂、地表水位下降
崩塌	“岩土体”结构松散，加之人类生产活动（如采矿、修路、切坡建房、水利工程等）破坏了“岩土体”的相对稳定性而诱发
滑坡与泥石流	植被破坏、不合理切坡、连续性暴雨或大暴雨引起山洪；坡度越大，水流速度越大，水土流失越严重

1. 规划区生态适宜性分析

采用德尔菲法对规划区的社会因子和自然因子进行分析打分，筛选出对规划区有重要影响的因子，并对这些因子进行具体分析如下：

坡度越大，越不适宜建设。在进行大规模高填深挖时，需做护坡以防塌方，坡度小于25度时可布置建筑（图3-6-1）。现状用地以城乡居民点用地（占比13.25%）、农林用地（占比73.76%）为主，并有少量采矿用地（图3-6-2）。城乡居民点用地主要沿河流及道路自由带状分布，耕地主要分布在萍水河两侧及地势平缓地带，其余以山林地为主。坡度小于4.6度的区域内其他用地为主要用地类型，坡度大于25度的区域为纯林。其余为其他无立林、混交林、其他灌木林、竹林、造林未成林（图3-6-3）。规划区范围内，地势以山地和丘陵为主，易形成定向地表汇水，大部分短时降水汇入萍水河或农林用地（图3-6-4）。

20 年一遇洪水淹没面积为 2.89 平方千米，该区域内的西北部存在一些建设用地，有洪水淹没的危险（图 3-6-5）。土壤类型主要有黄壤和水稻土，部分地区有红壤（图 3-6-6）。水稻土所处区域坡度为小于 4.6 度宜种植。黄壤、红壤多分布于坡度大于 25 度的区域，不宜种植农作物或经济林木，宜以防护林和培育药用植物为主。地势为东南高、西北低，是典型的丘陵乡镇。中部、西南部、萍水河东北部多为山地，局部最大高程为 225 米左右，不宜建设。其他区域地势较为平缓，可进行开发建设（图 3-6-7）。

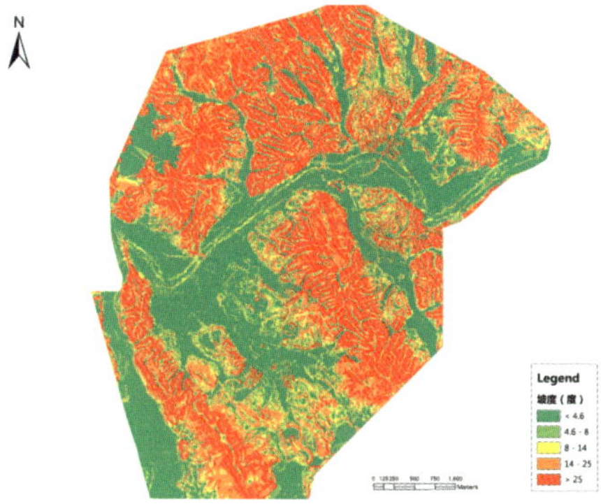

图 3-6-1 现状坡度

图 3-6-2 现状土地利用

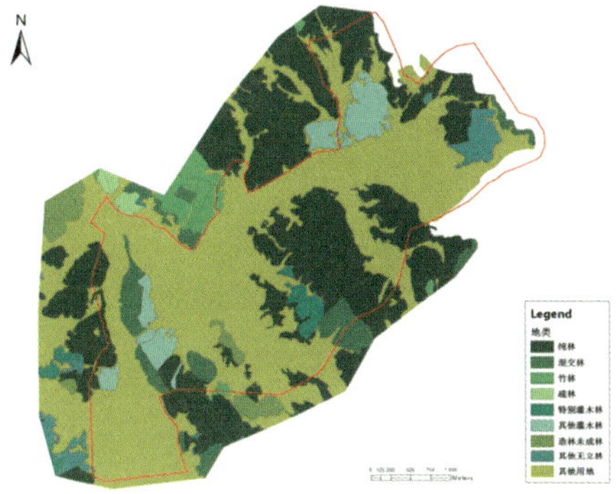

图 3-6-3 现状林地

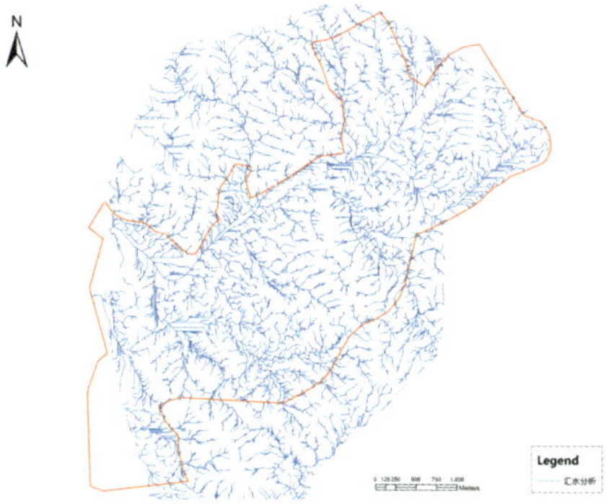

图 3-6-4 现状汇水

2. 规划区生态敏感性分析

采用基于 GIS 的分析方法对规划区生态敏感性进行分析，使整个评价过程更加客观、科学。其分析过程如下：首先，根据规划区的生态环境特点，结合客观条件以及分析因子的代表性、可计量性等原则，选取生态敏感性分析因子；然后，根据单生态因子在生态敏感性上的作用方式及程度，确定每个影响因子的分级标准以及对应的敏感性级别；接着利用 GIS 建立单因子评价图，进行单因子的生态适宜性评价；最后利用空间叠加分析功能，进行规划区生态适宜性综合分析。

50 年一遇　　20 年一遇

图 3-6-5 暴雨淹没用地

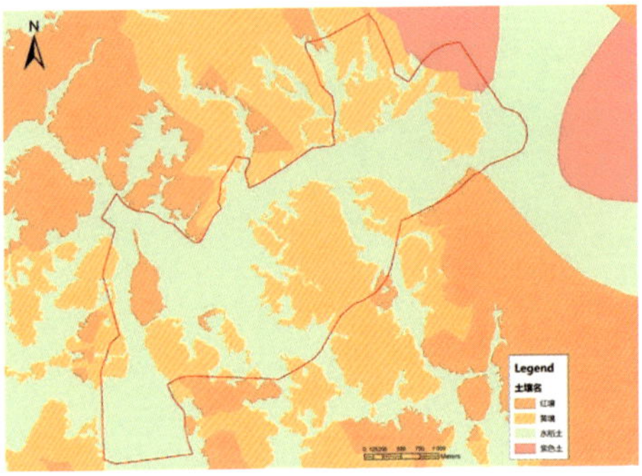

图 3-6-6 现状土壤分析

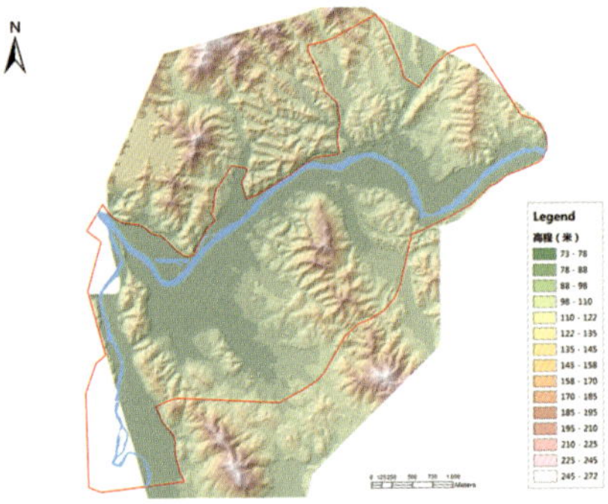

图 3-6-7 现状高程分析

进行生态敏感性分析首先要确定影响因子。影响区域生态敏感性的因子很多，根据规划区的自然状况以及基础数据可获得性与可操作性，这里选用对规划区开发建设影响较大的土壤类型、建筑密度、高程、坡度、坡向、河流、道路等自然生态因子作为生态敏感性分析的主要因子。

根据不同因子中不同要素对生态敏感度的重要性程度分别赋予不同的等级值：高敏感、较高敏感、中敏感、较低敏感、低敏感。为了便于在地理信息系统分析功能中迅速获取计算结果，描述性的等级信息需转换成生态敏感性指数，分别赋值 9、7、5、3、1，建立等级分析体系，见表 3-6-2。

表 3-6-2 生态敏感性因子分级

敏感因子	高敏感区	较高敏感区	中敏感区	较低敏感区	低敏感区
敏感指数	9	7	5	3	1

确立等级分析体系后，需确定各影响因子的对应权重。麻山镇生态环境敏感性因素权重值采用层次分析法进行测算（表 3-6-3），将目标层划分为多个有序的层次，并将各层之间各因子的联系标出分层构建判断矩阵。

表 3-6-3　层次分析法标度对照

标度	含义
1	表示两个因素相比，具有相同重要性
3	表示两个因素相比，前者比后者稍重要
5	表示两个因素相比，前者比后者明显重要
7	表示两个因素相比，前者比后者强烈重要
9	表示两个因素相比，前者比后者极端重要
2、4、6、8	表示上述相邻判断的中间值
倒数	若因素 i 与因素 j 的重要性比为 a_{ij}，那么因素 j 与因素 i 的重要性比为 $a_{ji}=1/a_{ij}$

矩阵由每一对因子的相对重要性比值构成，该值根据各因子在湿地生态系统发展演化中的作用和各因子之间的相关性结合专家评判来确定。各层次中权重的计算采用方根法求出，将判断矩阵进行正交化，得正交化向量，整理并通过整合度（C.I，C.R.）计算检验得出每层因子的权重，见表 3-6-4。

表 3-6-4　麻山镇生态敏感性因子对应权重值

因子类型	参与因子	权重
自然因子	高程	0.110859
	坡度	0.125749
	坡向	0.113796
	特定洪水淹没范围	0.077140
	断裂带安全距离	0.088443
	地表土壤类型	0.077971
	滨水环境	0.077971
	土地利用类型	0.106847
	道路便捷性	0.091764
社会因子	现状建筑密度	0.051490
	危险源分布	0.077971

根据计算结果，C.I.= 0.09782<0.1，C.R.= 0.06435<0.1，一致性通过。坡度、高程、坡向、土地利用类型是生态敏感性的主要影响因子。

3. 规划区生态功能分区

城市建设需要综合考虑自然因子和社会因子，以求达到最大的社会、经济、生态效益。通过对自然因子（坡度、高程、河流、道路等）的叠加分析，得出 5 种敏感等级（不敏感、轻度敏感、中度敏感、重度敏感、极敏感，见表 3-6-5）的综合生态敏感性分布图（图 3-6-8）。

表 3-6-5　综合敏感性分析

综合敏感性分析	面积（平方米）	占比
不敏感	187	0.0014%
轻度敏感	418683	3.0831%
中度敏感	3317841	24.4317%
重度敏感	5188082	38.2036%
极敏感	4655291	34.2803%

由综合生态敏感性分析可知：萍水河等水系、规划区中部、西南部和东部为极敏感区和重敏感区。该区域环境资源质量高，原生性好，生态价值较大，应为生态保护区。若出现破坏干扰，不仅影响正常的旅游开发，而且会对生态系统造成严重破坏。中度敏感区主要位于坡度平缓（小于 4.6 度）的区域，对人类活动敏感性较高，生态恢复难，对维持重敏感区的生态功能起到重要作用，开发时需慎重。轻度敏感区能承受一定的人类干扰，若遇到重度干扰，会引起植被破坏等生态问题，生态恢复慢。不敏感区可承受一定强度的开发建设，土地可作多用途开发。

根据各等级敏感区并结合制约开发的重要社会因子——基本农田（图 3-6-9），确定开发强度并进行功能分区，即适宜建设区（重点建设区、控制建设区），限制建设区和禁止建设区。

将水安全、水生态、城市建设三区作为蓝线划分依据，并以地表Ⅲ类水为目标水质标准，划分为建设区、限建区和非建设区（图 3-6-10）。

4. 生态蓝线与绿线

萍水河等主要河流位于限建区。基于水安全考虑，河道两侧以 60-150 米为界定范围，萍水河和麻山河交汇处以 100 年一遇洪水位作为蓝线的重要界定依据。此外，由于萍水河两岸的路网可作为天然“防洪堤”，因此可将路网作为蓝线划定的另一参考依据。建设区蓝线划定主要从解决城镇内涝、打造海绵城市出发，需通过汇水面积确定预留水域，作为划定蓝线的重要依据。非建设区分为山体段、农田段、两河交汇段，据此划定河道两侧蓝线范围。综合考虑水安全、水生态、城市建设三区，确定河道蓝线范围在 200 ~ 300 米左右，在拐弯处构建河道漫滩和湿地，局部拓宽至 550 米。河道蓝线范围内的河道总面积为 2.23 平方千米。

将城市建设三区、湿地格局、100 年一遇淹没范围作为绿线划定主要依据，并结合海绵城市、生态三道防线等理念划定。绿线主要针对城市建设用地，分为道路、河流两部分。道路绿线依据道路等级以 15 ~ 30 米为界定范围。河流绿线分为城市段和郊野段。综合考虑绿地景观和游憩功能，城市段以相邻城市用地性质为依据，以 50 ~ 150 米宽度划定绿线；郊野段以 50 米宽度划定绿线（图 3-6-11）。

非建设区主要根据现状林地分布图和城市建设三区确定保护培育管制强度等级。质量较高的林地且处于禁建区划为生态保护绿地，生态效应较高的耕地且处于限建区划为生态恢复绿地，质量较高的林地且处于适建区划为生态培育绿地。

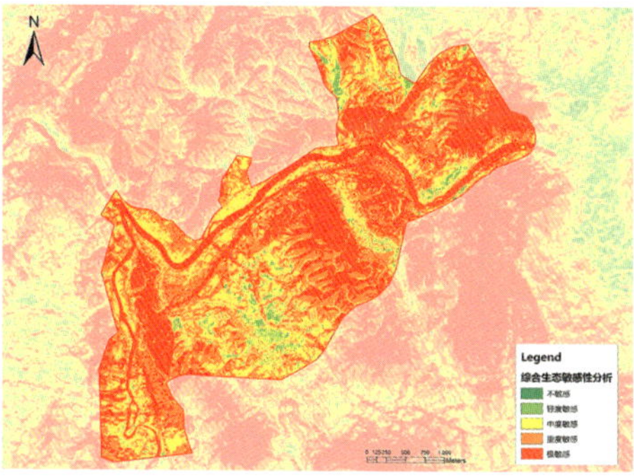

图 3-6-8 综合生态敏感性分布

图 3-6-9 基本农田分布

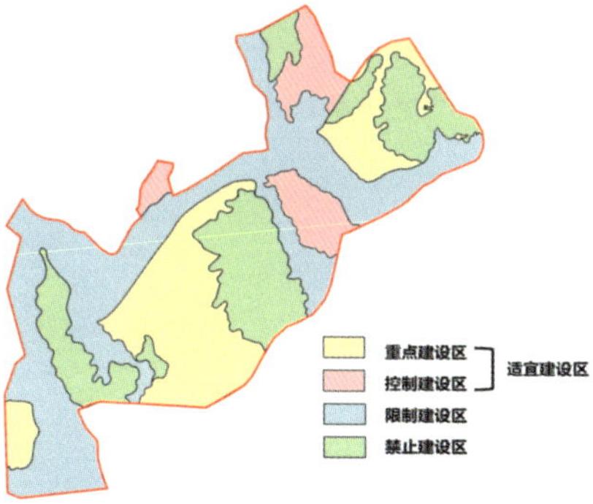

图 3-6-10 建设功能分区

图 3-6-11 生态蓝线与绿线

5. 生态格局

打造原生态“山、水、田、林、城”格局，充分体现山间养志、河畔养性、田园养心、生态宜居的生态规划理念，营造望得见山、看得见水、记得住乡愁的意境。

抓生态必须从水开始，规划新区采用海绵城市水安全（雨洪调蓄）、水生态（水质及水体净化）、水景观（景观生态）三位一体综合生态治理策略，建立河道自净化系统，打造水清岸美的景观体系，实现生态效益、经济效益、社会效益的最大化和可持续性。保护并充分利用现有山林景观，保持古朴优美的田园风光，延续闲适安宁的生活氛围，打造望得见山、看得见水、记得住乡愁的美景，另外保留辖区内的山、水、田园、林，实现引水入河，引绿入城，组团开发，片区引导，滨水发展；串联雨水边沟、雨水花园、调蓄池，构建轴带串联的海绵细胞，沿河向城市依次布局绿草地、灌木、乔木，形成由低到高、错落有致的植被空间体系（图 3-6-12）。

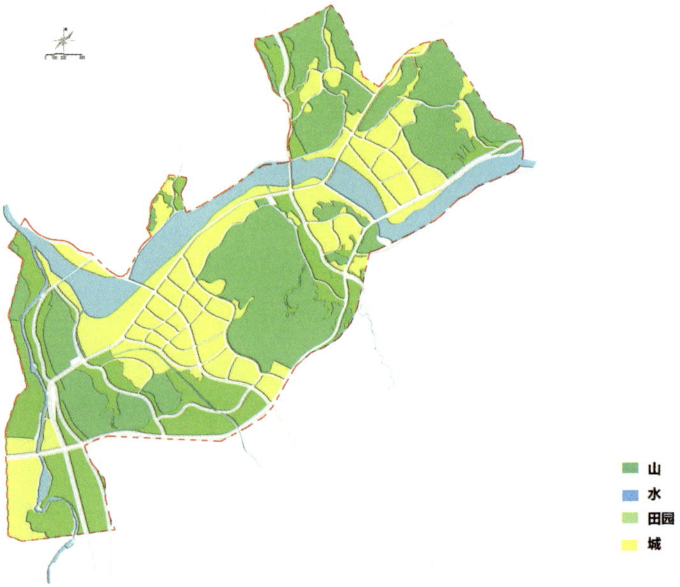

图 3-6-12 生态格局

第七节　产业规划

一、产业筛选及体系构建

为契合麻山新区“产城游一体化的水墨田园旅游小镇”的总体定位，并能有力地实现国家级海绵城镇示范区、江西绿色产业前沿示范区等发展目标，合理的产业规划和导入成为项目开发成败的关键因素之一。

为此，以产业落地原则为导向，通过对区域经济基础、项目基地状况、客户需求的研判，初步确定旅游产业、文化产业、养老产业将成为麻山新区未来的产业方向，并辅以生产性服务业，以更好地满足生产需要（图 3-7-1）。

随着产业方向的初步确定，一套包含资源基础、产业趋势、客户需求、生态保护等因子，更为科学严谨的产业评价体系逐步建立起来，用于对产业初选所涉及的多个细分产业门类进行更为细致的筛选。经过筛选、比较、评定，最终选定了以旅游度假为主导，以养生养老、商务会展、科研创意为支撑的四个细分产业门类，并对细分产业的发展进行了策略上的引导。

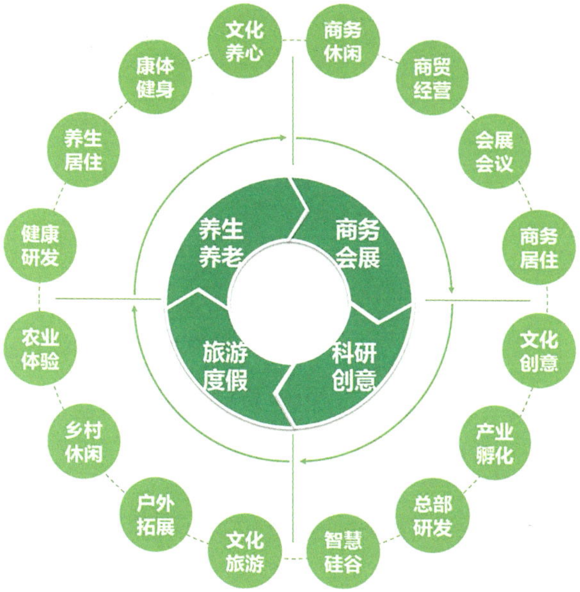

图 3-7-1 产业体系构建

二、产业发展策略

1. 旅游度假产业

萍乡市作为湘赣核心区域和龙头城市，凭借“湘赣通衢”“吴楚咽喉”的地理位置和优质的生态资源，不断吸引江西省内及湘赣区域客群，在发展休闲及养生度假等旅游业态方面具备了坚实的基础，完全有可能实现“江西休闲养生度假旅游目的地、萍乡市度假旅游新名片、萍乡市文明的荟萃与传承平台、萍乡市休闲度假后花园”的发展目标。但实际发展过程中，却遭遇了“傍水而水不兴，依山而山不起，蕴古而古不名，宜游而游不兴”的困境：

（1）傍水而水不兴——沿萍水河一线已筑堤，主要用于农田灌溉和抗洪排涝，未能发挥水系在旅游线路中串景点、聚人气的作用；

（2）依山而山不起——萍乡市域各山体基本保持原生态风貌，开发程度较低，而麻山生态新区更是没有重大旅游项目落地；

（3）蕴古而古不名——区域内具备丰富的历史文化遗迹，但这些遗迹的古老底蕴既未被挖掘体验，也未能被创新利用，仍限于“遗迹”这一虚名；

（4）宜游而游不兴——区域内旅游业的主要形式仍以生态观光为主，缺乏深度体验、度假型旅游项目等重大项目，从而导致游客停留时间较短，消费不足等问题。

针对上述问题，本案以旅游市场研究为指引，引入多元功能激发旅游市场活力，实现错位发展，打造“全时游玩、全龄参与、重游率高、过夜率高”的度假型旅游目的地，并与周边联动，融入大区域旅游线路，制定了一系列的旅游度假产业策略：

（1）兴水——充分利用水体引入多元功能，打造“水上、水面、水岸”的立体格局，设计“观光 + 体验 + 娱乐 + 运动 + 度假”的复合型旅游产品体系；

（2）乐山——借力周边名山大川的溢出效应，依托山体生态条件积极落地重大旅游休闲度假项目；

（3）创意——区域文化主题多元利用与延伸，依托文化意境，发展创意文化产业，相辅相成，促进文旅小镇的建设；

（4）兴游——旅游项目优化错位发展，重点发展体验型、度假型旅游业态；以几大亮点项目组合成拳头产品，打响新区品牌。

因此，依托良好的市场基础，在产业策略的引导下，打造具有丰富产品内涵的“观光 + 休闲 + 度假”三大旅游产品体系，并辅以优质的生态基底，满足旅游者多重感受，推动麻山旅游业迎来新的更大的发展。

2. 养生养老产业

较之旅游度假产业的刚刚起步，萍乡的养生养老产业发展已具有一定知名度。根据资料显示：在 2014 年中国养老城市排行榜 50 强中，萍乡市位居第 10 位，可以说萍乡养生养老产业正处于快速发展的阶段，因此麻山新区养生养老产业的总体策略应以品质化提升为主。

顺应国际上养老养生向生态导向型和文化导向型发展的趋势，本案将养生养老产业定位于服务江西、长株潭养老久居客和萍乡市郊住居客两类人群，旨在为客群提供一个从单纯身体的放松到身心多重体验养生的胜地和心灵归宿。

在产品体系构建方面，确立了“赏心先悦目、体验多元化、配套品质化”的思路，即以独具特色的养生景观环境吸引客户，以多元化的体验和高品质的配套留住客户，并通过禅境养生谷、麻山书院、山地运动公园等重点项目的打造，形成涵盖养、闲、食、娱、购、憩、疗等领域、突破萍乡养生项目的同质竞争的创新养生产品。

不但如此，养生养老产业的发展还会进一步带动健康食品、娱乐休闲、养生保健、护理培训、医疗研发等衍生产业的发展，真正形成养生养老产业链横向及纵向的融合联动发展。

3. 科技创意产业

萍乡市要完成城市面貌“由黑到绿”的转变，产业结构优化调整势在必行，其中，大力发展带动性强、高附加值、无污染的科技创意产业将成为区域产业结构调整的重要抓手。同时，麻山新区具备大力发展科技创意产业的多种要素。

首先，麻山优质的生态基底成为发展科技创意产业的绝佳天然条件：世界上绝大多数知识密集型企业和科技产业园都将生态条件优越作为选址的首要条件，麻山已经赢在了第一步。

其次，萍乡在两端高附加值的产业存在较大市场空白，为麻山发展科技创意产业提供了市场空间。据统计，萍乡市的企业信息技术指数和金融指数分别位列江西第 7、8 位，与其他城市差距明显，但也说明麻山新区抢占科技创意市场有很大的空间。

因此，项目确立了以“微笑曲线”为模型，向高附加值产业拓展，大力发展与传统制造业融合的工业设计研发和品牌营销、与商务商贸和旅游业融合的各类文化创意产业，引导创意企业集群发展，拓展服务领域的发展思路，紧扣价值链中研发设计、营销贸易、管理运营三大环节，积极发展三大环节涉及的细分门类，努力实现麻山新区创新研发腹地的品牌标识。

4. 商务会展产业

第三产业的持续健康发展离不开优质的生产性服务业支持，在确立了旅游度假、养老养生、科技创意等产业方向并建立丰富的产品体系之后，确立合理的生产性服务业就显得尤为重要。

通过对多个生产性服务业门类进行研究，商务会展独具产业优势：一是潜力巨大，根据国家权威经济研究部门的研究结果，未来十年中国最具发展潜力的十大产业当中，商务会展产业位列其中；二是发展迅速，近年来，我国商务会展业蓬勃发展，在带动相关行业发展，扩大城市就业，提高城市知名度，推动内外贸易发展等方面所发挥的巨大作用，已经引起了政府的高度重视，全国许多城市已将商务会展作为地方“促进商贸、招商引资、商务会友、振兴城市、品牌扬名”的重点产业来发展。

除了行业自身优势之外，萍乡优越的地理位置也为麻山新区赢得了巨大的市场空间：萍乡市介于鄱阳湖生态经济区和长株潭城市群之间，与武汉城市圈、长三角经济区、海西经济区、珠三角经济区之间交通便捷，可覆盖周边工业园区企业、萍乡市中心 3 小时经济圈和国内各省级国际三大市场。

基于此，本案制定了以会展会议为核心，与休闲娱乐、商业配套、魅力景点协同发展，延伸多样化的服务项目，建构多日商务游系统，提高高端客群密度，打造具有区域影响力的会展会议中心的发展策略。并最终建立起主要面向中外政府、大型企业和协会组织，以奖励旅游、企业培训、大型会议、会展论坛为主的核心项目，以会议中心、观光体验景点、培训中心等为配套项目，具有广阔延展功能的产品体系。

三、主要产业项目规划

以麻山新区的发展蓝图为导向，结合新区发展的生态目标、产业目标、规划目标等，在产业筛选及发展策略的宏观指引下，结合土地规划、城市规划的综合考量，麻山新区首先确定了“萍水十景”的萍水河生态打造项目，并结合山、水、田、林、泉、文化等元素规划了“水乡星球、傩文化体验园、水韵麻山、国际会议会展中心、渔舟唱晚、百年玫瑰、麻山麻世界、麻山书院、禅境养生谷、直升机场、中央文化公园、竹韵居”13 个重点项目，通过分期逐步发展，将成为支撑麻山新区发展的中坚力量。

麻山新区产业规划项目分布见图 3–7–2。

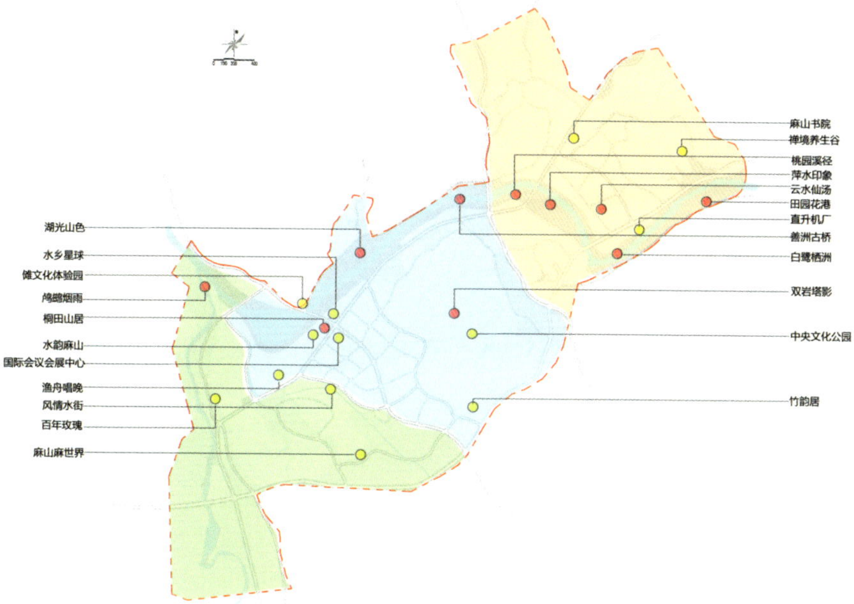

图 3-7-2 麻山新区产业规划项目分布

第八节　城市规划

一、功能结构

两河贯通，生态联动——萍水河与麻山河相连，农田、山体、湿地与水系串联。

一心一核，多点聚合——镇商业中心，中央公园生态绿核，多层级公共服务中心。

两横两纵，三区协同——外环路、萍麻路、319 挂线、东侧连通萍乡市道路，东部高端居住片区、中部城市发展片区、西部田园观光片区（图 3-8-1）。

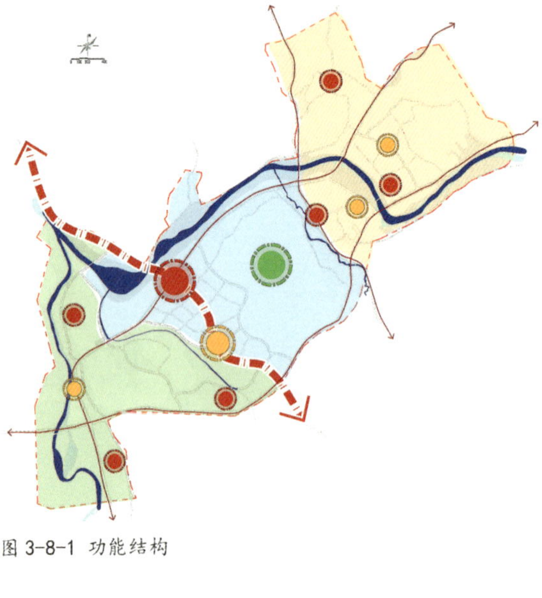

图 3-8-1　功能结构

二、土地利用规划

1. 布局三大空间，重构空间管理体系

各类规划对空间分区划定方式和标准不同（如土地利用总体规划将空间划分为允许建设区、限制建设区、禁止建设区，而环境功能区将空间划分为聚居环境维护区、农产品环境保障区、生态功能保障区、自然生态红线区），各类规划对空间管制的范围、基础数据、图纸坐标系等均不相同，且各类规划的工作平台也完全不同，因此空间规划体系间经常打架。麻山新区通过形成一张布局蓝图，科学布局城镇发展、农业生产、生态保护三大空间，指引

县域空间统一科学开发（图 3-8-2）。

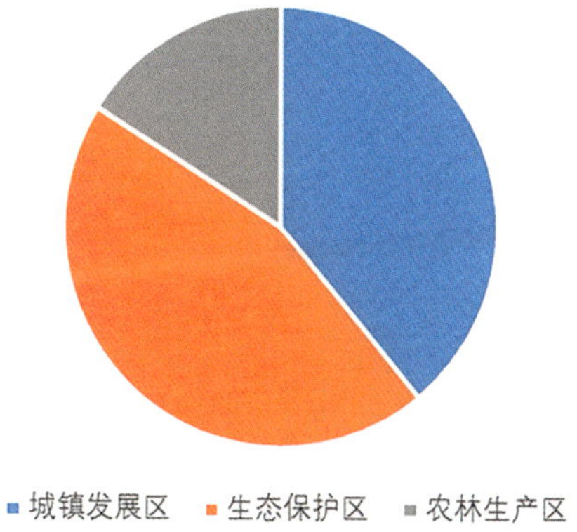

图 3-8-2 三大空间布局

2. 实现全区一本规划、一张蓝图

保留现状基本农田及河道，构建生态格局；因地制宜，完善内外部交通系统；打造田园、城市、山水、居住氛围；功能完善、职能分级、辐射全区。

对比上版规划，本规划主要从城市未来发展空间、保留现状基本农田、增加河道防护用地等方面，构建完整的、系统的、集约的、生态的用地体系。

在总体规划中确定统一的规划目标任务，将资源环境、经济发展、城镇建设、耕地保护等规划要求，通过定量、定线、定政策的方式有效落实到三类空间，探索以产定地，解决长期以来经济社会发展规划和空间土地规划各自为政的问题（图 3-8-3）。

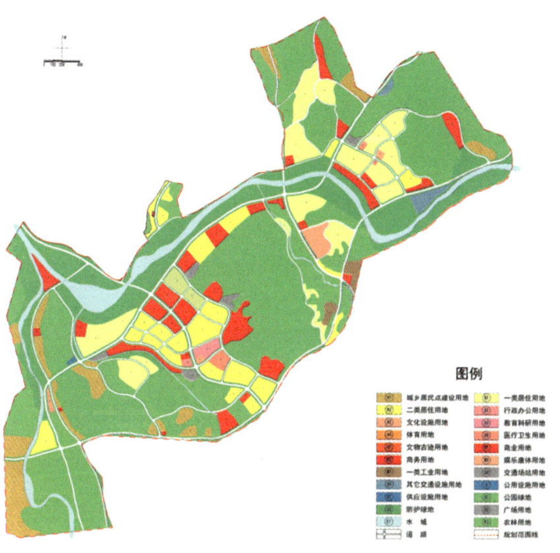

图 3-8-3 土地利用规划

三、道路系统规划

1. 路网结构

针对现状路网存在的问题，顺应交通发展的趋势，结合全区用地发展格局和现状道路网以及新区的地形地貌，在区内形成“两横两纵”的道路交通网络。

两横：规划为贯穿东西的主干道，连通市区与湘东区，东侧与萍莲高速相通，担负东西向主要的交通运输功能。

两纵：规划两条与东西向主干道垂直交叉的道路，在新区呈南北向带状分布，北侧连通 G320 国道和湘东区，南侧与 G319 国道相通，担负南北主要交通联系的功能（图 3-8-4）。

图 3-8-4 道路系统规划

2. 道路断面

道路的横断面包括机动车道、非机动车道、步行道以及绿化带（隔离带）等，其设计既要符合交通的安全性需求，也要考虑从生态角度出发。比如道路两侧的绿化带，有景观和交通安全性需求的作用，还可以满足生态设施的空间要求（生态草沟、生物滞留池、渗透沟渠等生态设施，见图 3-8-5、图 3-8-6）。

图 3-8-5 生态草沟

图 3-8-6 生物滞留池

四、市政工程规划

1. 给水规划

水源：采用城市统一供水系统，水源由萍乡市市政给水管网供给。

给水管网：采用环状—枝状管网系统，新区中心采用环状管网，确保供水的可靠安全性；边缘区采用枝状管网，节约管材。

水质：必须达到国家生活饮用水水质一级标准。

消防供水：消防给水规划采用消防供水管道与生活供水管道合用的供水系统，在供水管道上设置室外消火栓。

节水：提高居民节约用水意识，提倡在生产、生活中节约用水，提高水资源的利用效率；积极发展非常规水资源利用，非常规水资源主要包括再生水、雨水等；选择节能高效的供水设备；使用节水型卫生器具、冲水龙头等。

2. 排水规划

排水体系：采用雨污分流的排水体系。

生活污水排放：采用污水管道集中排放至人工湿地处理系统或市政污水管道。

污水处理设施：新区建设集中区由污水管道集中后排放至污水处理厂，边缘区散落地带可采用小型污水处理设备、人工湿地或稳定塘等形式处理污水，尾水可用于农田灌溉以及景观用水。

雨水排放：积极推广低影响开发模式（LID），提高场地对雨水的滞蓄、渗透能力，改善水文循环，削减面源污染，促进雨水回用，并在一定程度上改善微气候。

区内雨水汇聚于生态草沟(雨水花园)，经预处理、渗透、储蓄后，多余雨水就近排入河道。暴雨时，超出植草沟的雨量由雨水管网迅速排入附近河道，建设区内雨水管线沿生态草沟布设，规划雨水管径为 DN400 ~ DN1200；萍麻路的沿河段两侧绿化带各布置一条植草沟，不再设雨水管。

3. 电力规划

电源：由新区内两座 110kV 变电站供给。

供电设施：区内建 15 处 10kV 变电所（箱）。

节能措施：路灯采用光控、时控与手控方式，根据实际情况选择一种或数种方式结合使用，按不同路段需要设置全夜灯和半夜灯，节约用电。

鼓励利用可持续清洁能源（如太阳能、风能）为规划区提供电力。

4. 通信规划

电信线路：与市区市政电信线路联网。电信管道包括电话业务、数据通信、移动通信、有线电视及各种运营网络等多种信息传输通道。

线路架设方式：新区内电信线路均采用埋地敷设方式。

区内实现 Wi-Fi 覆盖，可以让游客们一键分享游历，让更多的人领略和感受景区之美。

5. 环境卫生规划

区内布置环保生态型公共厕所，废水就地处理，循环利用。

加快生活垃圾分类、收集、处理的基础设施建设进程，提高生活垃圾分类、收集普及率和垃圾资源化率。对垃圾分类容器、运输车辆、垃圾分拣设备、处理设施等要作全面规划、合理布局，前后衔接、设施配套，整体构成系统工程。

第九节　分期实施策略

本着“滚动开发、逐步推进”的原则，规划将新区分三期进行开发建设。以东部高端社区为启动点，东启西拓，最终达到整体协同的效果。

一、一期开发

主要完成东部片区及萍水河沿岸，依托萍水河自然景观带以及东部安源区的发展带动东部片区的房地产开发。

二、二期开发

启动重点项目中央公园，开发中央公园东侧的养老产业，同时利用现状基本农田，改造提升周边现状农村，开发当地田园观光旅游产业。

三、三期开发

基础设施逐步完善和升级，启动中央公园西侧的新城综合服务片区的建设。

四、近期启动项目

萍水河作为麻山的母亲河，其治理、净化、景观等工程作为麻山新区的标杆项目成为近期首先启动设计、施工的落地项目。萍水河的设计在整个新区方案的大格局下，充分考虑河道自身的安全、水质、景观及周边田地、山林、村庄等发展环境，打造形成了以山林为背景的田园村落河流景观（图 3–9–1）。

萍水河以“麻山画卷，萍水十景”的整体理念，设计了包含山、水、田、桥、植物、动物、人与村落等丰富元素的“鸬鹚烟雨、渔舟唱晚、桐田山居、湖光山色、双岩塔影、善洲古桥、桃园溪泾、萍水印象、白鹭栖洲、田园花港”十大景点，打造成麻山区经典的“萍水十景”，用画卷的方式将萍水河美景留于后世（图 3–9–2）。

萍水河项目完工后，将使萍水河呈现安全生态格局，改善城市生态环境，提升区域生态服务价值，改善周边整体环境，带动周边土地及整个麻山新区土地增值，增加新区投资吸引力，带动新区产业发展，推动旅游发展、增加旅游收入，创造一个整体的宜居宜业宜游的生活环境，提高居民生活质量，塑造新区品牌形象。

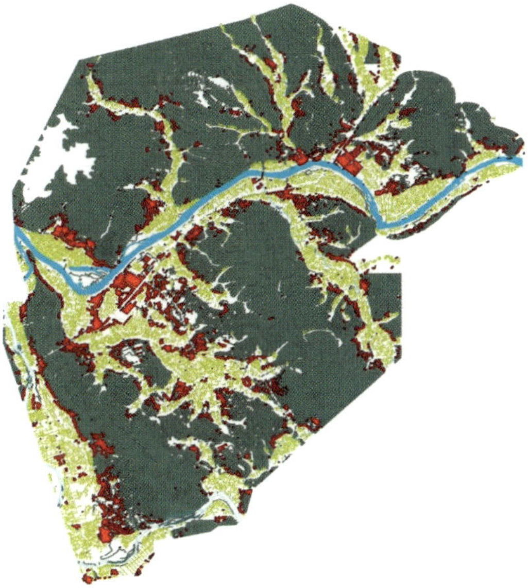

图 3-9-1 田园村落河流景观布局

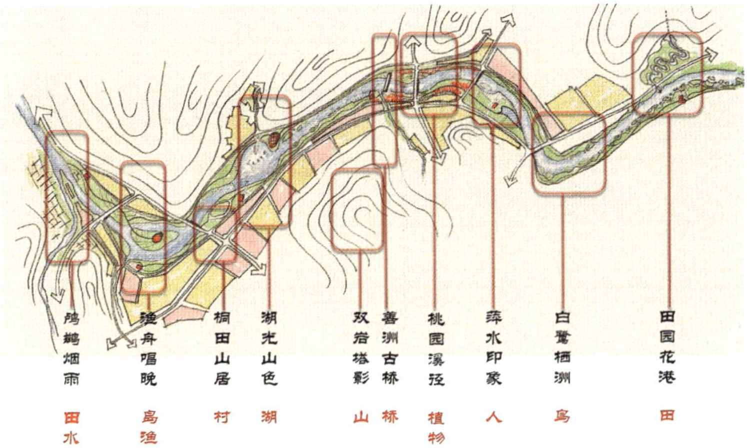

图 3-9-2 麻山新区“萍水十景”布局

第四章

长春市合心镇
新型城镇化设计

随着我国高端装备制造业走向世界，长春轨道客车装备产业园落户合心镇，产业集聚带来大量产业工人，引发建设以产业为依托的新城镇的诉求；同时合心镇又是长春西部最近的卫星城镇，是长春市唯一一个保留农田资源最多的城镇，具有三重属性，需要处理好产业发展、新型城镇化发展、乡村发展与生态保护之间的关系。本次规划主要采用多规合一、海绵城市、多元生态、无痕设计等理念和技术，探索完善合心镇空间规划体系，建立相关规划衔接的协调机制；有效承担“长春西部生态卫星城镇”职能，成为长春市新的消费增长极；建设一处长春市生态田园休闲旅游的目的地，打造“长春市近郊休闲都市田园”。

第一节 生态城镇概述

一、生态城镇发展现状

当前，我国各地兴起“生态城市、海绵城市”建设热潮，生态城市是人类建设美好家园，实现生态宜居的必由之路。由于生态城市具备多方面优势，因此城市建设及更新改造时，都必须将生态城市规划和技术方法优先考虑在内。但在实践中，由于各方面问题的出现，制约了生态城市规划的发展：

（1）大多数城市绿地面积不足，布局不合理。

（2）建设缺乏科学的指导。

（3）生态设施管理不善，资金投入不到位。

（4）没有关注城市周边乡村的生态保育。

（5）城市环境污染依然严重，造成污染的因素依然存在。

（6）公共交通、绿色交通系统不够发达。

（7）居民环境保护意识不强。

二、国外生态城市建设先进案例

波特兰市位于美国俄勒冈州西北部（图 4-1-1），是区域规划、成长管理和众多政策创新的引领者，其成功主要在于综合公共政策和城市规划在生态低碳发展中起的作用。

图 4-1-1 美国波特兰市建设

1. 气候行动计划

1993 年，波特兰市为应对全球变暖制定了相应政策，该市所在的默尔特诺马县于 2001 年加入了该计划，最终推出了一项以城市为基础的气候行动计划。气候行动计划通过引领健康生活方式、保护绿色基础设施、改变消费模式等手段提高人们生活质量和生态环境质量。该计划的主要目标是到 2050 年，将该县和该市的碳排放水平在 1990 年的基础上减少 80%。根据总目标，将目标落实到各个主要部门，每个主要部门提出目标体系并进行分解，并对每一个领域和分项都提出了中期目标和具体行动计划。

气候行动计划各部门目标类别如下：

（1）建筑与能源：降低建筑物总能耗，所有新建筑实现温室气体零排放等。

（2）城市形态和交通：创建活力社区，让 90% 居民通过步行、骑行或公共交通方式出行。

（3）消费和固体废弃物：固体废弃物总量减少 25%，回收利用 90% 的废弃物。

（4）城市绿地和自然生态系统：扩大城市绿地面积并进行保护。

（5）社区参与：动员居民和企业改变他们的行为方式以减少碳排放。

2. 城市规划方面的措施

（1）提出城市增长边界这一概念，最大化避免了城市蔓延，实现了土地利用的集约，并为发展公交、限制私人汽车打下基础。

（2）非常重视公园和绿带的控制，前后制定了三个绿色空间总体规划，并将其永久性地保护起来。

（3）平衡发展交通系统，促进公交、自行车、步行交通的发展；降低居民对小汽车的依赖，以及减少交通拥堵。

三、生态城镇生态系统如何运转

基于我国生态城镇建设发展利与弊的分析和美国波特兰市生态城市规划设计的研究，以及合心镇的实际情况，提炼出“多元生态”的生态系统运转体系，指导合心生态城镇规划设计。

（1）水资源利用：合心镇未来人口将会呈倍数增加，生活污水及工业用水的增加必然超出合心镇水资源承载力，为应对以上困难，应以节水为核心，遵循“分质供水、分质用水、循环利用、系统平衡”的原则，形成“污水处理、雨水收集、中水回用”的水资源利用体系。

（2）开放公共空间及绿地系统：生态廊道、生态安全格局、休闲游憩格局、湿地公园、绿色生态基础设施。

（3）建筑与节能：被动式节能、绿色建筑。

（4）城市功能与交通：公共服务系统、邻里空间与主要交通站点之间衔接；低碳公共交通、特色交通，如有轨电车、慢行系统。

（5）废弃物循环利用：废弃物收集、处理、利用。

（6）生态产业：生态农业、生态工业、生态旅游、服务业等相互融合发展，为产业提供配套，为居民提供宜居、宜游、宜业的新市镇。

第二节　合心镇镇情及生态发展概况

一、设计范围

本项目位于长春市绿园区合心镇南部区域，距长春市区 7.5 千米，属城乡结合部。东部与绿园区中心城区为邻，北部与合心镇工业园区接壤，南部与长春市绿园区城西镇、西新镇相邻。

镇域 82.02 平方千米（图 4-2-1），作为本次设计研究范围，为其从产业、生态、旅游等多方面提出发展策略；本次生态城市设计具体范围为东至临城大街，西起永跃村东侧的乡道，北临长客路，南抵迎宾路，总用地面积 26 平方千米（核心区）。

图 4-2-1 规划范围

二、综合现状

1. 产业结构

合心镇以第二产业为主导，第三产业发展滞后（图 4-2-2）；合心镇产业主要集中在合心镇镇区（三间村）长白公路两侧，产业结构呈现“二一三”的格局，第三产业比重偏低（图 4-2-3）。

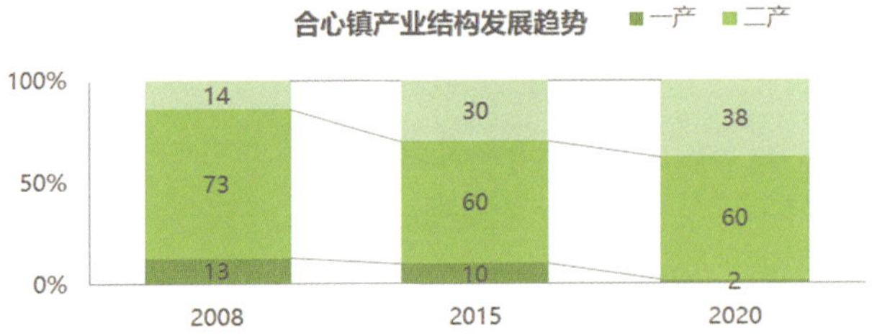

图 4-2-2 合心镇产业结构发展趋势

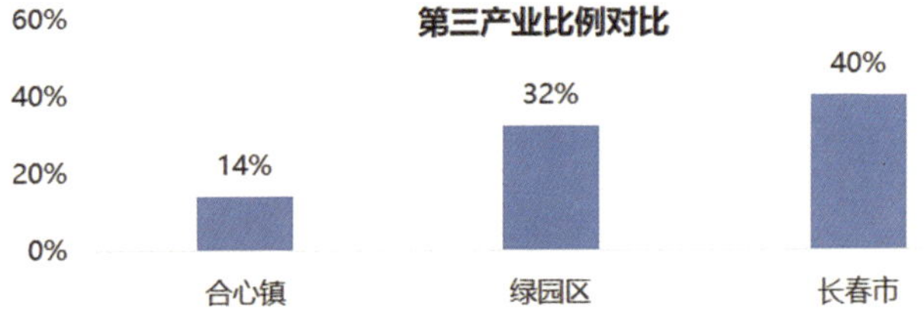

图 4-2-3 合心镇三产结构对比

2. 城镇现状

城镇配套设施缺乏，城市功能与产业发展不匹配，产城融合度低。轨道交通产业园区约 2.5 万人工作在合心镇，生活在长春市，明显的产城分离现状亟待改善（图 4-2-4）。

长春合心镇以农田半自然生态系统为主，受人的活动影响较大，缺乏生态防护措施。土地主要以农林用地为主，部分城乡居民点建设用地分布在镇域的东北部，村屯分布比较分散。

绿地与耕地：合心镇内有太平池绿楔穿过，北接轨道园绿楔。城镇域内林地总面积为 401.44 公顷，在长白公路和长春绕城公路分布较多且密集。镇区内，仍有大面积的耕地。

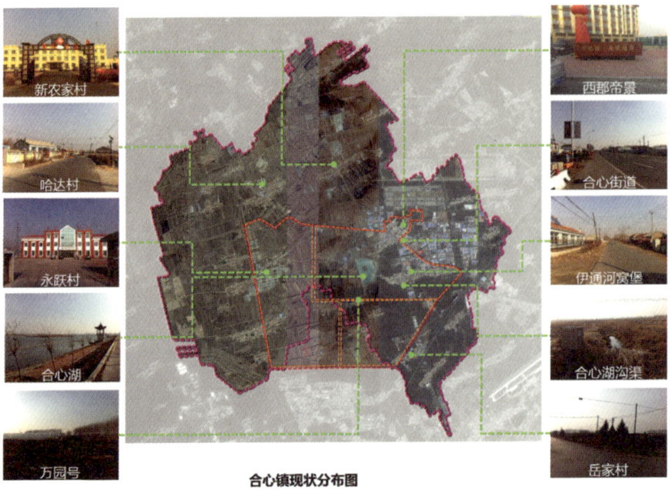

图 4-2-4 合心镇镇域现状

3. 生态本底现状

1）区域地质概况

（1）地质地貌：长春市地处东部低山丘陵向西部台地平原的过渡地带，地势东南高西北低。长春市中心区以西属于二级台地地貌，地表分布有 10 ~ 30 米厚的第四系中、上更新统黏性土，透水性差。

（2）水文地质条件：长春市地下水分为两类，分别为岩裂隙水和埋藏于第四系松散层中的潜水。其中潜水一般的埋藏深度在距地表 0.8 ~ 6.0 米不等，主要受大气降水补给，年变化幅度在 1.0 ~ 2.2 米之间，黏性土含水层的渗透系数约为 0.2 ~ 0.3 米 / 天。

2）气候特点

项目位于东北松辽平原腹地，属北温带大陆性季风气候区，春季较短，干燥多风；夏季温热多雨，炎热天气不多；秋季气爽，日夜温差大；冬季漫长较寒冷。

3）水系资源

该区域地势平坦，水系主要从东向西流（图 4-2-5）。合心镇西靠新凯河、太平池水库，东接伊通河，镇域内水系资源丰富，核心区依托合心湖水库及现状湿地，拥有得天独厚的自然景观。

4）生态基质构成

线状水体、楔形绿地、块状农田、散点状人工林木、园地等。

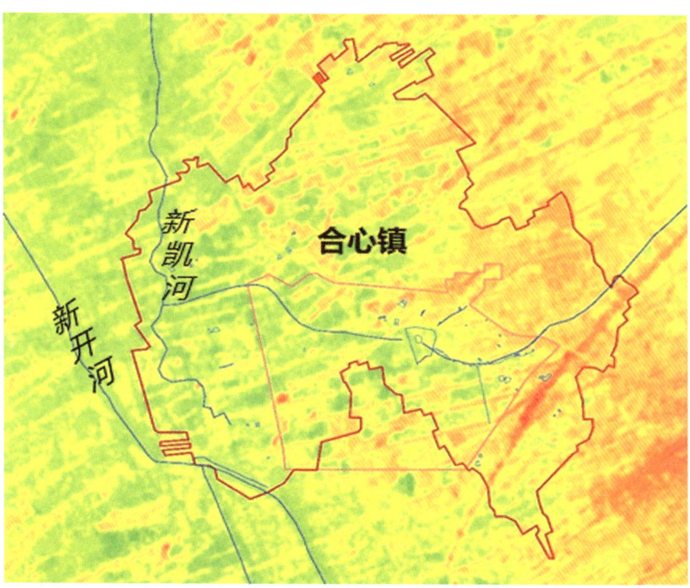

图 4-2-5 合心镇区域高程分析

三、需要解决问题

1. “多规合一”——各个规划之间缺少衔接，限制未来发展

本规划作为“多规合一”的试点项目，将从国土利用规划、产业规划、生态规划以及城乡规划等方面，为合心镇城市设计提供技术方案，实现各个规划无缝对接，一张蓝图干到底。

2. 新型城镇化——产业融合、产城融合的问题

（1）合心镇与长春市的融合：须主动对接长春消费外溢步伐；

（2）镇区与周边乡村的融合：须加强城乡一体化、创新发展；

（3）一产、二产、三产之间结构不断优化，打造三产和谐的产业生态圈及产品系列，满足市民生活、工作、休闲的需求。

3. 生态环境保护

1）降水问题

长春雨热同季，干湿适中。年平均降水量为 522 ~ 615 毫米，夏季降水量占全年降水量的 60% 以上；冬季干旱少雨，河道缺水。这种气候条件下，如何解决水资源利用问题成为规划重点。

2）水土流失严重

该区森林覆盖率低，农田防护林体系较差，河流两岸、村镇等片林较少，造成水土流失严重。

3）水污染问题突出

主要污染包括：

（1）人们日常生活排放出的生活污水和生活垃圾；

（2）密集的城镇工业企业排放出的废水、废气、废渣等环境污染物；

（3）化肥农药的施用引起的农业面源污染；

（4）分散式畜禽养殖污染物排放。

4）土壤肥力下降

干旱少雨，再加上春季、冬季的风沙和沙尘暴，导致土地盐碱化和局部地区沙化严重，耕地土壤瘠薄，土壤肥力低。

4. 更生态更可持续地建设美丽乡村的问题

乡村原始风貌的更好保留，与新文化元素植入；生态农业更好地为城市居民提供休闲

娱乐服务、为农民创富增收；开发过程中，不破坏乡村的生态环境，资源循环利用，做到无污染、零排放。

5. 构建多元交通体系的问题

在新市镇建设之初，通过优化道路交通体系格局，让出行更加便捷，减少交通拥堵可能性；运用多种交通工具，公共交通鼓励有轨电车、新能源汽车、城市轻轨发展；个人工作或休闲出行鼓励慢行系统，采用自行车、慢跑的绿色出行方式，节能低碳，同时满足市民健身需求。

6. 大气污染防治

秋季的秸秆焚烧带来严重烟尘污染，应将秸秆转化为有益的资源，进行循环利用，既消除大气污染的风险，又能创造经济效益。

7. 城市建筑及景观设计、城市色彩、天际线

开发建设中建筑材料使用、建筑节能技术的应用，城市色彩、光污染问题、天际线问题都要重视。

第三节　规划目标

一、发展诉求

根据合心镇发展实际情况，紧抓国家海绵城镇建设、新型城镇化建设、卫星城镇建设、美丽乡村建设的政策机遇，从国家、区域、镇域三个层面，提出合心镇的发展诉求。

1. 国家层面

紧紧抓住新型城镇化建设、旅游休闲上升到国家战略的机遇，打造新型城镇化的典范。

2. 区域层面

依托长春城市功能外延，面对周边工业区缺乏生活配套的现状，建设长春近郊休闲中心，为产业工人和市民提供居住和休闲空间。

3. 镇域层面

合心镇农业产业需寻求新的发展路径，分担城市功能，配套工业园区，文化、旅游、农业结合发展，打造城市特色功能区和特色文化体验区。

二、规划目标

以新型城镇化建设为指导思想，采用生态学设计方法，打造一个以休闲度假、文化体验、生态居住为核心功能的生态田园小镇，为市民提供优美的工作、生活、休闲游憩环境。

1. 城镇居民

依托良好生态田园基底，打造长春市新田园主义的最美都市田园；为城镇居民提供文化旅游、现代农业、田园社区等休闲娱乐项目及第二居所等多种选择。

2. 产城融合

采用“产城一体化，土地高度复合”的发展模式，依托产业、文旅优势，建设国家级产城游融合的新型城镇化示范区。

3. 产业配套

依托长春轨道客车股份有限公司和绿园经济开发区良好的发展基础，发展生产性服务业和生活性服务业，采用生态节能技术引领园区发展，配套轨道产业园，建设世界级轨道交通产业的智慧服务区。

第四节　解决方案——打造合心生态城镇的生态系统

一、规划思路

1. 多规合一

生态系统规划引领，将国土规划、城乡建设规划、社会经济规划融为一体，促进城乡结合、工业农业结合、自然环境结合和经济建设结合。统筹考虑生态系统的植入、产业联动发展、土地有效使用、城乡规划的衔接与管理的具体措施（图 4-4-1）。

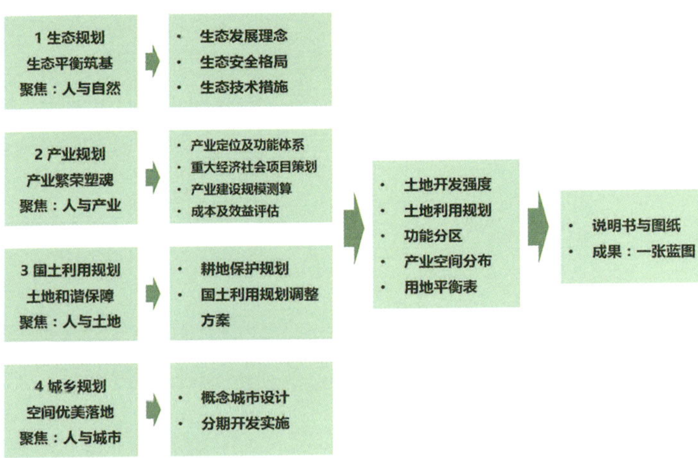

图 4-4-1　多规合一逻辑分析

多规合一的意义：

通过多规的结合制定出一份可相互衔接、相互穿插、相互并举的可实施方案。

确保“多规”在保护性空间、开发边界、城市规模等重要空间内参数一致，并在统一的空间信息平台上建立控制线体系，以实现优化空间布局、有效配置土地资源、提高政府空间管控水平和治理能力的目标。

2. 多元生态

以“生态优先”为指导思想，将生态化渗透到城市开发建设的方方面面，包括城市规划、产业规划、土地利用规划、社会管理等方面，优先考虑生态学的方法，实现区域全面协调可持续发展。

3. 无痕设计

以低影响开发（LID）理念为指导，恢复城镇生态系统的健康，使城市系统自然化，减少人工的设计，减少工程硬质材料的使用，尽量采用生态草沟、雨水花园、大面积绿植等自然元素，使城市看起来更绿色、更自然、更生态。

二、生态规划——合心镇海绵城镇建设技术方案

建设生态经济发达，生态文化繁荣，生态环境优美的生态宜居城镇。

根据国家生态文明建设发展要求以及合心镇生态发展诉求，确定合心镇以海绵城镇作为建设核心理念，以“水利、水景观、水生态”三位一体为纲领，从生态安全格局、绿色基础设施、生态建设模型、建设区/非建设区技术方案、海绵城市指标体系等方面，提出合心镇生态规划及生态建设方案。

1. 构建城乡一体化生态安全格局

由生态轴线、生态廊道、生态节点、生态斑块组成的生态网络体系，以网络体系连接城镇和乡村。

1）合心镇生态空间格局

多廊：太平池绿楔廊道、环城绿化带廊道、新凯河生态廊道、合心湖廊道（图 4-4-2）。

两轴：长白公路绿化廊道、合心产业生态廊道。

节点：合心湖为中心的节点体系。

图 4-4-2 合心镇镇域生态空间格局

2）绿色网络安全格局

（1）建设区以合心湖水系为轴线，连通各类公园及道路绿地。

（2）恢复原有河道及坑塘，周边建设生态防护林。

（3）连通农田林网系统、河道防护绿地和镇区绿网，形成城乡一体的网络系统（图4-4-3）。

包括：斑块（合心湖休闲区、镇区各类公园）、廊道（环城绿化带、新凯河生态廊道、道路防护带、镇区公园廊道、农田防护林网）、基底（农业景观区）。

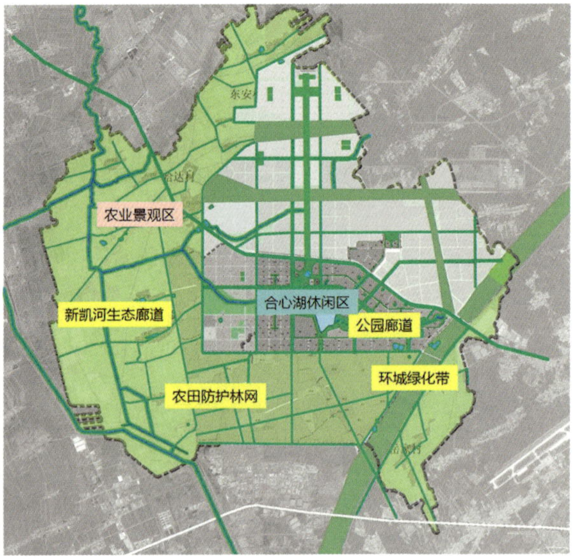

图 4-4-3 合心镇绿色网络安全格局

3）蓝色网络安全格局

（1）在防洪安全的基础上，保护现状河流及周边冲沟，建立绿色缓冲防护系统（图4-4-4）。

（2）保存现状坑塘，作为雨季集水区，周边绿化防护。划分汇水区，根据区域特点分别组织汇水。

包括：斑块（合心湖休闲区、汇水坑塘）、廊道（新凯河生态廊道）。

4）休闲游憩网络格局

通过生态化的交通网络体系，串联合心镇镇区公园、各种生态廊道及休闲观光区，构成休闲游憩格局（图4-4-5）。

包括：斑块（合心湖休闲区、镇区各类公园）、廊道（环城绿化带、新凯河生态廊道、长白公路交通廊道、三合产业廊道、镇区景观路网、农田风景路网）、基底（农业生产观光区、太平湖绿楔休闲区）。

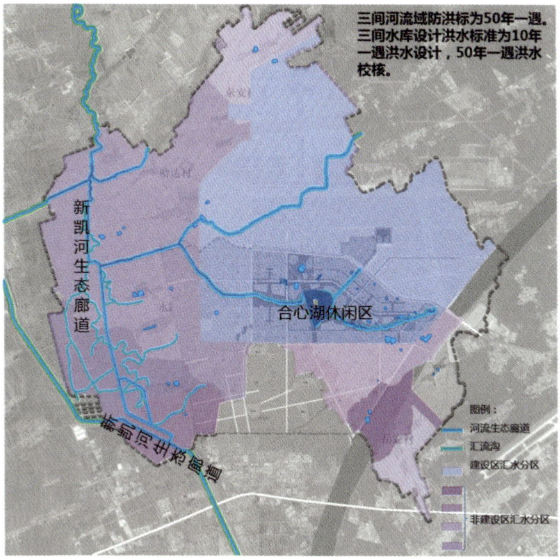

图 4-4-4　合心镇蓝色网络安全格局

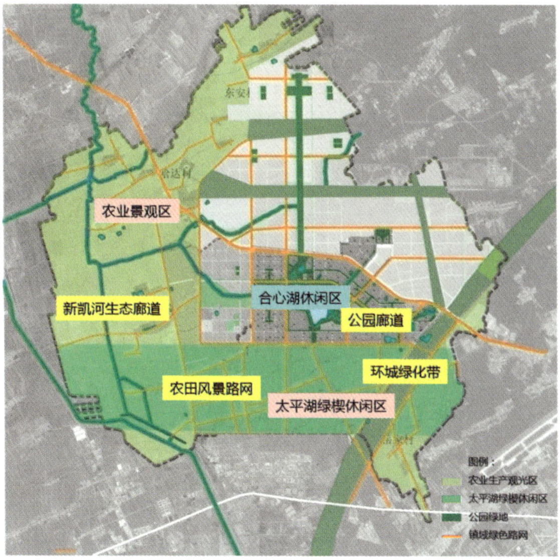

图 4-4-5　合心镇休闲游憩网络格局

2. 核心区绿色基础设施规划

以低影响开发技术为指导，建设城乡一体的生态基础设施，实现“生态海绵城镇”，将合心镇打造为东北乡镇生态开发的典型。

1）核心区海绵城镇绿色生态基础设施

核心区海绵城镇绿色生态基础设施如图 4-4-6 所示。

原则：生态优先、城乡一体、因地制宜 。

思路：水绿互动、网络覆盖、综合效应、自然机制。

用地	径流总量控制	总下凹绿地率
绿地与广场用地	90.00%	45.00%
居住用地	85.00%	28.00%
公共设施	85.00%	24.50%
商业用地	70.00%	20.00%
道路与交通设施用地	80.00%	22.50%

图 4-4-6 合心镇核心区海绵城镇绿色生态基础设施

2）核心区海绵城镇生态绿网

建立由一级、二级、三级生态沟组成的绿色基础设施，串联雨水花园、缓冲带等，结合合心湖水系绿地组成生态海绵系统绿网（图 4-4-7）。

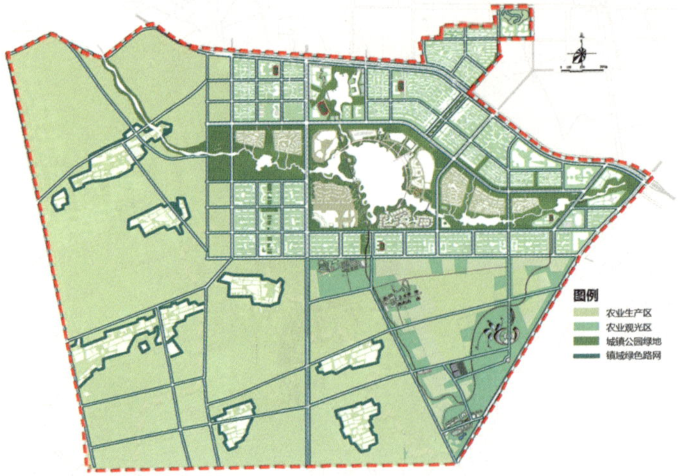

图 4-4-7 合心镇核心区海绵城镇生态绿网

3）核心区海绵城镇生态蓝网

在合心湖防洪安全的基础上，构建由地块内部雨水湿地和生态塘组成的海绵城镇生态蓝网（图 4-4-8）。

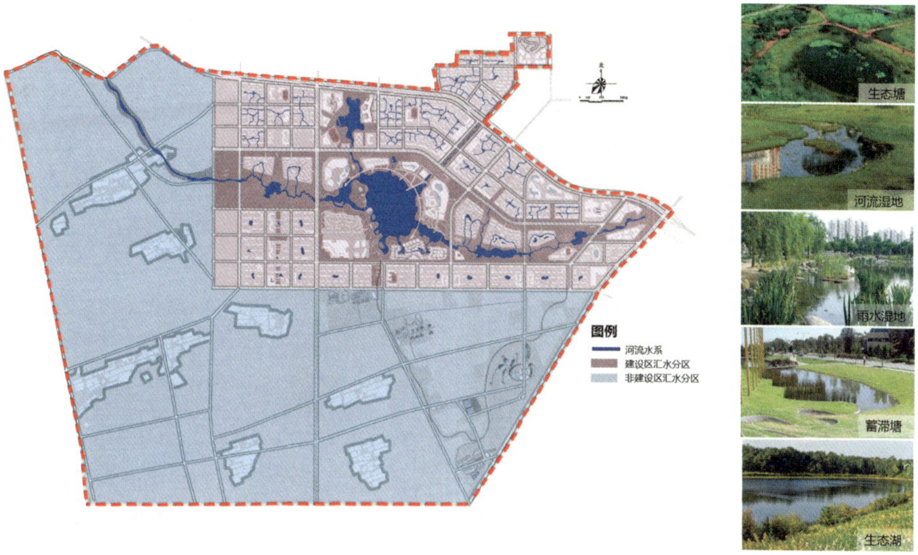

图 4-4-8 合心镇核心区海绵城镇生态蓝网

三、核心区海绵城镇建设分区

1. 城镇建设区

城镇建设区如图 4-4-9 所示。

1）建设区海绵城镇建设指标体系

（1）年径流总量控率不低于 85%，年总固体悬浮物（SS）总量去除率为 40%～60%。

（2）综合径流系数为 0.3～0.4。

（3）水面面积率（占总面积）为 5.66%。

（4）湿地（水面以及下凹式绿地）面积率（占总面积）为 36.94%。

（5）下凹式绿地率（下凹式绿地面积 / 绿地总面积）为 57.71%。

2）建设区海绵城镇技术措施

采用低影响开发技术，建立一套雨水收集系统，使雨水资源化。

（1）排水规划。合心镇南部居住区主要采用低影响开发技术和立体循环理念构建立体水网。一般降雨：在居住区内设置透水铺装、植草沟、雨水花园、滞留湿地等设施将雨水收集起来，就地下渗或蓄存（图4-4-10）。

暴雨：到暴雨来临，多余的水可以通过市政管道和多级植草沟排入到河流中（图4-4-11）。

图 4-4-9 城镇建设区区位

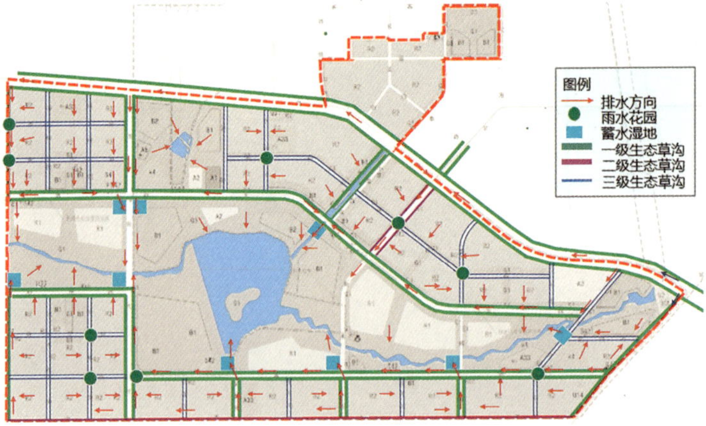

图 4-4-10 建设区正常降雨时排水示意

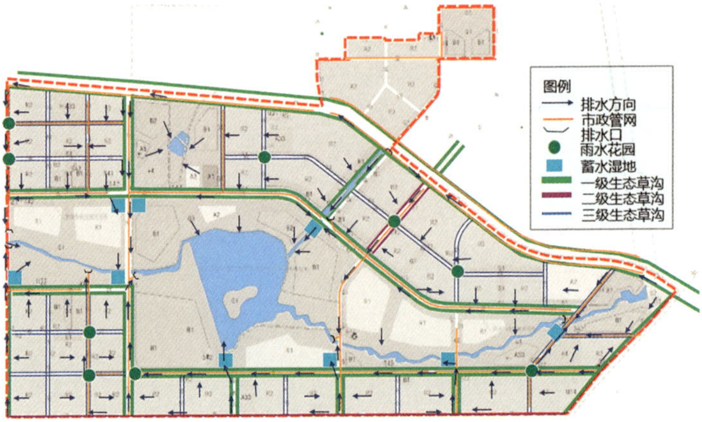

图 4-4-11 建设区暴雨时排水示意

（2）绿地与广场。针对合心镇缺水这一问题，建议优先利用植草沟、雨水花园、下沉式绿地等“绿色”措施来组织排水，以“慢排缓释”和“源头分散”控制为主要规划设计理念（图 4–4–12）。

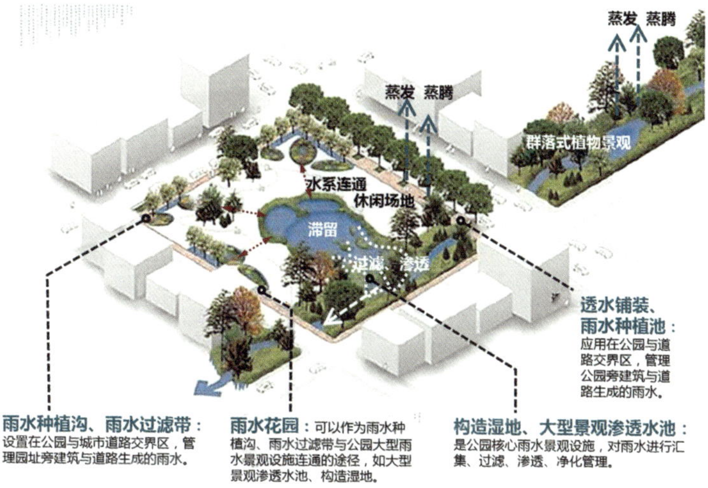

图 4-4-12 单元小区内部绿地与广场的排水示意

（3）道路铺装。为了解决合心镇缺水以及径流污染等问题，建议道路采用透水铺装材料（污染物去除率为 80% ~ 90%）。

道路两侧：道路两侧可以采用生态草沟、生物滞留池、渗透沟渠等生态措施（图 4–4–13）。

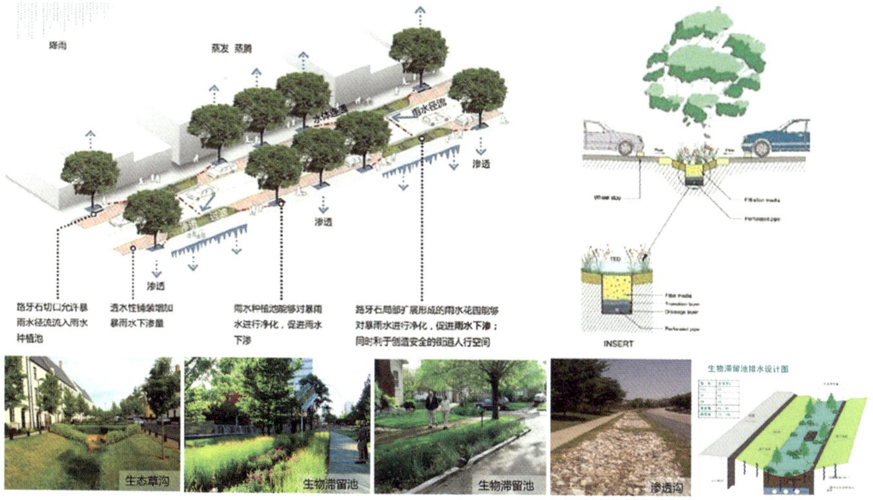

图 4-4-13 道路排水示意

2. 农村非建设区

农村非建设区如图 4-4-14 所示。

1）非建设区海绵城镇建设指标体系

（1）全部农产品达到无公害生产标准。

（2）废弃物无害化处理与利用达到 90%。

（3）良种覆盖率达到 100%。

（4）农产品商品化达到 95% 。

2）非建设区海绵城镇建设技术措施

保护和充分利用现状坑塘，并建立泡状坑塘湿地用来收集雨水作为农业灌溉用水和景观用水。

（1）农田防护林体系构建。在非建设区结合农业生产防护绿地（农田防护林、沟渠防护林等）、水源防护绿地和防风固沙绿地等建立生态防护林网，保护村镇农林生产大环境，防治水土流失，控制面源污染。

（2）雨水收集。以“有水则清，无水则绿”为原则，在合心镇农业区建立多塘系统，通过干沟连接，将收集的雨水作为灌溉用水和景观用水，合理利用水资源（图 4-4-15）。

图 4-4-14 非建设区区位

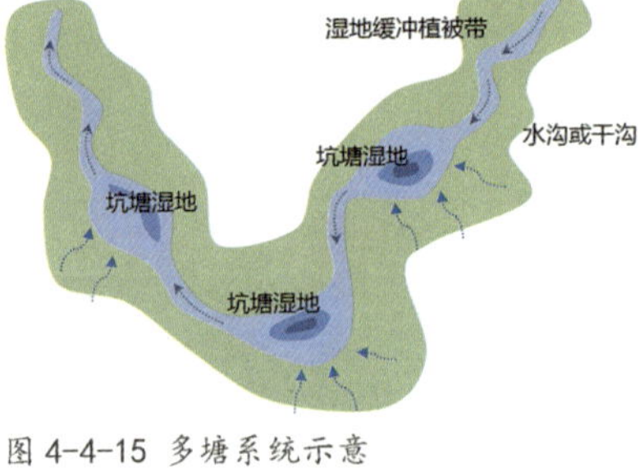

图 4-4-15 多塘系统示意

（3）水质净化。通过草沟、林、草、湿地多道防线，层层过滤，净化雨水，防止农业面源污染物进入河道（图 4-4-16）。

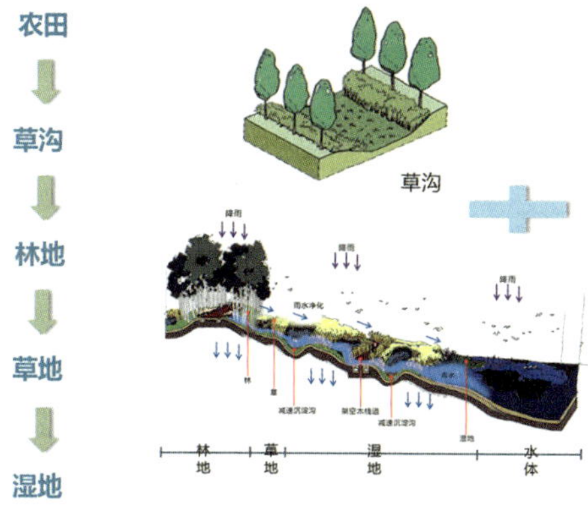

图 4-4-16 雨水净化入河示意

四、合心镇建设海绵城镇的指标体系

合心镇建设海绵城镇的指标体系如表 4-4-1 所示。

表 4-4-1　合心镇建设海绵城镇的指标体系

城镇环境类	立体绿化	冠盖率	地块内绿地的绿化率不小于 80%，冠盖率不小于 40%，道路的冠盖率不小于 30%，公园的冠盖率不小于 40%
		绿色停车场	地面停车场要求全部用带孔隙的地砖铺地，空隙内种植绿草，并有高大乔木覆盖
		绿色屋顶	混合用地地块公共建筑的屋顶绿化率应达到屋顶总面积的 40%；居住用地地块的居住及配套设施建筑建议做屋顶绿化
		绿色围栏	地块内若建设围栏，所有围墙围栏必须进行立体绿化覆盖
		绿色高架桥	高架桥的桥墩须进行垂直绿化，桥下空间须进行绿化种植
水资源	水源涵养	硬质铺装率	小于 20%
		水环境类	绿地内透水铺装率控制在 90% 以上，混合地块控制在 70% 以上
		下凹式绿地率	公共绿地内透水铺装率控制在 90% 以上，混合及居住地块内，除道路用地外，透水铺装率应控制在 60% 以上，下凹式绿地要求控制的绿地不低于路面 5 ～ 10 厘米（不包括覆土小于 1.5 米的地下空间上方部分绿地）
	中水回用	再生水回用率	90%
		非传统水源利用率	建筑冲厕用水达 100%，景观用水不小于 60%
绿色建筑类	绿色建筑	森林覆盖率	根据《绿色建筑评价标准（GB/T 50378-2006）》：公共建筑控制二星级建筑面积达 100%；居住建筑达到三星级评价标准要求的占总居住建筑面积的比例达到 40%，其他应达到一星级建筑标准

五、生态基础设施模型

建设生态化的基础网络：主要通过人工绿地建设、生态改造等，如沿道路、合心湖建立生态廊道，结合公园绿地、防护绿地等斑块创建高质量的绿色网络空间网络体系（图4-4-17）。

塑造生态化的绿色空间：加强绿色斑块与生态廊道间的连通性，塑造良好的生物栖息环境。保护和提升现有的绿色空间，增加低维护地被，提高自我生存与修复能力，降低养护成本（表4-4-2）。

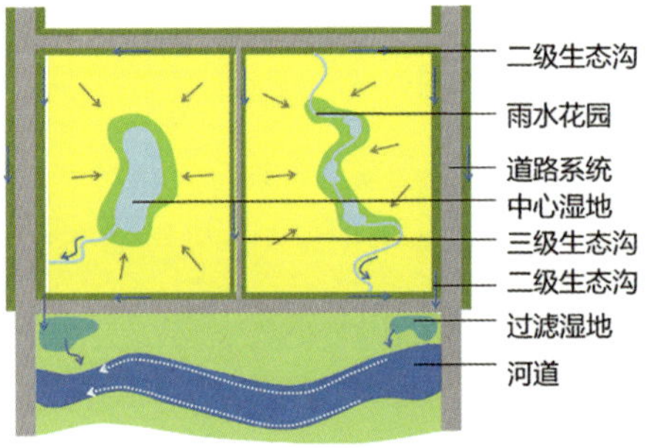

图4-4-17 建设区雨水收集利用模型示意

表4-4-2 单元地块的生态基础设施指标

序号	指标类型	具体指标
1	人行道、停车场、广场透水铺装率	不小于90%
2	硬质铺装率	不大于20%
3	回收、下渗雨水率	不小于80%
4	绿地面积占总地块面积比率	不小于35%
5	下凹式绿地、滞留塘、雨水花园等占地块面积	不小于7%
6	COD（化学需氧量）、SS、TN（总氮）、TP（总磷）平均去除率	不小于65%
7	综合径流系数	不大于0.35

第五节　生态产业规划

生态产业包含生态农业、生态工业、生态旅游、服务业规划，运用产城游一体的发展策略，将城镇的产业功能、城市功能、旅游功能融为一体，构筑宜居、宜业、宜游的融合发展格局。

产城游一体化是利用产业形成的基础，推进土地开发、交通建设、基础设施建设、环境打造，促成人口聚集，促进城市发展，产业升级结合旅游开发，形成区域产业、城镇、旅游发展的整合。

一、生态农业，循环经济，建设新型生态镇

合心镇农业区建立“有机、环保、可持续”的种植理念和“农游合一”等科学模式，以“农业循环经济”为发展模式，有机农业和有机食品为特色品牌，突出人与自然协调共存的关系，实现农业经济和生态环境双赢的经济形态，迈向可持续农业发展的方向。

根据农业发展方向不同，合心镇生态农业产业分为三大分区——生态农业示范区、田园牧歌生活体验区、郊野休闲区。

1. 合心镇生态农业发展规划——建设生态农业，实现可持续发展

（1）采用生态或有机生产方式，生产绿色安全食品。

（2）大力发展优质特色、现代高效和生态循环农业（图 4-5-1）。

（3）大力发展休闲农业。

（4）促进农业进一步向区域化、规模化、标准化、产业化方向发展。构建现代生态农业产业体系，提升和完善农业的综合性功能。实现经济效益、社会效益和生态效益的协调发展（图 4-5-2）。

2. 生态农业示范区——生态农业种植模式

生态农业示范区区位见图 4-5-3。

1）高产优质高效农业种植技术

合理耕作：必须深耕细作，采用机耕深翻，打破犁底层，不断增加熟土层。

作物搭配合理，科学施肥：采用合理的间套、轮作技术。不使用化学肥料、化学农药、化学合成植物生长调节剂，通过秸秆还田、施用绿肥和腐熟的动物粪便进行施肥。

选用优质品种：注重培育抗病早熟优质高产的品种，科学地调整作物种植方式和密度。

节水灌溉：科学灌溉主要有滴灌、微喷、渗灌、喷灌等现代化的灌溉方式，要适时、适量，合理灌溉。

病虫害防治：以物理、生物防治技术及农业方式为主，以灯治虫，以菌治虫、以虫治虫，以微生物、植物萃取液等方式抑制病害。

2）农业与旅游业结合——立体化生态种养模式

郊野休闲区和田园牧歌生活体验区发展农业与旅游业结合的模式，采用多品种、多业态复合模式，提高农业效益（图 4-5-4）。

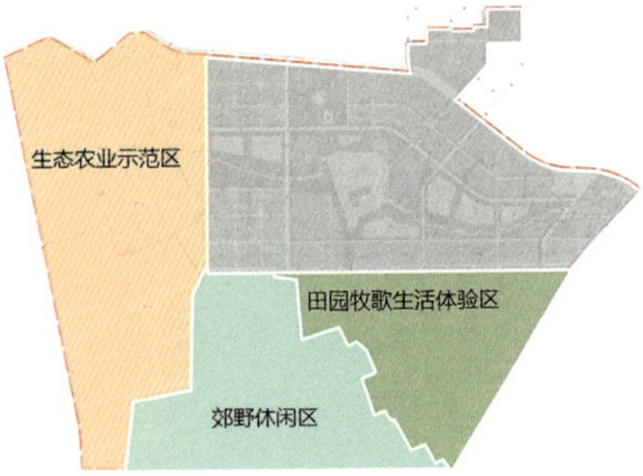

图 4-5-1 生态农业功能格局

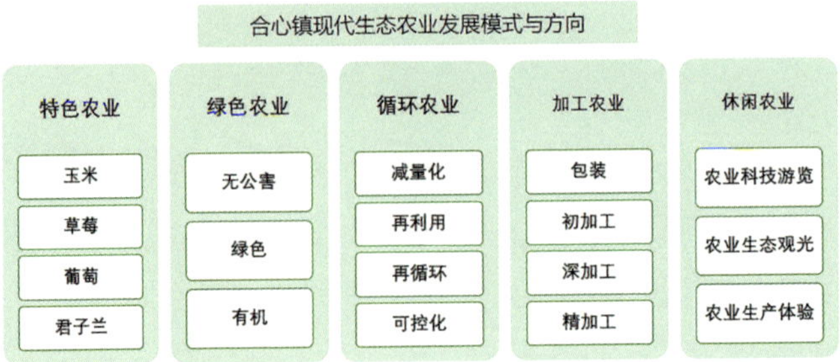

图 4-5-2 合心镇现代生态农业发展模式与方向

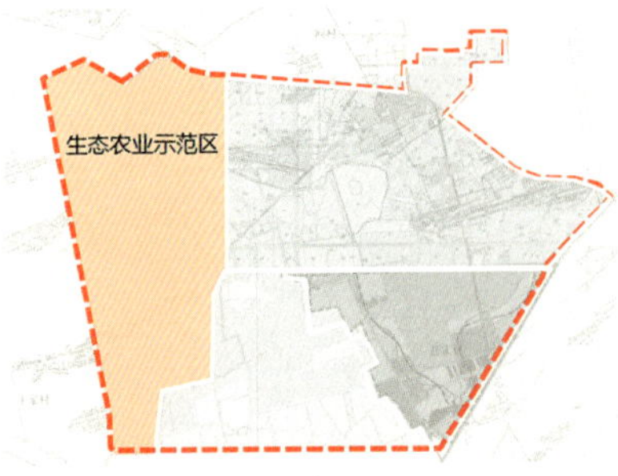

图 4-5-3 生态农业示范区区位

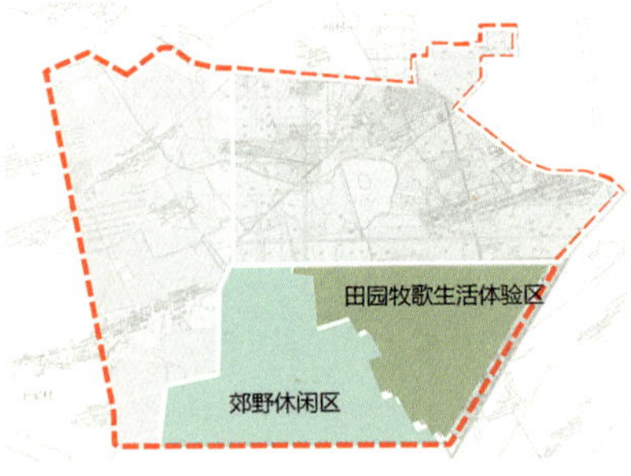

图 4-5-4 休闲农业区区位

（1）农牧果林复合模式

该系统改善了大量秸秆堆放占用土地和焚烧秸秆污染环境的状况；增设苜蓿作物单元，节水节肥省工，能量效率高，用苜蓿喂奶牛提高产奶量，其初、次级产品经济效益是种植小麦、玉米的 2 ~ 3 倍。

农田子系统：主要有夏玉米、西瓜、白菜等；

畜牧子系统：以奶牛为主，配合喂鲜苜蓿；

果树子系统：种植葡萄、苹果和桃树等。

（2）牧草—鹅—鲜食葡萄循环生态种养模式

能够有效利用葡萄园空间，有利于实现资源的循环利用。在葡萄园内养殖鸡、鸭、鹅等家禽，其所产生的粪便是优质肥料，有利于提高土壤肥力，促进葡萄生长。同时，家禽可以采食大量的害虫和野草，达到少用农药甚至不用农药就能有效减轻葡萄病虫草害的目标。

二、生态旅游规划

1. 长春旅游业发展现状

长春市旅游市场以国内游客为主，以东三省游客占主导，基地周边缺少代表性工农业旅游项目。

2. 合心镇旅游资源

农业旅游资源：合心镇地处松辽平原南部，耕地资源丰富，农业基础较好，目前已经形成了肉牛、生猪、葡萄、蔬菜、花卉等八大主导产业，依托近郊优势，发展生态休闲农业潜力巨大。

工业旅游资源：合心镇内具有“国家工业化产业示范基地”轨道交通产业园区，形成特色的工业旅游资源。

3. 旅游项目及重点产品策划

合心镇旅游发展思路解析见表 4-5-1。

表 4-5-1　合心镇旅游发展思路解析

资源基础	发展方向	旅游产品
农业资源：87% 的农林用地	核心区：打造集观光、游乐、休闲、科普、会议、度假、居住等多种功能于一体旅游	花海、果园、田园、农业科普、休闲度假旅游
工业资源 轨道交通产业园区	以轨道交通产业文化、产业园区为基础打造工业旅游	轨道交通梦工厂

合心镇农业资源优质，轨道交通产业园区产业基础雄厚，为开发农业观光、休闲度假旅游、工业旅游奠定基础。

田园牧歌：合心镇核心区范围内打造集观光、游乐、休闲、科普、会议、度假、居住等多种功能为一体的“田园牧歌”项目。增加娱乐项目，开发室内水乐园、冰雪世界等主题乐园。

农业观光：核心区周边近郊依托广袤的田园和优美的村落，开辟特色果园、田园、花圃等，为游客提供蔬果采摘、赏花、田园风貌观赏等旅游项目。

农业科普旅游：依托科技农业、田园风光发展集科教、休闲、娱乐为一体的农业观光。

休闲度假旅游：利用农业资源和农舍资源，开展休闲度假旅游。在原始农舍风貌基础上开发综合农事体验、趣味垂钓、风味餐饮、素质拓展、农舍住宿等农家旅游项目。

工业旅游：主要依托轨道交通产业园，以生产过程、工厂风貌、工人工作生活场景为主要吸引物开展旅游活动，开发集科技展示、科技体验、游憩与餐饮于一体的高科技工业旅游地。

4. 旅游发展格局

工业、农业旅游资源双重驱动下，形成 10 个旅游功能、8 个旅游板块（表 4-5-2、图 4-5-5）。

表 4-5-2　合心镇旅游功能分类

工业旅游功能	农业旅游功能
修学科普	修学科普
特色运具游	观光体验
购物旅游	田园婚庆
游乐旅游	运动养生
美食旅游	乡村度假

5. 旅游游线规划

打造 4 条主题观光游线（图 4-5-6）。

全域游线：工业游乐、乡村观光、农事体验、生态农场、健康养生、商业旅游；

乡村体验游线：田园观光、农事体验、生态农场；

休闲娱乐旅游：工业旅游、商业旅游；

健康养生游线：生态农场、农事体验、田园互动、旅游采摘、健康养生。

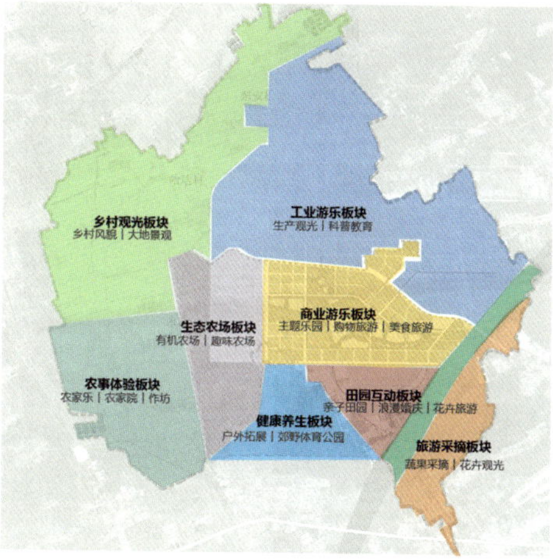

图 4-5-5 合心镇旅游板块布局

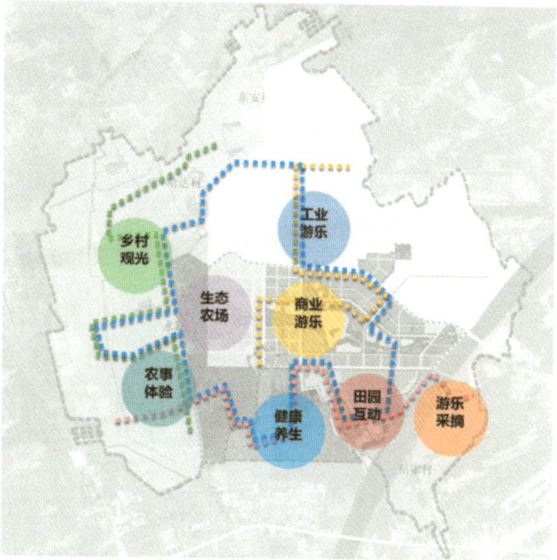

图 4-5-6 合心镇旅游游线规划

三、服务业规划

合心镇服务业发展背景：合心镇周边产业园区聚集，但是整体缺少配套服务。第三产业产值占 GDP 的 14.4%，公共服务设施、居住用地比例占城镇总用地的比例不足 25%；旅游业未形成支柱，对商贸物流、交通运输、餐饮住宿、金融保险等行业的带动不强，第三产业发展亟待提升。

服务业发展围绕合心镇产业及人口，发展配套产业的生产性服务业、为城镇居民配套的生活性服务业，促进合心镇服务业发展。

1. 生产性服务业发展措施

依托工农业发展配套的生产性服务业，构建以金融、专技、会展、信息、研发培训、物流为主的完善服务体系。

发展目标：2020 年，现代服务业占服务业增加值比重 38% 以上，服务业从业人员占全部从业人员比重 40% 以上。

2. 生活性服务业发展措施

居住设施关注中高档居住，以及智慧居住绿色居住两大元素，构建一个中央商圈、五个区域性商业、多个邻里性商业。

1）住宅建筑发展方向

目前住宅设计关注生态化、人性化、合理化、智能化，基地内建筑添加智能建设、绿色建设两大元素。

2）商业设施

商业设施如图 4–5–7 所示。

（1）构建层次分明的商业体系：合心湖周边布置中央商圈，居住组团周边布置区域性商业，居住小区、学校、体育馆等人流量集中的区域布置邻里性商业。

（2）构建层次分明的消费性商业服务网络（图 4–5–8），形成“2+1+8+N”的四级商业服务格局（图 4–5–9）。

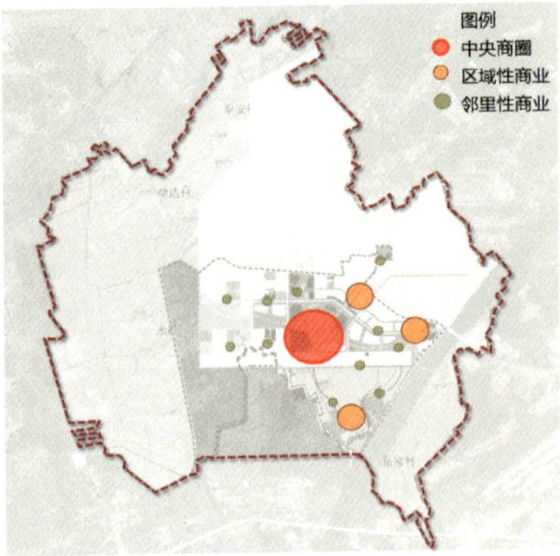

图 4-5-7 合心镇商业体系布局

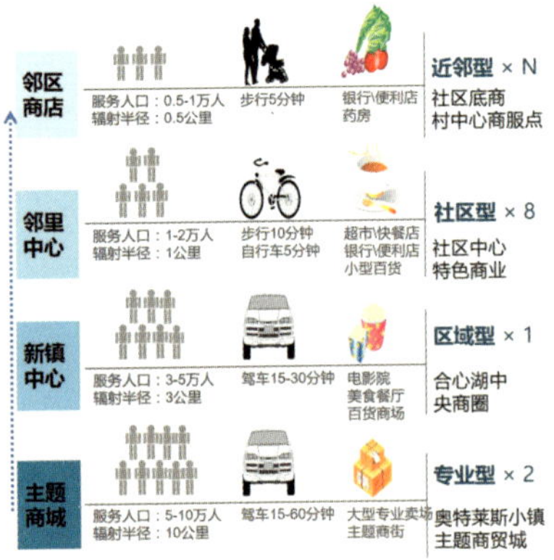

图 4-5-8 合心镇商业服务网络体系

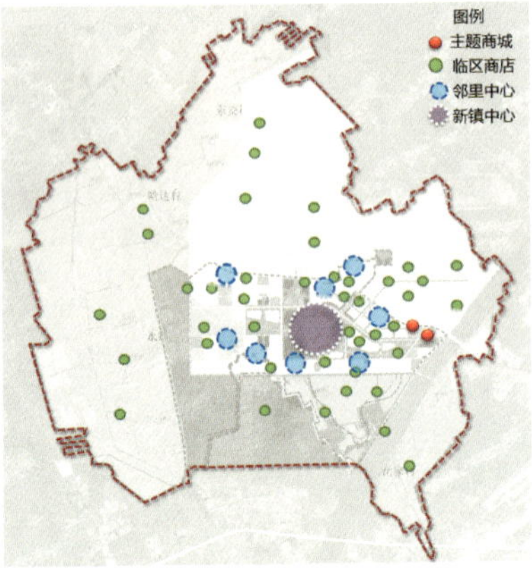

图 4-5-9 合心镇四级商业服务格局

四、生态工业规划

园区企业构成如图 4–5–10 所示。

1. 工业发展概况

轨道交通产业：合心镇以轨道客车、汽车零部件制造为主。轨道客车产业实力雄厚，是绿园区经济的支柱。

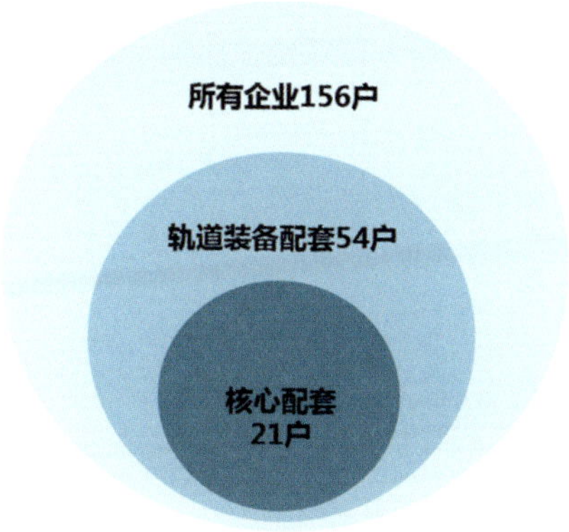

图 4-5-10 园区企业构成

1）企业构成分析

轨道交通装备产业园：完成区 13.96 平方千米，主机（客车主体）生产 2.6 平方千米，入驻 196 家企业。完成区 2014 年年产值已实现 330 亿元。

轨道交通装备产业园企业主要集中于整车制造、零部件配套、车辆维修等，缺乏检修、研发、检测等企业。

2）产业链分析

目前，合心镇轨道交通产业集中在产业链的中游，缺乏检修、研发、检测等企业，具备向下游的交通运营、安全检测、维护等方向拓展的条件。

2. 发展措施

轨道交通产业重点加强整车扩能、检修维修、研发检测、安全检测维护等领域建设，形成完整产业链条。

以建设国家级轨道客车实验室、世界级轨道客车产业基地为目标，依托轨道交通装备制造产业，发展其他相关配套产业，推动形成研发设计，中游加工制造和零部件配套，下游交通运营、安全检测和维护以及物流配送等完整产业链条。

1）整车扩能

争取扩大整车生产能力，确保长春市动车组和普通客车国内市场占有率均不低于 35%，城轨车市场占有率不低于 45%。

2）检修维修

积极促进轮对造修、牵引变压器检修、牵引辅助变流器检修、牵引电机检修、制动系统修造、电器件修造、空调系统检修等七大工程建设。

3）研发检测

充分有效地利用好长春市轨道客车产业技术创新战略联盟平台，促进长春轨道客车产业整体技术创新水平跃升。

4）车辆调度系统、指挥系统、导航系统

向产业链下游延伸，研发生产车辆调度、指挥、导航系统。

五、产业融合及细分产品策划

1. 产城融合

构建三产融合产业体系：以旅游业为龙头，农业为基础，商贸、商务、居住配套为支撑的大产业格局。构建“产城互动”新城开发模式，将产业发展与城市配套、城市功能紧密结合。

2. 产业融合

构建“两化驱动，产城互动”开发模式，实现“生态、产业、居住”三位共荣。

构建农业、工业、旅游业、服务业四大板块，组建五个农业组团，三个第三产业组团，一个轨道交通产业组团，实现“三大板块、九大组团”产城协同发展新格局。

3. 细分产品策划

基于以上分析，聚焦五大产业门类——“现代生态农业、活力商贸服务、综合商务配套、文化主题旅游、健康养生产业”，构建三产融合的产业生态圈。

1）现代生态农业

亮点项目：创意农业孵化基地、特色苗圃园、百花园、百果园、百草园、生态农场、伊甸农业水晶球、现代农业研究中心。

2）活力商贸服务

亮点项目：奥特莱斯小镇、关东文化市集、主题商贸城。

3）综合商务配套

亮点项目：SOHO 商务聚落、智慧合心商务区、合心会议中心、温泉酒店。

4）文化主题旅游

亮点项目：小火车花境漫游、轨道交通探索乐园、绿乐园、玫瑰里合心婚庆基地、水上运动馆、房车露营基地、家庭探索乐园。

5）健康养生产业

亮点项目：安民社区、乐活馨居、中车之家、印象田园社区、河畔雅居、养生府邸、三甲医院分院。

六、社会经济发展规划

1. 居民安置规划

合理规划建设安置社区，实现人口城镇化转化；拆迁村屯面积约 1.16 平方千米，回迁面积约 0.3 平方千米，拆迁 7 个自然村屯，保留改造 4 个自然村屯，安置人口 3187 人（图 4-5-11）。

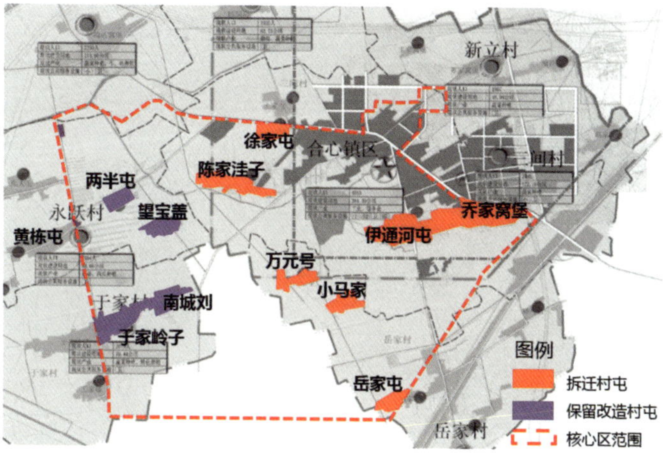

图 4-5-11 核心区拆迁安置规划

2. 就业改善目标

积极提升就业水平，增进居民收入水平，打造 1 个微小企业创业孵化平台，构建 1 个多业种技术培训就业服务体系，力争带动区域就业人口 10 万人以上。

“十三五”期间人均可支配收入增速 14%，期末人均可支配收入达 3.3 万元；人均 GDP 平均增速 13%，期末人均 GDP 达到 8.5 万元（2014 年全国人均 GDP43.8 万元，吉林省人均 GDP13.8 万元）。

3. 民生服务目标

完善生活配套设施，打造优质人居环境；改善人居环境，打造生态低碳设施和安全环境；完善教科文卫配套服务体系，构建便民生活。

七、国民经济社会发展目标总览

国民经济社会发展目标总览如表 4-5-3 所示。

表 4-5-3　国民经济社会发展目标总览

序号	指标名称	计算单位	2020 年	2025 年	年均增长（%）	指标属性
			预期			
（一）	经济发展指标					
1	地区生产总值	亿元	300	力争 700	≈ 18	预期
2	第一产业增加值		6	10.5	≈ 12	
3	第二产业增加值		180	374	≈ 16	
4	第三产业增加值		114	315	≈ 23	
（二）	结构调整指标					
5	居民消费率	%	35	42	—	预期
6	三次产业增加值比重		2 : 60 : 38	1.5 : 53.5 : 45		
7	服务业从业人员占全部从业人员比重		40	50		
（三）	改善民生指标					
8	城镇居民人均可支配收入	万元	3	4.5	≈ 8	预期
9	农民人均纯收入	元	2	3.5	≈ 12	
10	人口总数	万人	10.3	14	≈ 6	约束
（四）	城乡建设指标					
11	城镇化率	%	85	90	-	预期
（五）	环境质量指标					
12	工业废水处理率	%	80	90	—	预期
13	生活垃圾无害化处理率		90	95		

注：数据依据长春市和绿园区的国民经济和社会发展第十二个五年规划、合心镇总体规划。

第六节 国土利用规划

一、现状土地利用规划分析

根据《合心镇土地利用规划（2006—2020）》2012 年修编版得出（图 4-6-1）：

（1）合心镇主要用地以基本农田为主，建设用地集中在镇区，部分林地、园地分散在基本农田中；

（2）镇区 9.44 平方千米范围内，西部没有城镇建设用地指标；

（3）其他建设用地主要为村庄宅基地。

调整措施：

（1）未来镇区城市建设的需要，控规已划为建设用地；

（2）由于合心镇镇域一般农田少，制约了新型农业的发展，需调出一定数量的一般农田，满足新型农业发展的需要。

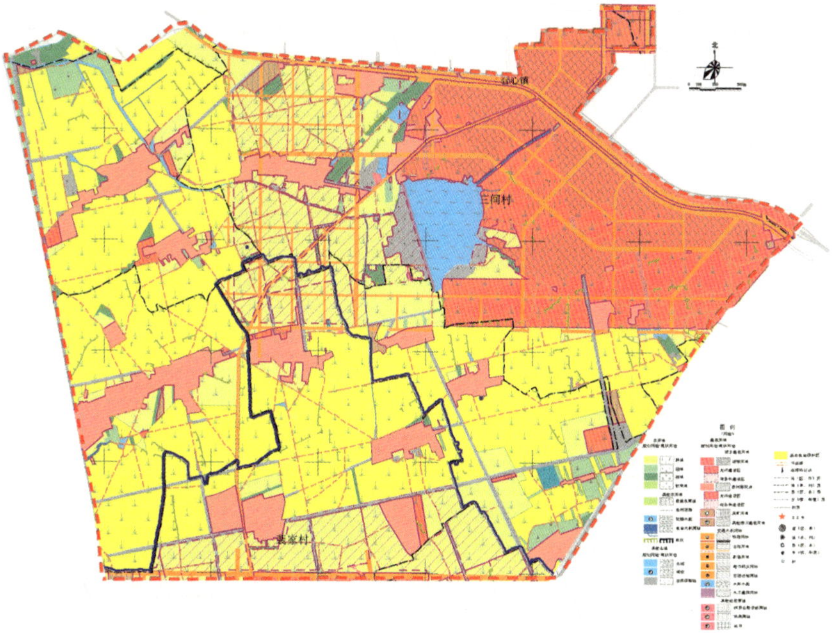

图 4-6-1 核心区土地利用规划

二、近期国土利用规划调整建议

镇区 9.44 平方千米（表 4-6-1）大部分为城镇建设用地。西部为农田，建议下一轮规划中调整为城镇建设用地。南部 3.8 平方千米，用地性质不变，利用原有村庄建设用地开发建设（图 4-6-2）。

表 4-6-1　镇区土地利用调整指标

分类	面积（公顷）	备注
已规划城镇建设用地	510	
村庄建设用地	46	建议在未来土地规划中，全部调整为城镇建设用地
水系	60	
一般农田	286	
其他用地（林地、园地、道路等）	42	
合计	944	全部调整为城镇建设用地

西部地块：近期（— 2020 年）不调整土地规划，远期开发。

中部可利用现状建设用地（图 4-6-3）。

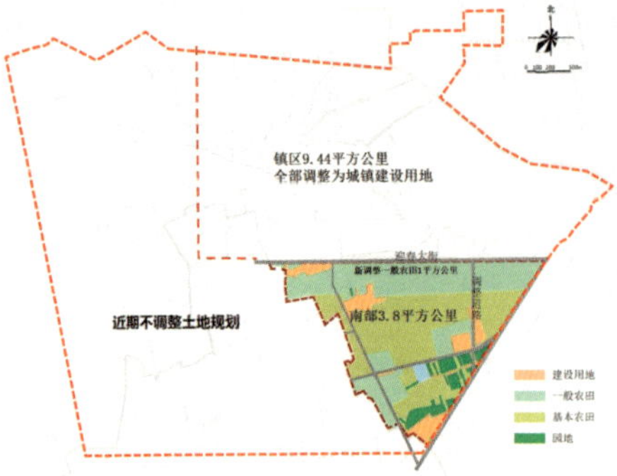

图 4-6-2 核心区土地利用调整分析

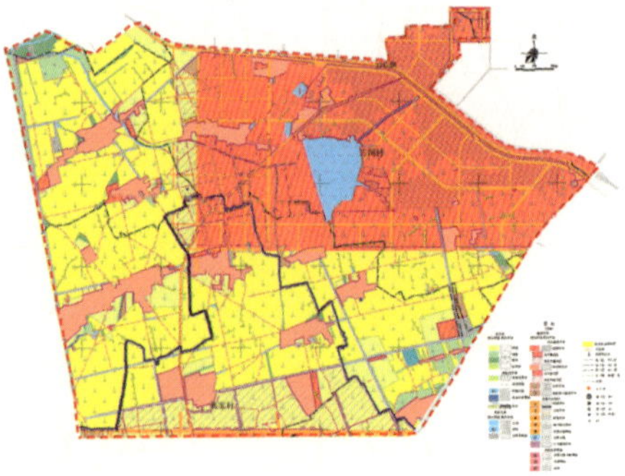

图 4-6-3 核心区土地利用规划方案

第七节　城乡规划

一、合心镇镇域城乡统筹规划

新型城镇化：是以城乡统筹、城乡一体、产城互动、节约集约、生态宜居、和谐发展为基本特征的城镇化，是大中小城市、小城镇、新型农村社区协调发展、互促共进的城镇化。

1. 镇域规划空间结构

“一核、三区、两轴、一带”的空间布局。

一核：合心镇核心，生活商贸中心；

三区：轨道产业开发区、综合农业生产区、田园城镇示范区；

两轴：中央商务发展轴、生活服务发展轴；

一带：景观发展带（图 4-7-1）。

2. 镇域空间规划三大区域

依据《合心镇总体规划（2011 — 2020）》《长春市绿园区合心镇南部居住控制性详细规划》和本次规划设计要求，将合心镇镇域空间分为三大区域：长春轨道交通装备产业开发区、合心美丽乡村、绿园生态田园小镇（核心区，图4-7-2）。

图 4-7-1 合心镇镇域空间结构规划

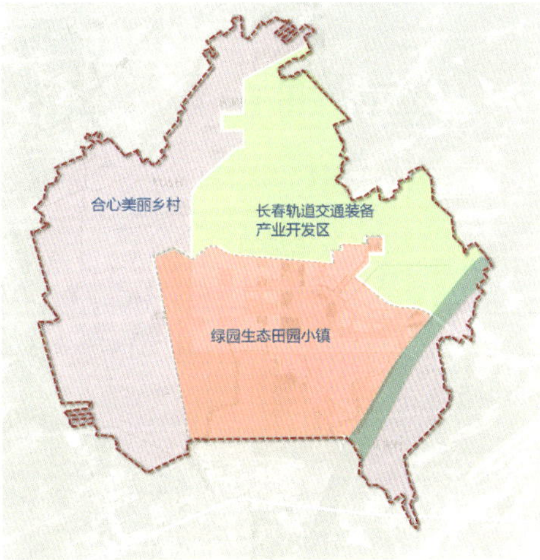

图 4-7-2 合心镇镇域功能分区

1）长春轨道交通装备产业开发区

发展轨道交通高科技产业，打造世界级轨道交通装备制造产业基地。依托轨道交通装备制造产业，发展其他相关配套产业，推动形成上游研发设计、中游加工制造和零部件配套、下游终端产品营销和物流配送等完整产业链条，构建具有核心竞争力的产业集群。

轨道交通装备生产区：依托长春轨道客车股份公司发展高速动车组整车生产、高速列车系统集成实验、高速动车组和高速城轨列车动态试验等。

工业配套区：引进先进机车轨道、信号、供电、通信、AFC、系统控制及运行、消防报警等相关产业，延长产业链。

2）合心美丽乡村

实现城乡一体化，建设美丽乡村。

建筑美：村庄布局优化，民居美化、艺术化，体现乡村自然浪漫的情调。

景观幽：农民生活场景展现，包含特色农具、传统工艺作坊、家养牲畜、农民邻里活动场景包装。村在田园中，田园在庭院。

设施全：完善农村基础设施，包括道路硬化、村庄绿化、卫生洁化、路灯亮化，打造便捷的农村社区。

农业生产发展策略：依托各村现状产业资源，推进现代农业生产区生态化、科技化、产业化发展。

3）绿园生态田园小镇（核心区）

首期划定 26 平方千米的 “绿园生态田园小镇”进行建设，作为合心镇“多规合一”的试点项目，描绘“新常态”下长春市特色城镇的发展蓝图。

二、绿园生态田园小镇（核心区）城市设计

1. 规划目的

将经济社会发展规划、生态规划、土地利用规划的成果统一衔接，再落实到城市空间上，形成一张蓝图。立足区位优势和环境特色，发挥轨道客车产业园区发展优势，逐步形成功能布局合理、配套设施完善、科研商贸集中、生态环境优良的生态田园小镇。

2. 规划理念

产与城的碰撞、乡与城的延续、多种元素的交织、共生共存的融合形成韵律而舞动，为城市增添活力与动感（图 4-7-3）。

通过河流、道路、绿廊等生态廊道，将田园、城镇、工业园连接起来，将田园的自然

之美渗透到人文之美中，将休闲、生活、工作有机衔接起来，建设宜居、宜业、宜游的生态田园小镇（图 4-7-4、图 4-7-5）。

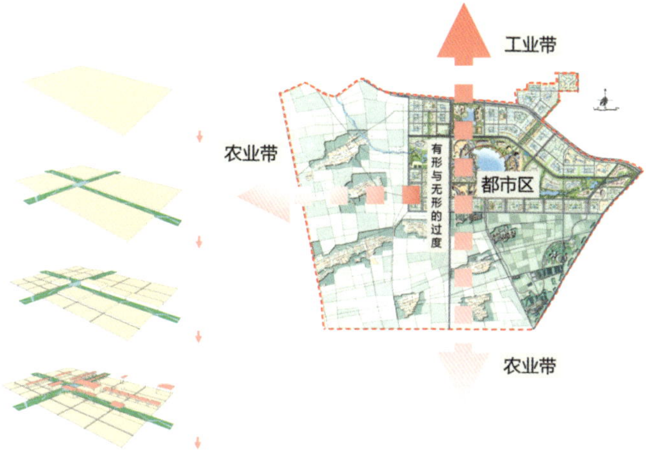

图 4-7-3 核心区设计方案推演

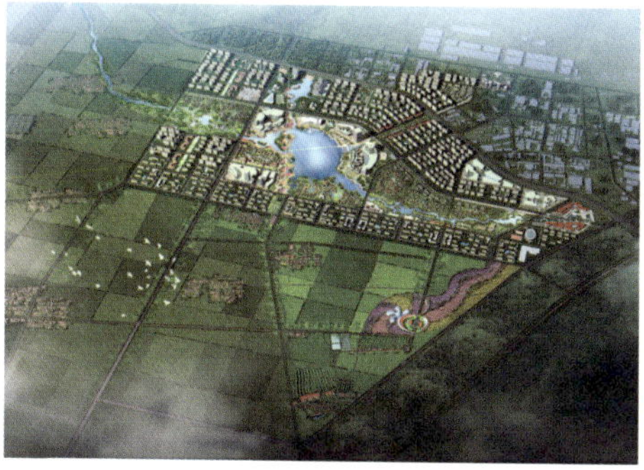

图 4-7-4 核心区城市设计日景鸟瞰

图 4-7-5 核心区城市设计夜景鸟瞰

3. 城市土地利用规划

依据上位规划，本着节约土地、优化城市结构的原则，局部调整原控规用地布局，使规划范围内用地布局结构清晰、交通顺畅、环境优美、功能协调、生活便利（图 4-7-6）。

调整方案，最终增加 2.88 公顷的商业用地，减少 4.8 公顷的居住用地，增加 0.54 公顷公园绿地，增加 1.39 公顷道路用地，充分发挥滨水空间商业价值，同时满足居住区周围良好的绿化空间环境（图 4-7-7、表 4-7-1）。

4. 功能分区

核心区（26 平方千米）分为 1 个复合功能小镇（文化风情小镇）和 3 个主题功能区（田园牧歌体验区、生态农业示范区、郊野运动拓展区），见图 4-7-8、图 4-7-9。

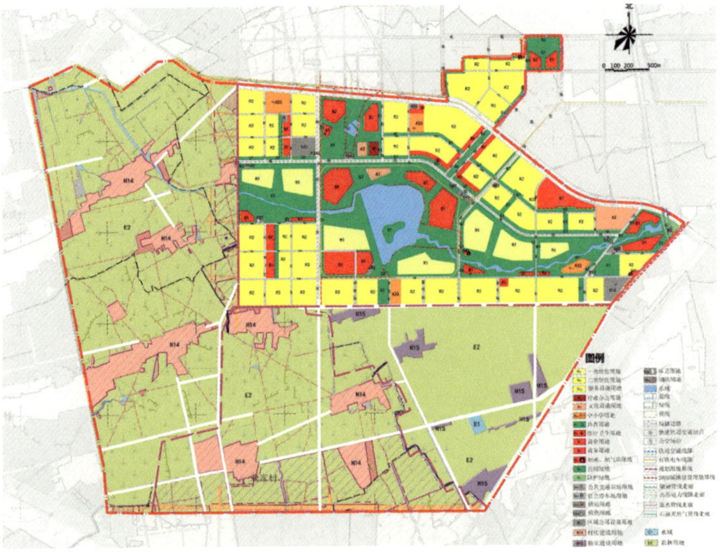

图 4-7-6 核心区土地利用规划

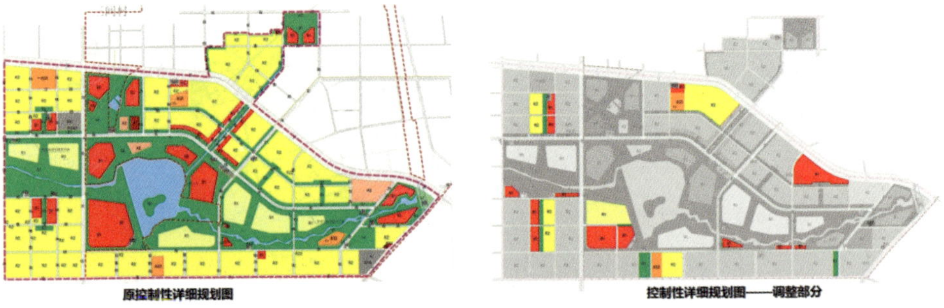

图 4-7-7 原控制性详细规划与调整方案对比

表 4-7-1　控制性详细规划土地利用调整指标

地块	面积（公顷）	备注
A	3.43	新增公园绿地，占用二类居住用地
B	1.5	新增公园绿地，占用二类居住用地
C	增加一类居住用地 11.44，增加道路用地 1.39，增加公园绿地 0.21，减少商业面积 1.6	通过道路将土地分割成 3 个地块，并将北部地块与沿长白公路 D03 居住地块置换，形成混合功能地块
D	—	将原有的商业居住地块进行调整，形成规整好用的地块
E	4.61	增加滨水商业，充分发挥景观价值
F	—	S42 社会停车场，位置微调，方便使用
G	—	中小学用地、居住用地、商业用地边界线调整，使其规整
J	—	以现有水库堤坝作为蓝线，结合两岸坑塘湿地确定蓝线

图 4-7-8 核心区功能分区

图 4-7-9 核心区项目布局

1）文化风情小镇

功能定位为长客配套、商务商业、农民安置、文化休闲，结合周边地块产业发展，三位一体打造功能齐全、形象鲜明的休闲服务小镇。

亮点项目：奥特莱斯小镇、轨道交通探索乐园、智慧合心商务区、合心会议中心、河畔雅居、主题商贸城等。

2）田园牧歌体验区

以农田景观为基地，以百花、百草、百果三大主题，打造集婚庆、康养、游乐等功能于一体的田园体验区。

亮点项目：关东文化市集、绿乐园、原乡温泉度假村、百花园、玫瑰里婚庆基地、小火车花境漫游系统、冰雪嘉年华。

3）生态农业示范区

引领农业发展前沿，汇聚农业科研、示范生产、科普教育功能，构建现代农业示范展示基地。

亮点项目：伊甸农业水晶球、生态农场、特色苗圃园。

4）郊野运动拓展区

郊野运动、体验性的游乐活动的拓展区域。

亮点项目：乡间慢行系统、户外拓展世界、房车露营基地。

5. 景观与绿地系统

通过城市公园、居住区公园，沿道路、河流两侧的公园绿地，构成点、线、面结合的城市绿地系统；加大生态空间，城镇整体绿化覆盖率超过 30%，扩宽绕城绿带，满足所有居民的休闲活动需求（图 4-7-10）。

6. 开发强度

1）开发强度

控规中规划区南部为2类居住用地，建筑高度较高，影响整体景观风貌。建议未来建设中，将南部地块建筑高度降低、容积率降低，形成视觉通透的天际线（图 4-7-11）。

图 4-7-10 核心区景观与绿地系统分析

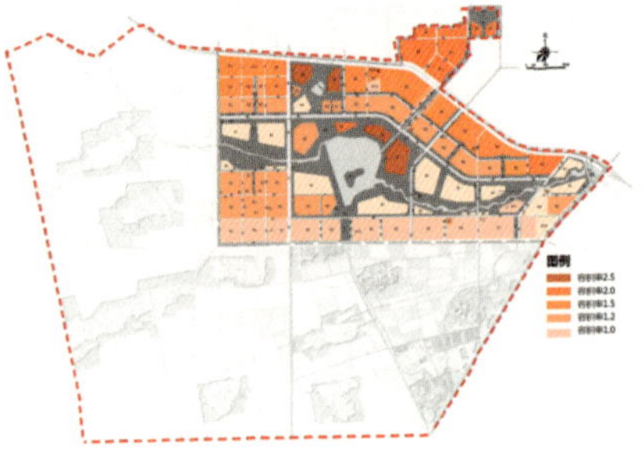

图 4-7-11 核心区开发强度分析

2）天际线

在原控规高开发强度的基础上，从北到南依次降低开发强度，打造从北向南“生态的天际线”，实现“城镇—田园”“商业—休闲”“繁华—宁静”的过渡（图 4-7-12）。

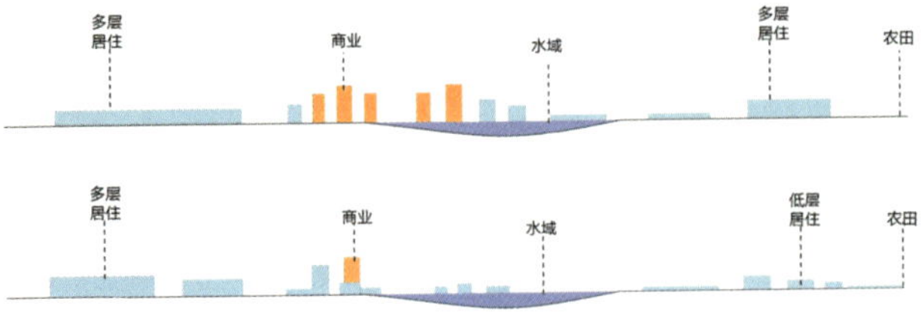

图 4-7-12 核心区天际线设计

7. 交通生态规划

1）公共交通系统

公共交通系统由快速轨道交通 4 号线、有轨电车通勤线、观光火车线等综合构成公交系统网络，满足对内对外的双重需求（图 4-7-13）。

2）慢行系统分析

城市慢行系统包含公共交通、非机动车及步行交通系统。规划以城市开放空间为节点，以道路、水系为主要的连接骨架，形成系统化的慢行空间并进行延伸（图 4-7-14）。

图 4-7-13 核心区公共交通系统分析

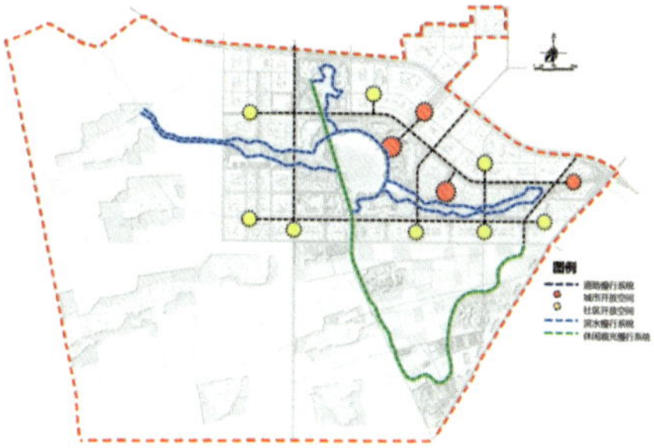

图 4-7-14 核心区慢行系统分析

8. 城镇界面、色彩及光污染

1）城镇界面、色彩

整体建筑风格采用简约的设计手法彰显大气，融入轨道文化为区域增添色彩。区域地处北方，冬季较为漫长，外墙应采取特殊措施保温。

商业建筑风格采用较为浪漫的欧洲小镇风格，形成街巷式商业氛围；商贸区域则采用较为现代的设计风格，建筑高度应控制在 60 米内。住宅建筑风格采用北美设计元素，把园林景观引入到社区组团中。

2）光污染预防

在规划阶段和城市建设阶段，应该从源头上防治光污染，实现保护环境的要求。

严格按照照明标准设计，合理选择光源、灯具和布灯方案，尽量使用光束发散角小的灯具，并在灯具上加遮光罩或隔片；避免使用大玻璃幕墙、铝合金板等反光性强的建筑材料。

9. 绿色建筑——积极倡导绿色建筑生态管理模式

合心镇建筑按照中国“绿色建筑评价标识”三星认证项目标准进行打造，实现建筑能源的自给自足以及对雨水等自然资源的最大利用，使合心镇成为高标准绿色建筑示范区。

被动式节能是指建筑物本身通过各种自然的方式来收集和储存能量，使建筑物与其周围的环境之间形成自循环的系统，不需要耗能的机械设备来提供支持也能充分利用自然资源，达到节约传统能源的效果。

10. 大气污染防治及农业资源循环利用

东北地区以大田玉米农作物为主，每年产生大量秸秆，秸秆基本以焚烧方式处理，既浪费资源，又造成严重的大气污染。通过农业废弃物循环利用，实现农业废弃物“减量化、再利用、资源化”，发展循环经济。

1）模式一：农用废弃物—农业资源—农用产品

农作物秸秆“四化”示意如图 4-7-15 所示。

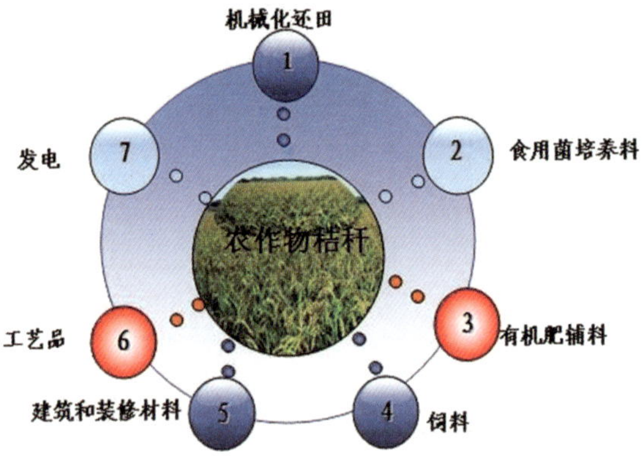

图 4-7-15 农作物秸秆“四化”示意

（1）畜禽粪便和农作物秸秆：通过加工处理进行资源化（肥料化、饲料化、原料化或能源化）；

（2）生活泔水加工成优质肥料，果渣加工成酒精；

（3）生产和生活垃圾用来发电，农用塑料薄膜经过回收加工生成新的塑料制品等（图 4-7-16）。

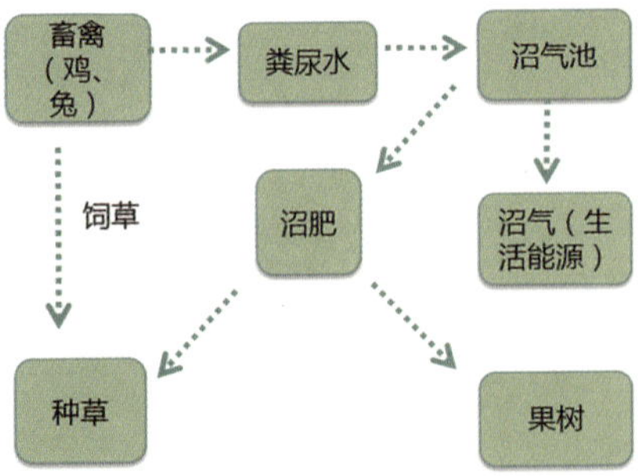

图 4-7-16 废弃物循环利用示意

2）模式二：农副产品（或废弃物）—农业资源—种植、养殖或加工—新的农产品

“果 — 草 — 牧 — 沼”生态果园技术是以沼气为纽带，将栽果、种草、禽畜饲养（猪、鸡、兔）相结合，充分利用自然界的光能、热能、生物能和降水、农业废弃物资源等，降低生产成本，减少化肥农药对环境的污染，形成“果 — 草 — 牧 — 沼”良性循环的生态果园系统。

“猪 — 沼 — 菜”生态模式，主要蔬菜品种无公害种植。种植的蔬菜主要有茄果类蔬菜、菜豆、豇豆以及菌类等。

11. 废弃物回收利用

我们采用全生命周期的方法，实现从设计、建设到运营全过程的真正生态环保。采用了“开源节流”的思想，鼓励采用可再生能源，实现非传统的“开源”，鼓励绿色交通、绿色建筑，有效利用绿地空间，结合绿色环保措施对生态水、固废回收与再利用，以实现“节流”，从而实现更进一步的生态环保。

1）液体废弃物——分散式污水处理设施

生活污水经过污水处理设施后进入湿地层层净化，实现水的高效循环利用。

2）固体废弃物——生活垃圾“五化”管理模式

对生活垃圾进行分类回收后采用“五化”生态管理模式，最大化实现废弃物的循环利用。

第八节　专项设计分析

一、合心之心——三河一湖滨水空间城市设计

滨水空间都是经过精心设计的具有价值的公共场所，可以成为一系列目的地：富有活力的城市居民聚会场所，游客购物、工作和聚集的地方。

三河一湖滨水空间城市设计，为合心新市镇建设提供了一个伟大的愿景，运用连接、激活、植入、发展作为设计主题（图 4–8–1），通过全新的发展策略营造公共空间，为合心镇打造一个具有活力的商务、商业、社区、休闲和河流共生的城市滨水区。

合心湖滨水区定位为合心镇对外形象展示窗口、合心镇生态绿核及以合心镇集休闲游憩、商业商务、旅游宜居于一体的 RBD（Recreational Business District）。

三间河及上下游河流是联系合心湖和城市其他地块、乡村地区的重要生态廊道；沿河两岸作为城市关键的开放空间，布置高档社区、特色步行街、行政商务办公区等，是合心镇核心区功能区的延续。

图 4-8-1　三河一湖周边城市设计

1. 生态优先——生态环境提升

根据合心湖长年有水但水质较差、三间河水量较少难以保障生态基流的现状，提出以低影响技术开发为指导，运用水利、水生态、水景观三位一体战略，建立河道内自净化系统和生态驳岸、净化湿地等，防止水污染；设置生态过滤带和多塘湿地系统，构成多道防线，层层净化水质（图 4–8–2）。

图 4-8-2 三间河景观设计效果图

1）建立生态河道

恢复河体自然形态，扩大河滩地，建立多塘系统，调洪滞涝。

2）建立生态驳岸

建立阶梯式雨水湿地，层层过滤，净化水质（图 4-8-3）。

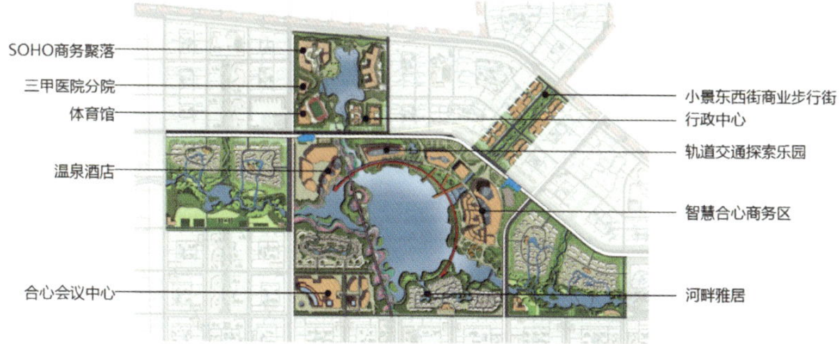

图 4-8-3 三间河生态河道 A-A 剖面

2. 景观优美——城市景观空间塑造

合心湖公园，在合心镇发展过程中扮演着重要的角色，是合心镇最重要的开放空间，合心镇的门户；采用无痕设计、仿自然的工艺，使公园基础设施生态化；通过一系列近水空间、优美的跌水景观、慢行系统、本土特色的花卉植被景观等建设，展现一个丰富艺术的兼顾生态、景观、合心文化展示的最美名片（图 4-8-4）。

图 4-8-4 合心湖景观设计效果图

3. 功能优化——滨水区城市业态植入

城市生活提升：为产业工人配套优美的滨水居住区（如河畔雅居）、特色购物中心（小景东西街步行街）、高档的公共服务设施（三甲医院分院和体育馆）、多元的绿色低碳出行方式（环湖慢行系统），打造全新小镇慢生活方式（图 4-8-5）。

生产性服务业：基于合心镇轨道产业城镇的特色，重点引入生产性服务业，如金融、法律、接待、展览、会议、办公等，配套 SOHO 商务聚落、合心会议中心、温泉酒店、轨道交通探索乐园、智慧合心商务区、行政中心等（图 4-8-6、图 4-8-7），为轨道交通产业大力发展提供多方面支撑（图 4-8-8）。

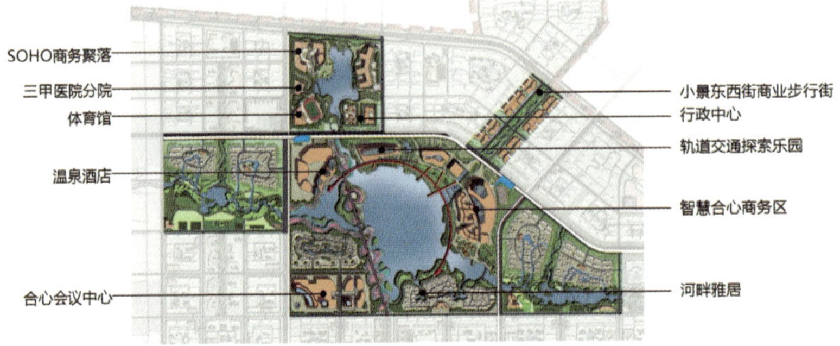

图 4-8-5 三河一湖项目布局

图 4-8-6 轨道交通探索乐园意向

图 4-8-7 商务中心意向

图 4-8-8 轨道科技体验

城市滨水区，历来是城市生活的重心、高端消费的集中区、对外吸引点、城市居民最佳去处，其土地价值的提升是毋庸置疑的。合心镇三河一湖滨水区城市设计，以水为灵，打造独具魅力的城市建筑景观风貌，不仅会吸引游客，还将吸引投资者，为合心镇带来生态、经济和社会的全面发展。

二、美丽田园梦——田园牧歌启动区（百花园片区）实施方案

城乡一体的新型城镇化实践，建设美丽乡村的先行示范区（图 4-8-9）。百花园是田园牧歌体验区三大主题园（百花园、百草园、百果园）的先行启动区，对合心美丽乡村建设有着重要的示范引领作用。

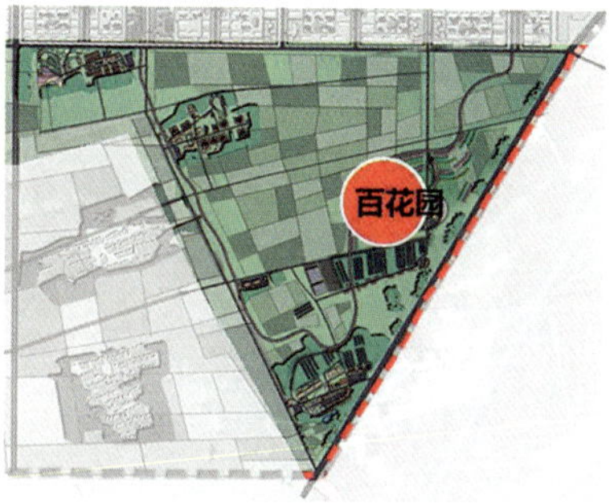

图 4-8-9 百花园区位

田园自古就是人类最理想生活方式，最梦寐以求的人居环境，本项目旨在通过浪漫、唯美的田园景观再现，将观光、休闲、娱乐、科普等功能植入其中，吸引城市居民到乡村体验宁静的田园生活，促进城乡文明的交融。

1. 筑梦百花园——设计方案

1）愿景

（1）全年龄段的城市轻休闲游园：

① 丰富的家庭活动；

② 贴心周全的周边服务；

③ 心灵回归之旅。

（2）全时节的世界级温室嘉年华（图 4-8-10）：

① 先进的农业科技；

② 异国植物风情；

③ 独特的温室活动体验（图 4-8-11）。

图 4-8-10 英国伊甸园温室 1

图 4-8-11 英国伊甸园温室 2

2）功能分区

分为户外田园、百花温室、综合服务三大功能区，为都市家庭、商务精英和区域游客等客群提供亲子游乐、田园观光、商务会议、养生休闲等多样的田园体验（图 4-8-12）。

图 4-8-12 百花园功能分区

3）产品布局

百花园产品布局如图 4-8-13 所示。

（1）户外田园（图 4-8-14）：

产品：唯爱花园、爱国乐园、童趣乐园、民宿客栈。

以浪漫爱情、亲子游乐、田园体验为主题，打造以婚庆活动、情侣写真、儿童游乐、民宿休闲等为目的的花园空间。

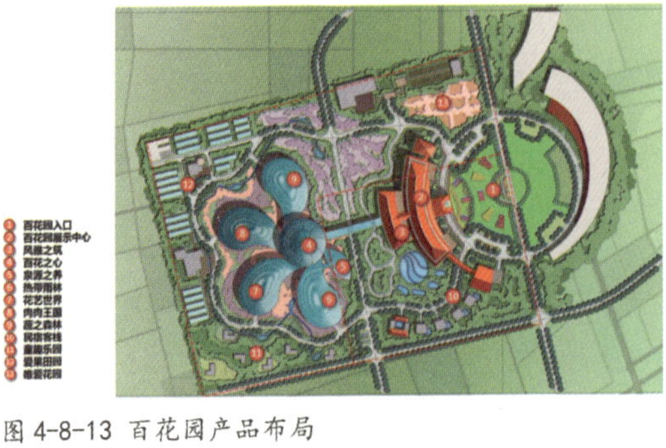

图 4-8-13 百花园产品布局

图 4-8-14 户外田园意向

（2）百花温室：

产品：百花之心、泉源之养、热带雨林、花艺世界、肉肉王国、蔬之森林。

以“百花”为设计主题，运用园林化的造景手法，为游客提供全时段的、浪漫的、亲子的休闲目的地（图 4-8-15）。

（3）综合服务区：

产品：百花园入口、百花园综合服务中心、风雅之筑。

营造花园式形象窗口，配以接待、展览、零售、会议、商务休闲等功能的服务中心（图 4-8-16）。

图 4-8-15 百花园温室意向

图 4-8-16 综合服务区意向

4）天际线设计

百花之心作为整个空间序列的制高点，向两边户外田园逐渐降低高度，最终过渡到大片玉米田，形成人工与自然的有机衔接（图 4-8-17）。

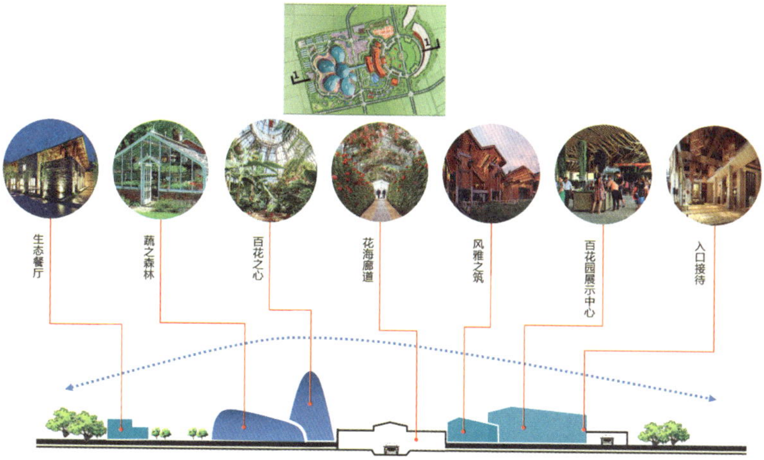

图 4-8-17 百花园天际线意向（1-1 剖面）

5）花海设计——花海盛景

花之多姿——春夏秋冬，颜色不同，四季有景；

音乐律动——徜徉花海，置身百花丛中的田园体验（图 4-8-18）。

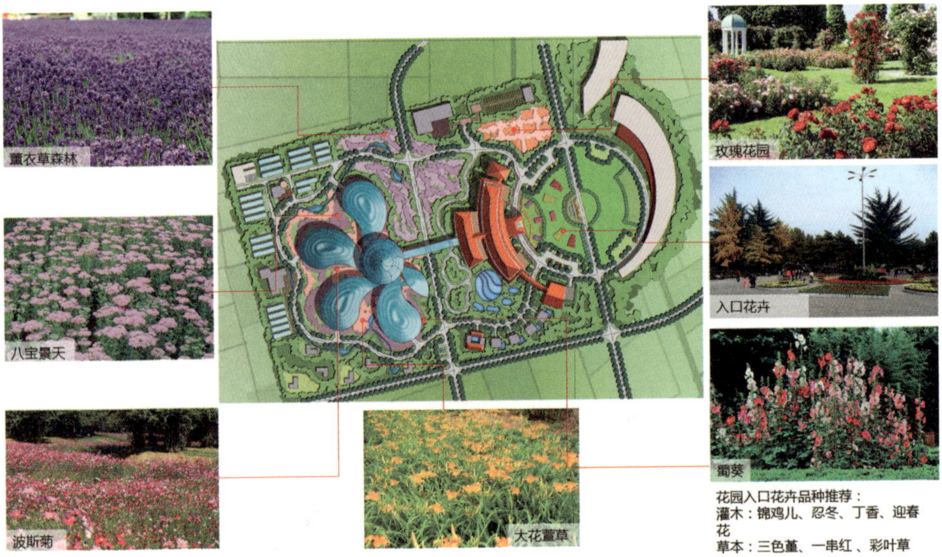

图 4-8-18 百花园花海规划

2. 圆梦百花园——实施方案

1）节庆活动策划——激活景区、带动人气、增加收入

通过举行一系列有特色的节庆活动，提升景区影响力，拉动人气，提高景区收入。比如果蔬采摘节、农业科普文化节、“合心花海”花卉博览会、“相约七夕”摄影大赛、精品商务年会、毕业季校友嘉年华等。

2）盈利模式——完善的商业模式，保证景区可持续发展

门票收入：分为平日票、假日票、团购票、套票等形式。

会员制：会员制不仅给予游客很大的优惠，同时也为园区创造了巨额利润。

经营收入：采用农业生产加休闲游乐的“全产业链”模式，从体验、婚庆、康体、商务、销售、接待等六个方面盈利；园区里各类产品的展销、纪念品售卖等都会产生可观的消费。

农品生产：园区大棚农副产品的生产、售卖以及体验的运营模式也会成为很好的盈利模式。

第九节　分期开发——有计划地落地实施，完成田园梦

一、项目分期

该项目共分为两期，三年内建成（图 4-9-1）。

一期（2015 — 2017）：先期发展接待、展示、休闲、娱乐、温室、采摘、户外体验、婚庆基地、特色水疗、特色餐饮、配套住宿等。

二期（2016 — 2018）：主要为商务接待、会议接待、蔬菜种植观光与采摘、特色温室展示与科普、特色体验中心等。

分期建设	项目名称
一期项目	1 花园入口
	2 百花园展示中心
	4 百花之心
	5 泉源之养
	6 热带雨林
	10 民宿客栈
	11 童趣乐园
	12 爱果田园
	13 唯爱花园
二期项目	3 风雅之筑
	7 花艺世界
	8 肉肉王国
	9 蔬之森林

图 4-9-1 百花园分期实施规划

二、近期实施工程和效益

1. 近期实施步骤

道路、景观、生态治理等基础设施先行，为城市开发创造条件；突出为长客配套，为产业工人和城镇居民提供完善居住生活环境；打造休闲农业、美丽乡村示范区，为长春市民提供假日休闲娱乐的美丽田园。

按照合理安排拆迁时序、亮点项目先期开发原则，先期实施六大工程如下（图 4-9-2）：

（1）福泉街——小景东、西街——春秋大路——新燕街——晓春路道路工程（小景东、西街景观工程）。

（2）合心湖东北地块的展示中心、轨道时代广场项目。

（3）南部安置区、小学项目。

（4）田园牧歌启动区及拆迁工程、百花园、玫瑰里合心婚庆基地。

（5）生态廊道工程（警备路、春华路、岳家大街）。

（6）三河一库生态综合治理工程。

图 4-9-2 近期六大工程分布

2. 建设效益

生态城市设计为新型城镇化实践提供哪些有益的探索呢？

本项目提出城乡一体化生态安全格局，确定海绵城市蓝网、海绵城市绿网，建设城乡一体化的生态基础设施，为打造看得见山、望得见水、记得住乡愁的特色小城镇建设提供可持续发展、绿色发展、特色发展的新路径。

推进城乡一体化和美丽乡村的发展。美丽田园开发建设是在尊重乡村自然环境和生态城市设计法则和技术措施前提下，带动乡村发展，促进城市和乡村社会文明融合的创新之举。建设城乡一体化的公共服务设施，配套完善教科文卫服务体系，使农村享受同城镇一样的完善公共服务，为打破城乡二元制结构、实现城乡统筹发展提供有益的探索。

通过生态城市设计指导的合心镇，正建设建筑景观风貌优美、人与人和谐相处、人与自然和谐相处、轨道文化突出的特色小城镇，正努力成为具有吉林特色、国内知名的小城镇。

第五章

宁国市宜居城市及产城融合综合体设计

宁国市占地约 2500 平方千米。整个流域地形犹如一个茶壶，汇集了整个地区的地表径流。山山水水哺育了宁国人的生息和精神。宁国具有独立的流域系统，完全掌握着供水和水质的自主权，同时也担负了下游水流和水质的责任——茶壶往外倒的水量和水质不仅对于宁国，也是对整个大区域的责任和承诺。宁国市新型城镇化的目标在于建设宜居城市，而宜居城市的发展和进步取决于这个城市的人民对激发经济繁荣和文化活力的决心和能力。一个充满活力的城市将最大限度地激励每个人的发展潜力，个人的成长也将带来社区的生活质量的提高和城市的发展。宁国应该珍惜和增强她的优势，集聚历史的智慧和超前的战略思考，厚积而薄发。宁国的远景规划和发展的第一重要因素和战略应该是坚定地走可持续发展的道路，将宁国建设成为高标准生态人居的城市、充满活力和文化品位的城市。宁国市新型城镇化总体规划设计包括青龙湖国家公园设计、宁国市主城区生态城市设计、港口工业城以及产城融合的城市综合体设计。

第一节 综述

“一碗喉吻润，两碗破孤闷。三碗搜枯肠，唯有文字五千卷。四碗发清汗，平生不平事，尽向毛孔散。五碗肌骨清，六碗通仙灵。七碗吃不得也，唯觉两腋习习清风生。”

——卢仝

一、宁国：茶壶般的流域系统

宁国市占地约 2500 平方千米，整个流域地形犹如一个茶壶，汇集了整个地区的径流水（图 5-1-1）。山山水水延续着宁国人的生息和精神。宁国具有独立的流域系统，完全掌握着供水和水质的自主权，同时也担负了下游水流和水质的责任——茶壶往外倒的水量和水质不仅对于宁国，也是对整个大区域的责任和承诺。

然而，这个茶壶有时会爆满，流域会洪水泛滥，产生洪灾。青龙湖大坝的修建，使青龙湖拥有巨大蓄水能力，缓解了洪水的危害。但是，由于整个流域大多森林并不处于最佳林龄，加上大部分流域坡度较大，土壤瘠薄，这就决定了整个流域地表径流强度大、蓄水能力差的特点。因此，河床盆地的防洪，是宁国市总体规划的重点之一。我们必须科学地规划，最大限度地发挥河床盆地的软堤坝和湿地的防洪蓄水及净化水质的能力。

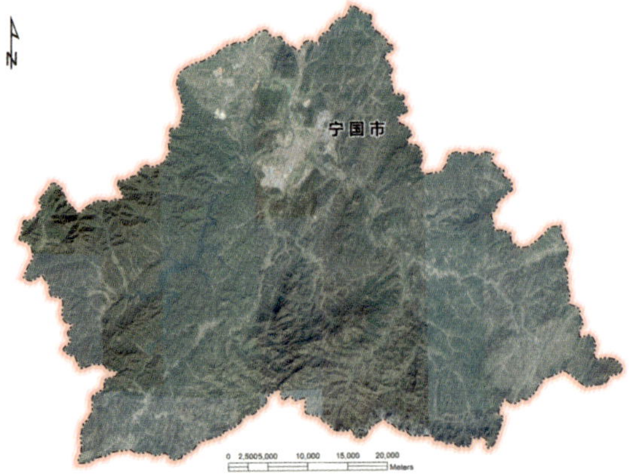

图 5-1-1 宁国市流域系统

二、宁国：作为未来宜居城市的发展

宁国市新型城镇化总体规划设计包括青龙湖国家公园设计、宁国市主城区生态城市设计、港口工业城以及产城融合的城市综合体设计（图 5–1–2）。向宜居城市发展是宁国追求的目标，它取决于这个城市的人民对激发经济繁荣和文化活力的决心和能力。一个充满活力的城市将最大限度地激励每个人的发展潜力，个人的成长也将带来社区的生活质量的增长和城市的发展。宜居城市的设计包括城市街道、社区、商业区、产业区的综合设计理念。我们将提供一个融合、和谐的城市生活方式，将生活、工作、娱乐融为一体，使城市生活更有活力、更便捷、更有利于步行、更容易为社区居民提供各种方便和服务。本次规划将为宁国市提供宜居城市的理念和结构，提高宁国市民的幸福感和对未来的信心，从而进一步促进宁国的城市发展和繁荣。

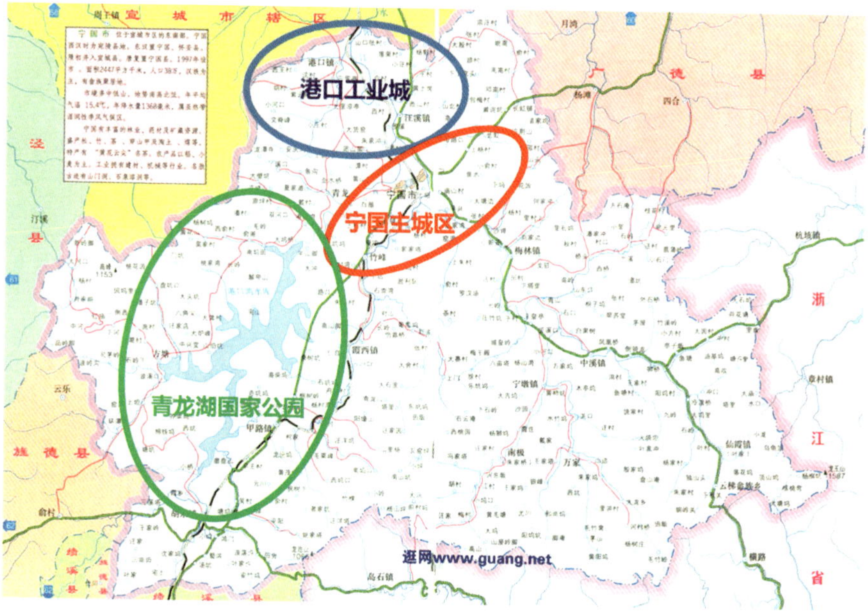

图 5–1–2　宁国市新型城镇化总体规划 1

宁国未来的发展和繁荣，还取决于工业和旅游业的协调发展。这个总体规划所遵循的另一个设计理念是，工业发展布局必须在保障可持续发展和加强经济增长的同时，为宁国持续发展的旅游业提供更多的空间和潜力。以青龙湖为龙头的旅游业应该与市区和整个流域的旅游景点系统整合，并考虑国际、全国、区域游客的综合需求。这种综合需求还包括为满足不同收入和消费阶层的游客需要而设计的旅游景点和旅游档次。我们对宁国旅游业发展的规划，还着眼于对国际游客和国际投资的吸引。这也是宁国未来作为国际城市发展的一种期望。

三、宁国：立地效益

我们的设计始于对立地条件的认真研究和评价，以追求立地的自然效益、文化效益、创新效益和经济效益的最大化（图 5-1-3）。宁国的自然资源和自然特色决定了宁国巨大的活力和潜力，它包括地形地貌、水资源、地质、温带纬度、阳光、信风等。重要的是，宁国有受过良好教育、具有奉献精神、对宁国充满信心和热情的市民。宁国还有骄傲的历史和源远流长的传统文化，以及珍贵的原始森林、多样性的景观、古城古街道等。这个总体规划就是基于我们对宁国的这种观察、研究、分析、理解，以及对宁国的热爱而创作的。

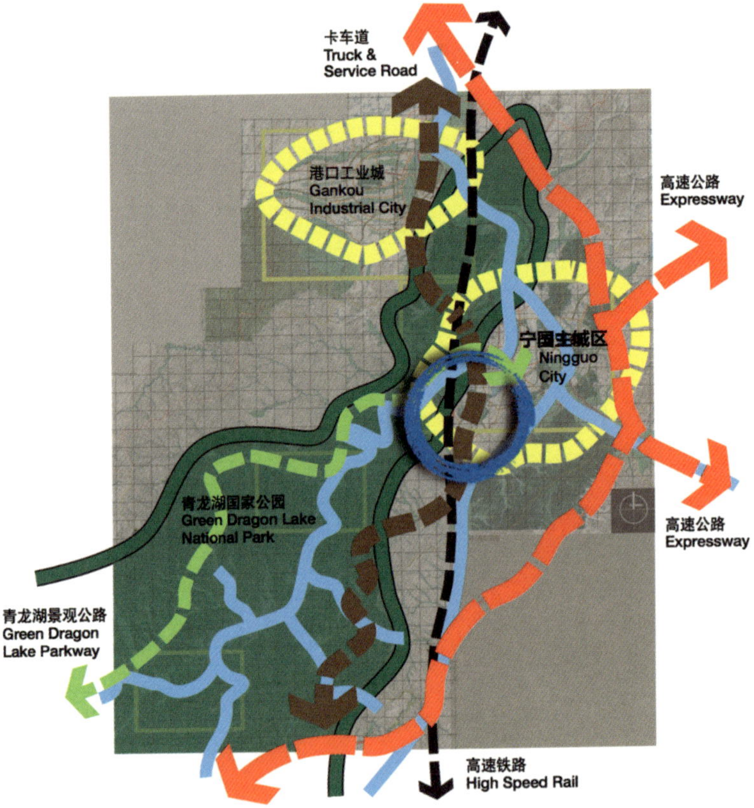

图 5-1-3 宁国市新型城镇化总体规划 2

宁国地处暖温带，夏季多季风雨，并具有明显的旱季，平均年无霜期为 288 天。宁国最大的特色在于它的山川河流，以及清洁的水质。宁国市总面积为 2470 平方千米，群山环抱，拥有一个非常完整的流域景观，这也是宁国区别于其他城市的特征。宁国的地形和流域像一个茶壶，不间断地为宁国和长江灌注清澈的水流。更为宝贵的是，宁国的流域给予宁国一个独特的相辅相成的景观。宁国的青龙湖是这个景观上的明珠，它为宁国的娱乐、度假、旅游提供了天然的资源。宁国北部的山峦和森林保障了青龙湖的水量和水质。青龙湖又保障了环绕宁国城的长流水，哺育了宁国的主城区和港口工业新城，同时支持着港口的工业发展，维持了独特的居住环境、良好的商业服务、丰富的旅游资源。这些自然的有机联系，创造了宁国的独特、和谐、魅力、人气。这种立地条件的优越性，为本次规划提供了无穷的创意，也成为规划的一种挑战。这个总体规划的成功，取决于我们能不能打造出宁国的城市名片，为宁国创造无限的商机、美好的生态人居环境、源源不断的投资、兴旺的旅游业及繁荣的经济。

任何成功的规划，都应该对一个城市的历史发展格局和各个社区发展之间的关系给予认真的研究和足够的重视。一个村庄的地理位置和邻里的分布一般会有其合理的内涵，我们应该谨慎地借鉴它们的朝向、周边山岳和在这个景观中的相对位置等合理成分。为此，我们对于宁国的历史城区、街道、村庄、古迹、化石植物都给予最认真的思考和借鉴。

四、宁国的资源禀赋：山水林田湖

宁国山峦起伏，细水长流，在其独特的流域景观和青山绿水的衬托下，犹如群山中托起的一颗翡翠，光彩绚丽。宁国有参天古树、深山老林，还有苍天赋予的一片片竹林，这些装扮着宁国的山川，也维系着宁国的生息。宁国，古典而优雅。宁国的青山绿水孕育了青龙湖，打造青龙湖国家公园的战略构思，将为宁国打造一个聚宝盆，成为宁国取之不尽的财富。

青龙湖国家公园是一张亮丽的名片，也是一个时尚的品牌。如何充分发挥青龙湖国家公园的品牌效应，让它融合于各个领域的发展中，刻印于宁国人的心里，体现在宁国的规划和景观上，这是宁国人面对的挑战，也是我们面对的挑战。我们认为，应该将这个名牌的第一张“广告”放在高速公路的宁国北出口，让从高速公路出来进入宁国的第一印象，就能感受到国家公园城的美丽，感受到宁国的内涵和品质。这里将是国家公园城的迎宾大门，也将建立迎宾大楼、信息中心、接待中心。国家公园城将是宁国的自豪和信心，是宁国城市规划和建设的主旋律。宁国所有的公园、绿色植被、青山绿水，以及所有的生态规划和生态城市建设，都是这个国家公园城不可缺失的点点滴滴，都是这个国家公园城的形象和标志。我们将在本章第三节“青龙湖之国家公园设计”中详细阐述。

五、宁国的生态修复与生态建设

宁国的凝聚力、发展潜力、经济活力取决于宁国实施生态修复和生态建设的信心和决心。我们应该持续地致力于宁国的生态景观的建设，致力于生物多样性和自然物种的保护，致力于流域的生态修复。这个生态修复包括一系列的工程：水土流失的治理、植树造林、清除入侵物种、干扰景观的修复、水系污染的治理、水系水源的植被修复和保护、湿地修复、保护本地物种、保护和修复各种野生生物的生境等（图 5-1-4）。我们必须建立一个生物多样性保护和生态修复的法规，保护宁国的珍贵物种。在此，我们提出如下技术性的建议。

图 5-1-4 生态修复与生态建设

纵观整个流域，判断哪些地方、哪些因素造成外来物种的入侵；辨别这些入侵物种的入侵途径和条件，以及对人类的影响和作用；了解入侵的历史和速率，提出长远治理和修复的战略方案。

尽可能在流域的大尺度范围内实施生态修复工程，以保证自然景观和生境的恢复，并能保证生物多样性和生物群落的稳定性。这种大尺度的生态修复，尤其是在生境过渡带或生境边缘地带，更为重要。

应该尽可能利用自然过程和生态过程来达到生态修复的目的。这种自然过程和生态过程包括洪水、野火的利用，也包括封山育林等措施。

必须采取具体措施来防止放牧对植被的破坏，减少公路、铁路网对水系流域的影响，控制水土流失，保护自然植被，清除入侵植物。

尽可能减少旅游娱乐活动对周围自然景观的影响，充分认识到每一种旅游娱乐活动的影响范围和作用，尤其是对入侵植物的影响，以及对生态修复和生态保护的影响。

定期对保护区动态进行监测和维护，根据实际情况不断地对生态修复和生态保护作切合实际的战略调整，以保证生态修复的效应和长远的经济效益。

保持信息交流的通畅，加强各种生态修复的合作，特别是对入侵物种的控制更需要各方面的合作。

第二节　规划设计理念与技术

“你可能忘记你应该做的事，也许你会一直想不起来。但是，一旦你得到一点点的提示，即使这种提示像你的影子那样虚无缥缈，你却能重新振作，让生命闪烁光芒。”

——约翰·穆尔

一、宜居城市的理念和要素

宜居城市应着眼于高新技术支撑的“新经济”，整体提升城市和社区的生活质量。宜居城市的目标是“让所有的人都过上好生活”，这就需要城市提供和鼓励各种创新项目，不断提高公众的生活水平，同时适应新经济发展的需要。宜居城市的政府财政应该得到企业、公司、社区、公众的支持并促进其相互合作，从而改善投资环境，激发投资活力，不断创造新的经济和产业，这也是城市繁荣和成功的基础。

宜居城市的要素包括：

（1）一个宜居城市应该鼓励步行交通，并具有综合服务、高居住密度、多种收入水平的社区共享，便于步行到商店、办公室、公交站、朋友家、学校、公园等。

（2）一个宜居城市应该具有活力、精力、魅力，应该拥有和谐的社区以及人性化的公共设施。

（3）一个宜居城市应该在城市的商业中心区禁止建设宽阔的、多车道的高速公路，并为限制车辆的穿行，设计更多的单行道和路端。

（4）一个宜居城市的街道应该少车且安静，具有林荫道，同时无路边停车，街道的宽度尽量不超过三条车道。

（5）一个宜居城市应该具有高质量、多功能的公共广场和公园。

（6）一个宜居城市应该具有高档次的、有当地特色的餐饮产业——包括露天、街边的特色餐饮小店。

（7）一个宜居城市应该具有便利的交通——服务周到、方便搭乘。

（8）一个宜居城市应该具有高质量的夜生活，这样城市中的店面不会在下午 5 点就停止营业。

（9）一个宜居城市应该鼓励和方便自行车的使用和徒步出行。建设多条自行车道和人行道，使不需要驱车成为是一种可能和享受。

（10）一个宜居城市应该鼓励更多的地下停车，尽量避免地面停车。

（11）一个宜居城市应该具有特色鲜明、规模适当的城市中心，这里充满生活气息，高密度人居，完备各种各样的商业服务。

（12）一个宜居城市应该具有高品位的文化生活（娱乐、演讲、艺术等）以及高质量的大学。

（13）一个宜居城市应该具有强烈的公共意识和传统观念，从而可以保护这个城市独特的文化遗产和文化价值观。

（14）一个宜居城市应该具有可以发扬光大的历史建筑。应该避免和减少各种噪声的污染（救护车、清洁车、大卡车、直升机、警车等噪声应该控制到最低）。

二、宁国城市土地利用规划

宁国的地形地貌是宁国的宝贵资源。但如何保护和发扬光大这些资源优势，对于任何一个成功的规划师都是一个挑战。宁国的发展应该珍惜每一处山麓，我们要将其融合于宁国的景观，而不是将它夷为平地（图 5-2-1）。宁国城市发展的特色和美好景观，离不开每一座山、每一条河。但是，我们也清楚地认识到，这些山麓和河流对城市建设用地的限制。在具体的城市建设详规中，应该认真平衡这种景观优势与建设效率，做出最优的选择。

河滩是这一总体规划的另一个要素，其包含可以用于建设的土地和不可用于建设的土地。关键的问题是必须限制将洪泛平原作为建设用地利用，否则不仅给城市留下遭受洪灾的隐患，也将加剧土壤流失和降低排洪能力，因而加剧洪水泛滥的危害。但是，在这个总体规划中，我们为了保留宁国的历史城市格局，对洪泛区的利用作了一些让步。我们建议，新的建设应该限制在该地百年一遇洪水位 2.2 米的高度之上（图 5-2-2）。这个限制可以不包括农业、公园、高尔夫球场等用地，因为它们可以承受偶尔的洪水泛滥。河岸边的山地虽然不属于洪泛平原，但对于这些土地的利用，也应该尊重上面所描述的对于地形地貌的原则，谨慎规划和科学利用。

这个总体规划所要体现的另一个原则是：城市增长应该伴随着容积率的增加而不是城市边界线的无序扩张，提高城市土地利用率是新城市发展的第一原则。城市增长的规划应该认真考虑密度和空间分布的格局，做到大疏大密，该疏的疏、该密的密，遵循疏密有致的原则（图5-2-3）。为了城市增长创造更大的空间，应该充分利用历史城区、农业用地、社区活动场所、标志性建筑、自然景观等，以保持宁国的城市发展特色，及阻止城市摊大饼式的扩张。在宁国市的主城区规划中，我们建议宁国城市人口密度增长向北部山麓及西津河与东津河汇合地带引伸。这里依山傍水，坐北朝南，面向主城区，视野开阔，是一个难得的适宜居住的地区。同时，从主城区看，这个地区的高住宅建筑群与山的景色相伴增辉，媲美加拿大温哥华的城市景色。

图 5-2-1 宁国市景观 1

图 5-2-2 宁国市景观 2

图 5-2-3 宁国市景观 3

三、宁国的绿化格局设计

一个良好的绿化格局，能将都市里不同的住宅区、办公区、商业区、公园、城市森林等有机地联系起来（图 5-2-4）。这些绿化格局能有效地控制都市的无序扩张，保护都市的环境和地产价值，并创造宜居、宜行的城市生活。绿化格局将都市分隔成多姿多彩的镶嵌功能景观，创造出和谐的邻里关系。

图 5-2-4 宁国市景观 4

一个步行道的格局、一个绿地的格局、一个城市菜园的格局、一个私家花园的格局……它们沿着河岸边和湖边分布，点缀着城市，装扮了社区。在这个总体规划里，我们异常仔细地将流域的汇水区规划为永久的绿地，这是宁国海绵城市建设和可持续发展不可忽略的重要因素。保护好这些汇水面积对于防洪、水的自然净化、地下水补充都至关重要。所有的建筑都应该为这些汇水区让出空间，这样可以将大面积的建筑区分隔成众多的小区。我们强烈倡导，明令限制夷平山头，填平低洼汇水区的规划和建设。这种规划和建设不仅破坏了水系，更破坏了宁国赖以发展的自然景观和自然财富，世界上已有太多这种教训和经验。生态城市建设的一个重要的实践就是恢复都市的自然汇水区的植被。

四、宁国城市公园设计

利用公园将宁国打造成国家公园城是最佳的战略措施，打造更多、更好的城市公园，将是打造好宁国这个国家公园城品牌的关键（图 5-2-5）。我们认为在这个规划里，城市森林公园对于港口工业城和宁国主城区都是极为重要的设计。这个城市森林公园的山峦起伏，将这两个城区有机地连接，也有机地分隔开来，使得这些城区拥有开阔的空间和各自的特色。城市森林公园也可以开发不同的产业——度假休闲旅游业，为宁国提供了城市的活力和魅力。

图 5-2-5 宁国市景观 5

我们规划的另一个重点是尽可能多地沿着水系规划更多公园和绿地，这将为城市提供更多、更舒适的可供聚会、野餐的休闲场所，它将是丰富多彩都市生活不可缺失的一部分。这些公园和绿地都尽可能地保持了原有的地形地貌，从而充分体现出城市的多样景观和自然景观。

我们还主张，公园的面积应该足够大，功能多样化，在这些公园内（包括国家公园内）规划和建设公共活动设施，如网球场、游泳池等，将这些设施建在公园里比单独划分土地来建要好。公园里充足的空间可以让更多的人参与进来，而且不会造成堵车。科学地在公园里规划这些公共娱乐健身体育设施，既能提高这些设施的利用率，也能使都市生活更加人性化，更加生态。

五、宁国大地艺术景观设计

艺术应该是大众的艺术，这是因为艺术是以大众作为载体而存在；也是因为艺术的源泉来自于大众的实践，而不是与大众无关的突发事件。发展社区艺术，能够还原艺术的本来面貌，也为社区生活增添新的光彩。艺术能够促进宁国实现成为国家公园城的发展目标，并展现出宁国的山水、绿地、水系。城市雕塑为宁国增添都市的幻想，也为孩子带来了快乐。弘扬绿色屋顶、节能建筑、太阳能低碳的设计（图 5–2–6），使宁国城市生活更加开放，更加轻松，更加愉快，也将更能吸引来自各方的贵宾。

图 5-2-6 绿色屋顶、节能建筑、太阳能低碳设计

六、宁国都市农业设计

都市农业保证了都市绿地空间及绿地功能。都市农业可以设在洪泛区，这样既可以减小洪灾损失，还为排洪保留了绿地和开阔地的功能。公路网可以穿梭于城市农地中，为旅客和游客展现都市的多样性和农业风光。

我们建议充分利用城市里的每一个平顶屋顶，可将其作为花园、植物园、农业园。日本东京就极有成效地推动了这个理念，并受益匪浅。在这些屋顶增加防水设施，再添上泥土，就可以改造为各类园子。同时房子也随之冬暖夏凉，节省能源。新的建筑应该在结构上考虑这种建筑理念，让它能承受植物生长、温室搭建、水培环境等。人们可以为其专门设计轻盈的屋顶温室及太阳能的温室，从而实现大量的屋顶温室栽培。这样，未来每个建筑都能够实现雨水收集、温室栽培、太阳能利用，一个水培农业屋顶、绿色屋顶、屋顶产业、屋顶能源的时代将为都市生活带来更加美好和可持续的未来（图 5–2–7）。

另外，对于现有的都市内的市场，需要进一步地改造和更新。应该鼓励在城市内适宜的地方建设更多的市场，这不仅可以促进都市农业的发展，也能够方便民众和丰富社区生活。这些市场除了销售农产品，还可以销售艺术品、工艺品、手工业品等。

图 5-2-7 开展都市农业（水培农业、阳台农业、楼顶农业）

七、宁国都市生态保护与垃圾管理

将宁国作为生态城市发展和建设，需要一个强有力的管理部门，比如园林局，来统一部署和管理城市公园、绿地公园、街道绿地、城市绿色垃圾。我们建议宁国采用有机堆肥技术和方式处理城市的绿色垃圾和固体垃圾，将其转化为土肥，回归植物园、花果园（图 5–2–8）。这应该是目前最生态、最有效，并对环境影响最小的绿色垃圾和固体垃圾的处理方式。

城市的绿色屋顶栽培直接吸收了大量的雨水，剩下的部分能汇入城市绿地和森林，这些生态措施的结合，将极大地改善城市地表径流和生物净化的水质状况，从而，改善河流水系的水质，减少洪水灾害，这应该成为生态城市建设的基本要素。

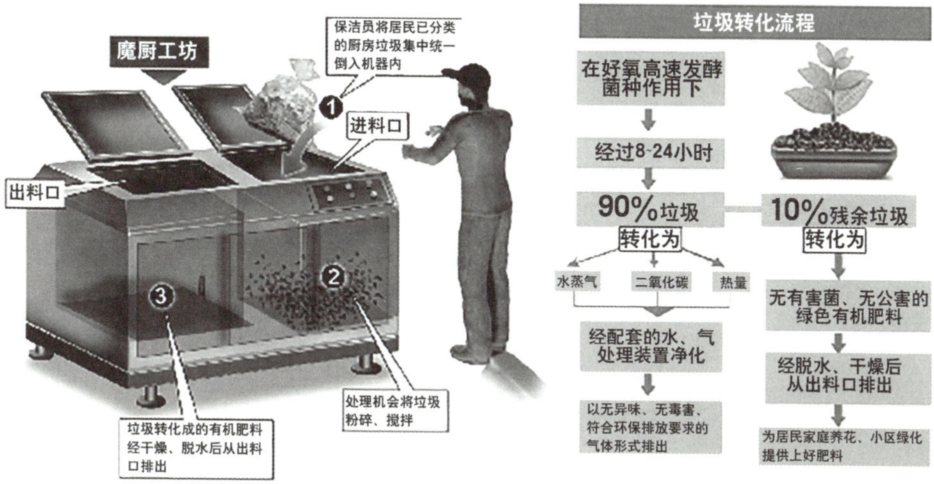

图 5-2-8 宁国都市生态保护与垃圾管理

第三节　青龙湖：国家公园设计

问余何意栖碧山，笑而不答心自闲。

桃花流水窅然去，别有天地非人间。

——李白《山中问答》

一、青龙湖：宁国独特的资源

宁国的城市建设将如何整合其宝贵的资产和资源，打造出属于她自己独特的城市名片？是什么构成了宁国的城市特征和特色？这些都是宁国的规划和发展必须回答的问题。宁国环抱山川河流，拥有蓝天碧水，应将其打造成为中国东部的旅游大都市，上海、杭州的后花园。因此，青龙湖将成为宁国的财富和聚宝盆。青龙湖的规划和发展可以参照加拿大温哥华地区的斯丹丽森林公园。青龙湖的发展首先应该做好不同层次的规划设计，必须根据每一处具体的山坡、植被、水环境精心设计。不仅要解决建什么，而且要回答如何建，如何管理和如何可持续发展等问题。我们认为，在青龙湖的发展建设中，必须保护好森林植被，这是青龙湖的“命根”，绝不能杀鸡取卵、过度开发。青龙湖是整个大区域的财富，科学地、可持续地开发、利用青龙湖的资源，将是宁国的福气、中国的福气。

二、青龙湖作为国家公园的可行性

我们提出两个概念来保护和开发青龙湖流域：一是建立一个自然保护区，二是建立一个国家公园。我们希望将整个青龙湖规划到国家公园的边际线内（图 5-3-1）。

国家公园的设立是为了保护自然景观、野生生物、自然历史文物和景点，并为子孙万代提供休闲、度假、娱乐场所。除此以外，国家公园还带来了巨大的经济效益，特别是国家公园附近的城镇、社区。据统计，2006 年美国的国家公园所带动的经济产值达 120 亿美元，并创造了数以万计的工作岗位。这只是一个保守的估计，它仅包括了国家公园方圆 80 千米的地区，还没有包括对大区域、全国、全球的影响，以及国家公园内部的管理人员和基础设施服务人员的就业和经济效益。

我们提出一个深思熟虑的、可持续的青龙湖国家公园开发方案，这是一个可控制的、严格限制的、指定特定功能和特定地区的开发方案。它包括有限的住宅区、旅游度假区、旅游景点区、旅游服务区等。我们建议在国家公园建设前，制定相关的建筑规程，以保护青龙湖流域的可持续发展；建成后须制定相关法规，要求工作人员、居民、游客共同遵守，共同保护好青龙湖这一巨大的自然资产。青龙湖国家公园的关键不是要不要开发，而是如何开发，如何可持续发展。

图 5-3-1　青龙湖实景

三、青龙湖保护与发展的平衡

在青龙湖流域中有许多边远的小山庄，这些应该得到保护、改造，并保持其独特性。随着旅游业的发展，这些山庄里的居民应得到相应的培训，为新的旅游产业打造各具特色的旅游项目，比如登山远足、种植园竹工艺、农家民宿、森林考察、活化石树栽培、茶园参观、水上运动等。园竹工艺品对于青龙湖来说尤为重要，很有可能成为这一地区的形象品牌。

青龙湖的自然资产还在于它美丽的景观古老的山林及质朴的乡村气质。保持它的原始，减少投入破坏环境的服务设施，将是青龙湖国家公园可持续发展的另一关键。具体措施应该是减少居住密度，保持乡村风情，减少对环境的影响，如应该鼓励度假村的建设，而不是城市居民生活区和服务设施的建设。因此，应该认真考虑建什么、在哪儿建、如何建、如何管理、如何防止污染、如何可持续等问题的整体效应（图 5-3-2）。

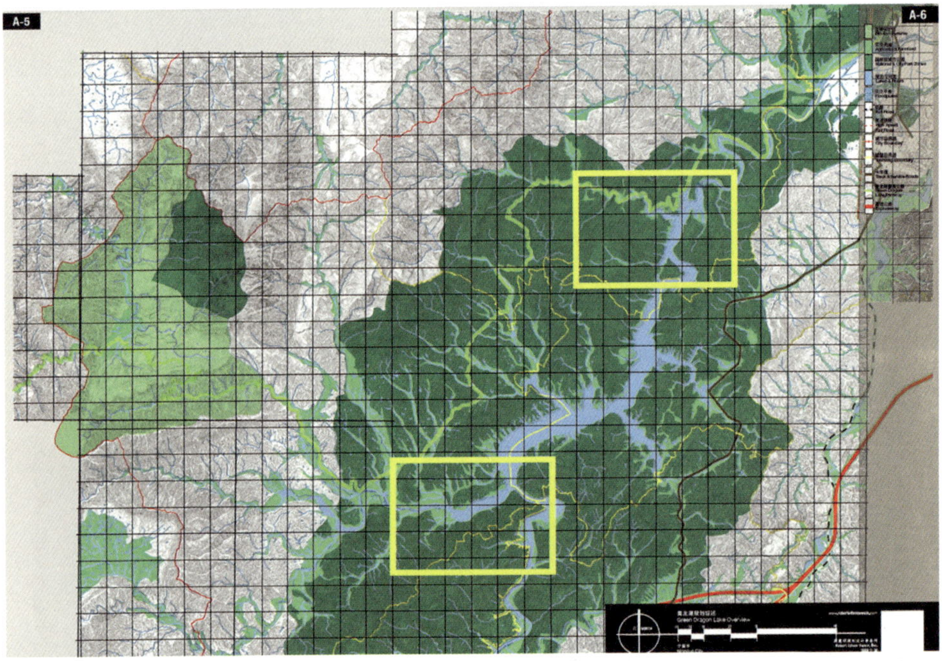

图 5-3-2 青龙湖流域系统

四、青龙湖迎宾公园

青龙湖迎宾公园是从宁国主城区进入青龙湖国家公园的迎宾大门（图 5-3-3），它跨过与卡车道交叉的立交桥直接进入青龙湖国家公园旅游专线公路。青龙湖迎宾公园以青翠的竹林为主，进入青龙湖国家公园旅游专线公路后是以两边的自然植被景观为衬托，穿越西津河弯弯曲曲的幽柔。当人们进入到青龙湖迎宾公园，就远离了城市的繁华和嘈杂，进入了宁静的大自然。青龙湖国家公园旅游专线公路应该限速每小时不超过 40 千米，这样可以让人们的心平静下来，好好体会大自然的恩赐。一路上，除了美丽的景点，还应该有茶站、园竹工艺品店等。这一切，都是保证旅游品质的关键。

我们同时建议，增建一条自行车道，从青龙湖迎宾公园到青龙湖大坝，共 17 千米。这条自行车道将提供独特的旅游价值，骑行者可以沿着西津河弯曲小道欣赏大自然的美景，并在河边戏水、喝茶、野餐等。这条自行车道还可以作为救护车的紧急车道。

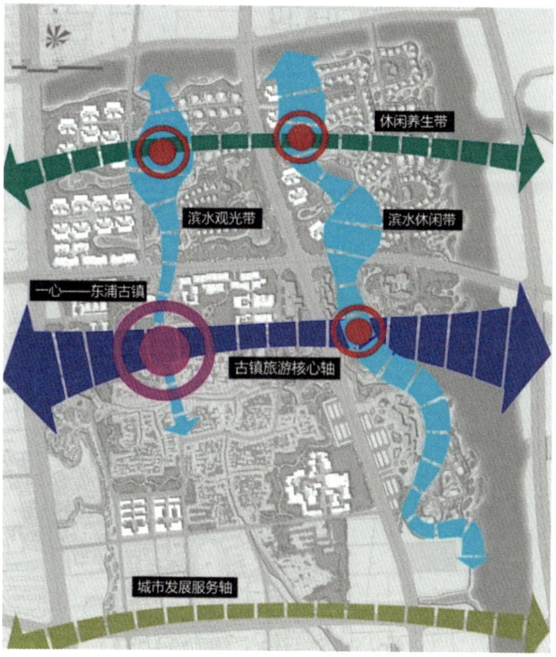

图 5-3-3 青龙湖迎宾公园规划

五、青龙湖的旅游开发

当我们将青龙湖国家公园打造成为旅游王国时，它对整个地区的旅游业和经济发展将产生深远的影响。青龙湖国家公园将成为宁国旅游度假之都，是整个大区域的后花园。这种旅游资源是独特的、全方位的、全新概念的，它将满足不同层次的游客需要，也为青龙湖流域内的山庄带来了经济繁荣的机会和长远利益。所提供的花园新区、五星级酒店、庄园、高尔夫球场、水上运动区、会议中心等旅游设施，可带来的综合经济效益将不可估量。青龙湖国家公园将吸引大量的游客，让他们流连忘返，充分享受大自然的魅力，忘记大都市的紧张，而沉浸在这个美好的世界之中。

青龙湖国家公园所提供的服务是全方位的，它将为有各种不同需要的游客提供不同的服务。让每个游客都能得到娱乐、宁静和享受。

第四节　宁国主城区：生态城市设计

宁国主城区是宁国的象征和代表，也是宁国发展的核心和名片。我们要给主城区一个家的感觉，一个宾至如归的感觉。我们还要给主城区一个整体的感觉，一个与周边景观和谐的感觉。

一、宁国市主城区城市住宅区规划

住宅区的规划对于任何的城市规划都是最基本的，这一规划的基本原则是追求最大的优化密度。为了在主城区和港口区实现住宅区最大的优化密度，我们采用不同的规划模式，规划了不同建筑高度和密度的住宅区。在新规划的水晶城里，中高层住宅楼群与单体别墅区相邻，这种密和疏、高和低的交错，以达到最大的优化密度，使宁国的城市建设更有特色和适宜居住。而这个规划的另一个特点是这种密疏高低交错的空间合理布局。还是在水晶城规划里，西山脚下规划了大户型的单体别墅区，而南山脚下却是小户型的连体别墅区。我们希望通过不同住宅区规划，为宁国提供多样化的居住环境，并保证居住环境与自然景观的和谐。规划更重要的一点是保证房地产价值的不断升值以及不同阶层居民在不同社区的生活质量不断提高。具体表现包括主城区城市中心和港口区南面的高密度住宅区、中高层中密度住宅区，以及农村农户和单体或连体别墅区（如山脚及森林公园别墅区）。

我们建议宁国设立和区分城市住宅区和商业区的各种建筑标准，如建筑高度、用地面积、容积率、建筑密度等。在这个总体规划中，我们采用三个基本标准：低密度、中等密度和高密度（图 5-4-1）。另外，还根据不同住宅区的特点补充了一些严格的限定条件。建筑单体设计的指标和小区详规，不属于这个规划的范围，这里就不展开说明。

在主城区内但远离城市中心而且没有公共交通的地区，可以规划适当的低密度住宅区，这样的住宅区适宜低层建筑、花园景观，并拥有私家停车位。单体别墅占地面积大，助长城市的扩张，但其对城市的经济发展具有其特殊的意义。因此，规划师应该面对这一挑战，有创造性地规划一些单体别墅。如何平衡城市发展的空间布局和疏密格局是个关键问题。单体别墅区的规划和布局应该深思熟虑，谨慎选择适合的地理位置和数量。如果规划得好，这些单体别墅将给宁国带来新的特色和税收。我们可以预测，随着经济的发展、环境的优化和大区域交通网的形成，上海和周边地区的居民，对于在宁国寻求单体别墅的愿望也会随之增长。

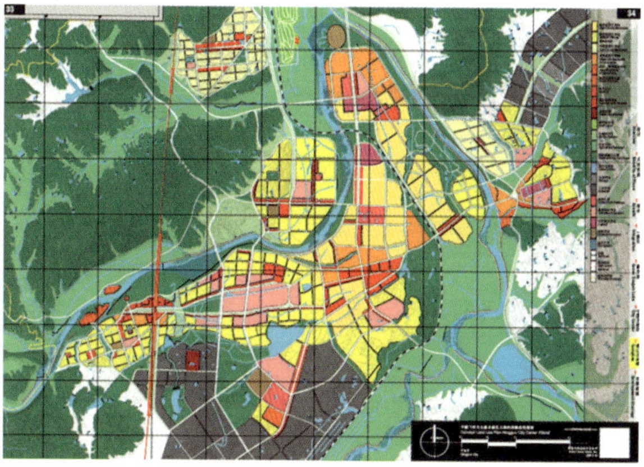

图 5-4-1 宁国城市住宅区及商业区建筑标准

中等和高密度住宅区多规划在城市中心或城市商业区。这些地区通常公共交通比较便利，楼群密集且楼层高，私家车较少。在城市中心区规划一些连体别墅和生态人居公寓，改善生活环境。我们在港口新水晶城规划了一部分生态人居公寓社区，可以提高住宅区的密度，这些生态人居公寓，通常每一层户数较少，四至五户为宜。每一户应该具有多个朝向从而可以观赏到不同的景色，而且还要有一定的隐私感和安全感。连体别墅不但能提供一定的住宅密度，也具有一定的生态人居效益。我们提倡，连体别墅的层数为 2 至 3 层，并在社区内设计更多的人行道，使社区更有人气。

中等密度和中等高度的公寓具有很大的价格优势，并且比高档公寓更具有生态人居优势。在这些社区里，邻里之间来往方便。社区内外也可以规划一些餐馆、小商店等各种综合服务设施，便利社区生活。

在城市中心，我们强烈推荐规划一批高层建筑，并将其打造为宁国的标志性建筑，以突出宁国的城市特色。它们可以是住宅、酒店、银行、办公楼等楼群。我们将主城区的商业中心一直扩大至西津河畔，这样可以为宁国打造一个更大的、更有活力的市中心，达到增加居住密度和提高人气的目的。这个中心城区的发展，将跟随未来宁国市场、经济、人口的增长而扩展。

主城区内的大山生态新城、大学城、影剧院、水晶城、中心区等地区都有各自独立的风格，但又相互融合，和谐地成为主城区的一部分。主城区内的河流水系是城市各个部分的连接和缓冲。大山生态新城规划在新的快铁站的西面，它是高层高密度住宅区和青龙湖国家公园的缓冲，因而必须限制其建筑高度、土地利用性质、开发强度、空间分布格局等。为了保持一个自然的边际和景观，在大山生态园区与新的快铁站之间，不应该再建桥梁，以保持园区的安静。

主城区的规划将其分为三大区：中心城区是核心，其次是北面的水晶城，第三是新的快铁站所带动的大山生态新城。我们建议，每个大区都应该规划具有独特特征的高大密集的建筑群，以形成该城区有别于其他城区的标志。比如，在中心区是高大的商业建筑群，在水晶城是豪华光亮的大玻璃窗高层公寓，在大山生态新城凸显的是大山的生态风光。在中心城区和大山生态新城区，我们打造的是高密度、便利、综合、宜居、宜行的城市。水晶城是为将来人口增长所提供的高档豪华生活社区，并与古城区连接和互补。宁国主城区是宁国的象征和代表，也是宁国发展的核心和名片，我们要给主城区一个家的感觉，使人有宾至如归的感觉。我们还要使主城区和谐统一，能与周边景观相得益彰。

水晶城的建筑应该与惠灵塔相互协调、相互衬托，以保护山体景观的魅力和庄重，并保证惠灵塔作为宁国明显的地标。我们建议，水晶城建筑高度应该不超过洪泛线以上 60 米，以保证整个地区景观视觉的和谐。要注意的是，这个 60 米的高度限制不是从地面算起的建筑高度，而是从洪泛线算起的绝对高度。这个绝对高度是综合考虑了从中心城区和古城区仰视惠灵塔的效果而确定的。

二、宁国主城区交通系统规划

宁国未来发展面临最大的变化就是大区域交通网络的建成。区域内纵横的高速公路和南北高速铁路将给宁国带来极大的活力，使宁国成为更加开放，更容易抵达的城市（图 5-4-2）。

为此，我们必须认真考虑城市发展与新的高速公路和高速铁路的整合，并且需要特别关注高速道路的沿途和出口处。如果从北部的高速路进入宁国，会经过体育馆、东津河和西津河的汇合口以及南面的高档住宅区和文化娱乐区，都会使人们感受到宁国的光彩。这条线路设立在两山之间的河岸边，景观秀丽，应该限制大卡车行驶。要让进入宁国的人感到群山的环抱，河流的缭绕。并且，要将这个地区打造成青龙湖国家公园的迎宾大门，建立标志性的建筑，体现出宁国的活力和魅力。

在这个总体规划里，我们建议为了保护宁国美好的景观，在高速公路两旁建设 200 米宽的绿化带。当人们一进入宁国地界，就可以感受到宁国的魅力和活力。尤其是在高速公路通过宁国工业区时，这种感受更为重要，这也是我们规划的重点。我们高度评价对宁黄高速公路的宁国路段的修改,新的路线避开宁国的古城区和主城区,避免了高速公路的噪声,也保护了城市的完整性。高速公路两边的200米绿化带具有两种重要功能：第一是保护了当地景观的美学价值，让进入宁国的人体会到宁国的美丽；第二是避免高速公路穿过城市中心或离城市中心太近，减少公路噪声的污染，从而保证了市民的生活质量。同时需要注意的是，高速公路的许多服务设施和结构不仅占地大，而且会破坏城市景观，其带来的负面影响很严重。合理的规划是应该通过设计区域路网来连接城市中心与高速公路，而不是社区公路。许多城市的规划缺乏区域路网的连接功能，结果造成了交通堵塞的瓶颈。我们的规划必须避免这种错误。

即将建设的高速铁路对宁国将产生前所未有的影响，它将根本改变宁国的铁路运输结构。老的铁路可以主要作为货运道路使用，减少对城市的影响。我们的规划采用了不同的设计方法，合理地设计了城市发展与这两条铁路的关系。对于高速铁路的设计，重点在于给乘客展示宁国的城市风貌。为此，有些地区铁路两旁应该设计绿化带。虽然高速铁路的客运优势是毋庸置疑的，但老铁路应该保持适当的客运，这会使城市更加便利。而且，应该在老铁路两旁增加隔声设施或建设绿化带，并重新考虑城市发展的布局，比如增加物流中心、加工中心等。

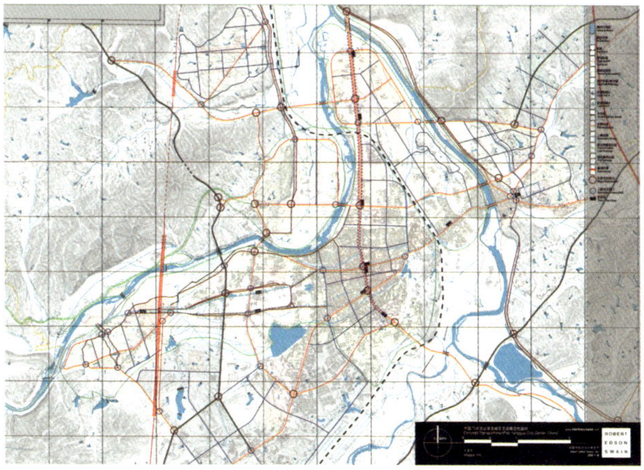

图 5-4-2　宁国主城区交通系统规划

三、宁国主城区城市森林公园设计

总体规划将主城区与港口之间的山区设计为一个城市森林公园。这个森林公园是港口工业园和宁国主城区的共享和缓冲。这里是山麓、森林、城市、河流的融汇，也是青龙湖乃至宁国市的门面。在这里，绿色是整个区域的主格调，它体现出多样的景观、宜居的都市、繁荣的经济、创新式的发展。

一个城市的绿色植被带对于一个城市相当重要，公园以及各种土地之间的绿带，不但给一个城市提供了宜居的环境，也增加了城市的防洪能力等生态效应。而且，绿色植被带还给一个城市增添了新的特征，成为这张城市名片的底色。

四、宁国主城区水系设计

河流水渠对于一个城市具有非常重要的生态功能和娱乐功能，我们必须给予充分的利用和保护。如果城市内的水系水质干净，水系两岸的空间就可以充分利用，使之成为可供各种社区活动、聚友、游览等行为的良好的公共场所。水系两岸的绿化带还能将主城区与城市森林公园连接起来，凸显国家公园城的魅力。

宁国城市河渠水系的功能和管理首先应该保证水系水质的清洁，同时保证它的景观功能和观光价值。这样的干净水系，可以给宁国带来水边美好的夜景、饮食的享受、休闲会友的场所、秀丽的旅游景点等。城市水岸边的绿化和植被覆盖，能将整个城市、森林公园以及青龙湖国家公园有机地连接在一起，更突显宁国的城市特色。

河流和渠道对于一个城市的生态建设和旅游业都是非常重要的，而最重要的莫过于河岸边的保护。它是防止地表径流对河水水质的污染关键，也对防洪和观赏娱乐起到特殊的作用。我们应该避免建筑河岸边的硬堤坝，尽可能地保持软堤坝。软堤坝具有全功能的生态效益，并有很高的观赏价值，也具有天然的防洪功能。目前，东津河明显存在洪灾的威胁，应该加强防洪治理。我们在总体规划中建议，在东津河上游建筑大坝，坝顶上通车，并利用湖水发电。东津河缭绕主城区，要特别注意保护它的自然性和整体性。它是宁国主城区东南入口的自然景观，也是宁国的城市农业景观区。西津河上的大坝造就了青龙湖，也起到了防洪的作用。西津河最重要的功能是连接了青龙湖和主城区，我们必须认真保护这一重要的绿色植被带。这一河流给宁国提供了美好的、多样性的景观。中津河畔混合了农业、工业及居住区，将来的发展也将维持这种格局，但是应该注意保持农田和洪泛平原的防洪作用和湿地功能。

五、生态城市设计

宁国主城区是宁国市的核心，也是宁国市的标志。它反映出宁国的精神和宁国的成功，也体现出宁国的魅力和优美的自然底色。宁国的主城区反映出一个成功的城市、一个可持续发展的城市：之所以成功，因为它是一个繁荣、富足的城市；之所以可持续发展，因为它是一个融合工业发展与自然资源保护的城市。

宁国主城区将规划为三个重要的组成，或三个重要的标志性地区：商业核心区、水晶城、宁国高速铁路车站及大山生态社区（图 5-4-3）。商业核心区和水晶城都以高大的建筑群为标志，凸显宁国市新的城市风貌。商业核心区是以密而高的建筑群为特征，水晶城则是以透亮、精美、巨大的玻璃建筑为特征。大山生态社区是另一种风格，它以中等密度的建筑为主，其目标是建设一个宜居、易行的生态城。

就像前面所阐述，从宁国主城区通往高速公路的大道，应该体现宁国美好的自然景观，应该体现宁国的发展风貌。为此我们补充规划了北入口与景观大道的汇合，它体现了三个基本理念：顺畅的公路交通、高效率的政府管理、幸福欢乐的宜居城市。一个城市的交通，最重要、最成功的规划应该是将大型货车运输道与城市汽车交通尽可能分开。我们特别强调限制西环路的建设，而支持扩建西面的大型货车道路，将它扩建成双向六车道，并将工业区与物流中心直接连接起来，提高效率。

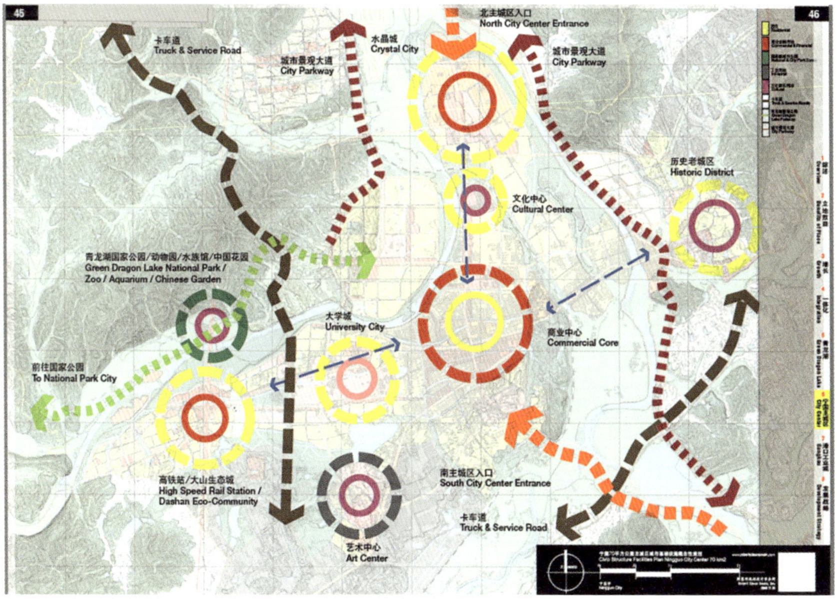

图 5-4-3 宁国主城区将规划

六、宁国主城区空间规划设计

我们执着地认为，宁国人口的增长应该主要分布在主城区以北的西津河畔，这个地区的人口容纳量可以从 2 万增加到 6 万。我们还在西津河的北岸和城市森林公园之间规划了独特的高档住宅区，以满足管理者的需要。我们建议在凤凰区的北面和西面建设更多的住宅或商住两用的居民区。我们认真地考量了在历史古城区的南面和东津河畔建设住宅区的可能性，但这个地区属于东津河洪泛区，应该严格保留其作为湿地公园和农业的用地性质，严格限制住宅区在这个地区的开发。总的人口分布策略应该是向北发展，限制往南扩张，保护历史古城，减少这个地区的人口压力，保护洪泛平原，减少未来的洪水灾害。这里的边缘线应该是该密的密，该疏的疏，大疏大密；为宁国主城区留下足够的城市生活空间、生态空间、防洪空间、文化空间，创造宁国城市的新特征。

宁国主城区这三个标志性的地区与其三个文化区相对应，即大学城区、历史古城区、新剧院区，它们分布于商业核心城和水晶城之间（图 5-4-4），其高大、独特将给宁国带来巨大的无形资产和活力。

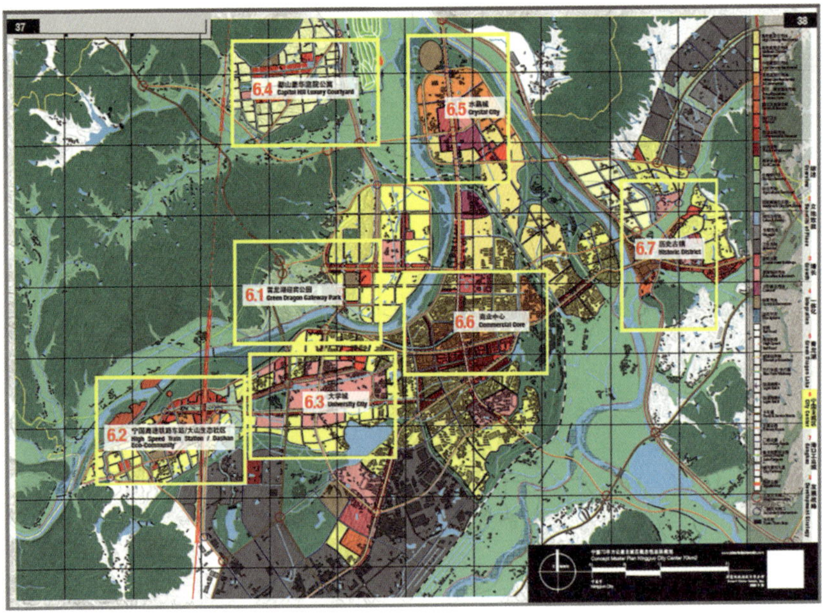

图 5-4-4 宁国主城区空间规划设计

第五节　港口工业城：产城融合的城市综合体设计

这个总体规划所展示的港口工业城，是一个充满社区生活气息、邻里友好相处、工作便利、农业富足、山明水秀的新型城市。未来的港口，也应该是生态城市，它保护了河流盆地和山麓相连接的生态敏感地带这一独特的资源。工业用地和农业用地的融合是港口的特色，也将给港口带来财富、生态稳定和身心幸福。

一、港口工业城的水资源与农业资源本底

对于港口工业新城来说，保护好水资源和水质至关重要，也充满挑战。保护植被覆盖和农田，控制工业区的排污，是港口工业城市发展和管理的首要责任。要充分发挥生物过滤净化的作用，如公路两旁的绿化带、古地农田、河岸边植被等对地表径流水的净化。另一个重要问题是，应该对来自城市境外河流的水质进行监测和控制，以保证进入港口的河水水质良好。

港口的发展和总体规划需要有创新、有远见的全方位的规划，我们应该在新兴产业开发、加速工业化进程、控制污染、农业发展、旅游业开发、景观管理、远景规划等方面有一个全新的视野。我们要为未来港口 15 万人的福祉设计一个人性化、宜居、多样、美好的生态城市，而且我们还要为更多的游客设计一个包容、欢乐、好客的旅游度假之都。我们要让投资者和创业者不仅可以获得更高回报和更多盈利，而且还要让他们为宁国的发展而感到骄傲，为他们的投入使城市充满活力感到自豪。

传统的发展建设格局都是从农业和从平地开始。由于容易开发，农地也是首先成为建设用地和工业用地的选择。农地的损失是个重大的问题。侵占农地的工业建设增加了洪灾、水土流失、地下水枯竭发生的机率，从而使得环境恶化，最终也危害工业的发展。因此，在这个总体规划中，我们尽可能将工业用地安排在高坡，避免占用农田。这不仅充分利用了高坡土地，减少洪灾影响，也为工业园区打造了多样的景观，增加了港口的活力和宜居程度（图 5-5-1）。另外，我们还保留并扩大了高坡和沟谷农田之间的村庄，将其设计为各种住宅生活园区，并使其坐北朝南，面向绿色的农业和植被带。这一地带融合了工业、农业、居住、

景观，既保持了传统的格局，又嵌入了新的工业活力和人气，同时也方便了生活和工作，成为港口发展的亮点。

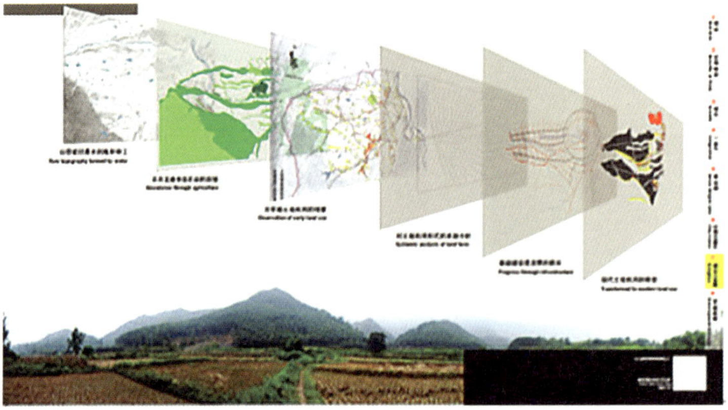

图 5-5-1 港口工业城的水资源与农业资源本底

港口地区的规划能否成功取决于其科学性和前瞻性。港口地区的发展需要全方位的综合规划。这个规划应该尊重历史传统及各种景观区域的边际与关联，重视人口增长的压力、绿色植被带的保护和工业发展的合理布局。港口工业城将成为宁国新兴的区域。因此，我们必须明确其发展方向，提出发展的各种限定要素和条件，以保证港口工业城的快速和可持续发展。宁国未来发展的重点应该是港口工业城的发展，它是宁国的希望，也是我们规划的重中之重。我们的总体规划突出港口工业城作为宁国主城区与北面大区域的桥梁。我们不仅要突出港口工业城的活力，从而吸引更多的投资和产业；而且还要给从港口进入宁国的人们，展现它美丽的森林公园、主题乐园、旅游风光等，并能够以此吸引更多的游客，增加旅游业收入。

二、港口工业城应该是产城融合的城市综合体

港口工业城规划的主要用地为工业用地，其次是农业用地。港口的居住区由于其特殊的脊谷地形地势，分布较分散，但每个居住区内建筑密度较大，人口较多，要求商业服务便利。港口的工业区布局，也与其脊谷地形地势相应，沿山脊条状分布，并与谷地的农业绿带相间。港口地区的工农业镶嵌分布格局，应该是这里可持续发展的基石。我们在总体规划中，一方面注意保护港口的历史老街和老城区的文化风貌，另一方面也为港口的发展规划了高密度的住宅区、主题乐园、商业服务区，使港口更加适宜居住，更有人气（图 5-5-2）。港口的发展也将进一步促进宁国旅游业的发展和经济的繁荣。不断提高生活品位和休闲娱乐的需求对于经济发展是一个动力，对土地的需求也是一个压力，高密度住宅区的设计无疑是港口最好的选择和发展策略。

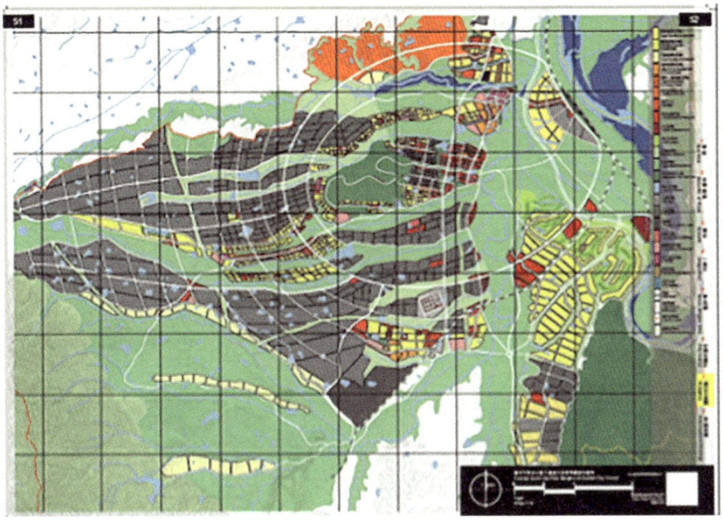

图 5-5-2 港口工业城总体规划

港口地区的沟谷农业带不仅保持了宁国的农业，而且它具有水净化与水涵养的功能，为港口增加绿色景观，对于观光旅游者和居民都是难得的景色。沟谷农业还能为当地提供粮食、蔬菜等农产品，减少引入外来的农产品。像葡萄、茶叶一类的经济作物也可以成为农业观光的景点，高价值农业更是港口工业经济的补充。我们的目标是在港口地区的规划里，同时尊重农田与山川，平衡农业与工业的发展，为港口提出新的发展观和发展理念。

港口区农业的商业化，而不是单纯的传统农业，对于港口的发展也极为重要。现代城市的发展越来越多地利用楼顶作为高价值、高产量的温室农业和水培农业基地。许多城市都具有非常成功的例子。而且，由于其节约水、多层结构和重量轻等特点，水培已经成为工业厂房房顶最佳的选择。

港口区新的交通系统将改变一个城市，也要求我们的规划必须用新的视野、新的理念来设计这个城市。我们必须谨慎地考虑和整合交通网络的每一个要素，如各种级别的公路分布格局、铁路和车站的安排，以及步行道、自行车道、交通节点等的布局，给宁国一个全新的交通网络结构，使它在服务大区域的同时，提供一个便于宁国城市发展的基础设施。这个规划的另一个理念是将宁国的经济增长与新的交通网络的整合做一个长远的总体规划，避免未来城市发展沿着区域高速公路和铁路的无序扩张。我们的规划着重体现了宁国城市发展与新的区域交通网络的和谐。这也要求我们在创造许许多多充满活力的社区的同时，融合和保护城市森林、山麓景观和清洁的水系。另外，这个规划还提供给宁国的工业和服务业一个全新的理念和合理布局。

任何工业和服务业的经济发展，都要极大地依靠城市或区域的大货车的交通运输。支持大卡车运行的工业交通，应该尽可能与城市交通分离。大卡车道路应该直接连接厂区、原材料中心、仓库、物流中心、商业供货中心和旅游服务设施中心。我们建议通过三个途径来实现这一目标：①规划专门的大货车道连接工业区和物流中心；②规划具有中心安全隔离的双向六车道道路，并适当设立公路屏障，限制大卡车进入非工业区；③规划设立快车道，这样小车自然会避免使用大货车的慢车道，而选择快车道。

三、港口工业城的空间布局

港口工业城的工业区布局是以便捷和高效为原则，而生活社区则是以依托自然景观为原则。港口工业城将成为宁国经济发展的引擎和城市建设的典范（图 5-5-3），我们将打造一个和谐的地区，在这个新兴的区域里，人们热爱生活、致力工作、享受大自然。同时，港口新经济的发展也促进城市的基础设施建设，进一步将港口地区建设成更加适宜居住和旅游的可持续发展的生态城市。由于港口地区的建设已经上马，迫切需要一个具有前瞻性的规划。这个规划需要认真理解港口地区的发展历史、传统和格局，需要预见未来的人口增长、工业发展、自然景观变化等要素，打造一个高质量的、人性化的生活环境和一个高效益的、充满活力的工业城市。

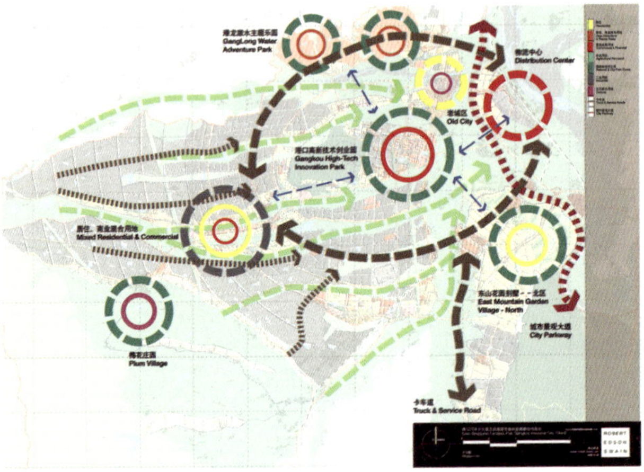

图 5-5-3 港口工业城空间布局

首先，我们必须为城市的发展和布局设定一个综合的、系统的规划原则和理念，以便实现城市发展的可持续性。都市增长的边际线规划，应该基于社区的发展和与工业区的协调。一个工业城市的规划应该有利于发挥出它的工业生产效力、投资潜力、创新能力、持续更新活力。而且我们深信，现代工业将伴随着对空气和水系的保护，也伴随融合社区而发展。港口地区的规划体现了这种工业园区与居住社区的融合、工作热情与生活享受的结合，其景观分布格局更是创造性地将工业区、生活区、农业区，以及山、水、植被、地形地貌融合于一体。我们为此注入了全部的智慧和经验。

在这个总体规划里，我们引入城市综合体的理念，详细地规划了每一个工业区、农业区、加工区、住宅区、旅游度假区、商业区，以及各种服务设施和基础设施的分布。大货车运输道路的设计遵循高效率，便捷到达工业区和商业区，尽可能避开生活区的原则。生活区与工业区相邻，进一步提高了工业发展的效益，减少交通压力，从而方便生活，提高了生活质量。港口工业城市的优势又因为其北部的主题乐园、东面的森林公园、南面的青龙湖国家公园等形成的整体效应，进一步提高了生活质量和工作效率，促进了旅游业的增长。

在港口工业城市的规划里，主要的土地利用类型为工业用地，农业用地仅占少部分，但其却是效应极高的部分。在“工业带”和“农业带”之间，可能设计“居住带”。而在狭窄的“居住带”中密集的居民，是港口工业和农业发展的生力军和城市建设的主力军。这种农业、居住区和工业的间隔，保护了农业用地和水涵养地，提供给居住区和工业区开阔的空间，也为港口工业城的空间布局增添了独特的色彩。另外，这一地区的茶园虽然零星分布，但却点缀了这里的景观，这种高价值农业应该得到支持和发展。在港口老城区，我们除了建议保护传统老街和商业街外，还规划了各种高密度的住宅区、商住城区、主题乐园娱乐区，使港口更加可住、可行。港口老城区的发展，也将促进旅游业的兴旺发展；而旅游业的发展也将带动商业服务业的发展，带来就业机会，以及提高生活品位。这种全方位的发展对港口的土地压力将逐步增加，高密度住宅区、商住融合和“居住带”的设计，充分体现和满足港口未来发展的需要。

四、港口工业城的农田水系保护设计

港口的洪泛区和汇水区中大都是农田，保护好这些农田，也就保护好整个水系免于破坏和污染。这些开阔的农田所形成的汇水面积，其功能是任何城市水泥地面所不能比拟的，它将极大地减少洪水的频率和强度。“农业带”提高了农产品品质，提供了不需要长途运输的新鲜食物，减少了碳排放。另外，“农业带”还是水系的自然净化带和地下水的补充带，更是港口独特的景观带。同时，“农业带”和“居住带”给居民提供了多样化的生活情趣，为未来人口的增长提供了广阔的空间，也提供了高质量的生活品质和工作环境。“农业带”也给旅游业带来了商机，特别是未来高价值农业的发展，对于农业和旅游业都将提供极大的机会（图 5-5-4）。港口的水系水质是港口发展的生命线，宁国市的整个水系基本都在宁国流域的地界里，只有港口的北部受界外河流的影响，而这条外界水系的水量和水质都无法控制。我们建议在这里建一个水库进行蓄水，一个湿地用于自然净化，从而恢复历史老街的水城风貌，保证清澈的水流不断，优化环境。历史老街水城风貌的恢复，不仅能改善港口老城区的生活环境，也能促进旅游业、商业和服务业的发展。尊重农业、尊重历史、尊重水系是我们这个总体规划的原则和理念，也是生态城市建设的原则和理念。

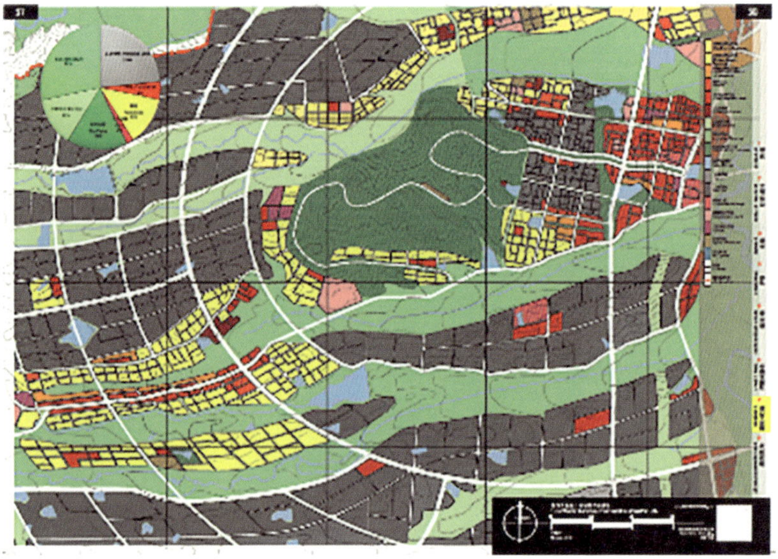

图 5-5-4 港口工业城农田水系保护

五、港口工业城的交通系统设计

港口地区的交通系统为辐射型环路，并区分为货车道路（棕色）、主要道路（橙色）、二级道路（白色）。这个路网突出了可以选择从不同的线路抵达同一个地方，当发生道路堵塞时有另外可选择的道路（图 5-5-5）。这个路网的另一个功能是使密集的工业区“通气”，为其提供了空间和绿带。

现有的从港口火车站到凉亭镇的铁路应该很好地利用起来。我们建议开设港口城市内的铁路交通，利用这条现成的铁路作为短途客运，投资小、收益大。当港龙主题乐园具有一定的规模时，可以再建一条从主题乐园到港口火车站的轻轨线路。这条轻轨将以主题乐园为主题，可以与迪斯尼乐园的轨道列车相比美，它将会更大地刺激港口的旅游业。这样港口的轨道交通就形成一个环状。这里，大多数人都距离轨道交通仅一到两千米，极大地便利了居民、工人、游客。

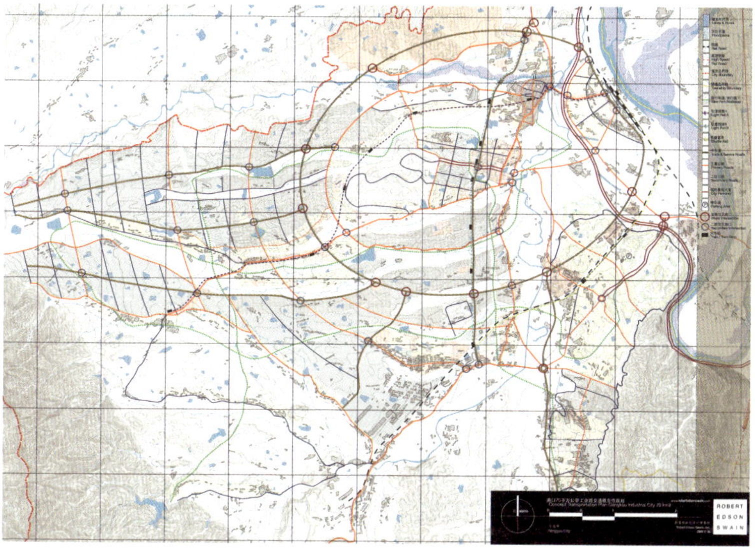

图 5-5-5 港口工业城交通系统设计

港口工业城到主城区的景观大道提供给城市许多的便利。这条景观大道将港口高新技术创业园、港口历史老城区和主城区连接在一起，并可为观光旅游的游客和两地之间的政府工作人员和公众提供交通便利，同时作为旅游观光的景观路，应该限制大型货车通行。

港口轻轨为港口的居民、工人、游客提供众多的方便。可以考虑先建设一号（A）线路，它从北港园区通过港口老城区、港口高新技术创业园、住宅区、工业区最终抵达凉亭镇。这条南北轻轨将连接许多居民区、旅游景点、政府部门、研发机构等。它的起点在北港园区，新的港龙主题乐园城将在这里建设，这条线路对于主题乐园和北港园区都极为重要。

轻轨交通极为经济、便利，应该尽可能加大建设力度和投资。根据美国俄勒冈州波特兰市的统计显示，该城市的轻轨给波特兰带来了 35 亿美元的经济效益。如果我们选择电力轻轨，而不是火力轻轨，那它带来的环境效应和低碳效应将更为公众和政府所喜爱。

我们建议调整港口的大型货车道路，能够使港口地区与青华轻工业园区连接起来。现有的大型货车道路应该通过新建的隧道，避开凤凰区。大型货车道路应该与各工业区直接相连，避免与城市主要交通要道或旅游道路混合，以保证城市，尤其是居民区的安静，提高房地产的价值与生活质量。

六、港口工业城的厂房屋顶综合利用设计

工业园区建造了许多昂贵的平顶厂房，整个平顶厂房可以通过改造，使之得以综合利用，如水培农业、花卉种植、太阳能发电、太阳能热水等（图 5-5-6）。这种利用不仅生态而且经济，

投入建设厂房的成本能更快地回收。

图 5-5-6 港口工业城厂房屋顶综合利用设计

对于新的建筑和厂房，应该提倡运用绿色屋顶。所谓绿色屋顶，就是在屋顶上铺盖隔水层和泥土，种植植被、蔬菜、水果、花卉等。现代屋顶的设计和建设，能够承受种植的压力。绿色屋顶的另一种功能是隔热保温作用，具有冬暖夏凉的优点。它可以缓解城市的热岛效应，并且，冬天能减少能量消耗，达到城市节能和减少碳排放的目的。绿色屋顶可以吸收大量的雨水，然后再逐步释放到水系中，所以具有一定的防洪效应。另外，绿色屋顶也是一个生态系统，具有一定的生态功能。

当我们将绿色屋顶应用于农业时，除了上述的各种功能，它还能够提供绿色食品，成为对当地农业和加工业的重要补充。如果增加一定的辅助设施，使之具有收集雨水、使养分循环利用等功能，这种屋顶农业可以是循环农业和可持续农业的一个模式，对水系水质的保护和空气质量保护都发挥出极大的作用。

绿色屋顶也常用于水培农业。水培农业是将营养液加入水中，以供蔬菜等农作物生长，无需土壤，所以重量轻，适宜不同的屋顶。日本的水培农业很发达，可以提供节能高产的经验。据说，一棵西红柿树可以结出 3 万个西红柿，并且还可以在当地的市场销售，减少运输成本和碳排放。另外，如果水培生长在温室条件下，其生长季节则可以延长，这样对生产和市场都可以控制。

平屋顶还可以开发用于光伏发电、太阳能暖气、太阳能热水器等，也可以安装风能设备。总之，屋顶作为新能源的新载体，具有非常大的潜力。它可以让企业能源自给自足，并能提供多余的能源，减少能源在输送中的损失。在美国，已经有一些厂房屋顶出租给能源公司安装太阳能光伏发电、供暖等设备。在德国，投资者投资打造屋顶能源产业，这对能源和投资回报都是极好的选择。德国政府已经立法保证新能源的价格 20 年不变，促进了新能源的发展和投资新能源市场的兴旺发达。

七、港口工业城的空间设计

港口地区未来的景观格局充满了新鲜和活力。工业带位于北部的山坡上，农业带分布于南面的沟谷，中间是狭窄的居住带（图 5-5-7）。居住带背靠山坡、坐北朝南、面向农田，既可就近工作（上下班路程 1 ~ 2 千米），又具有田园生活的风格。这一规划保护了农田，优化了产业园区的布局，又尊重了传统的居住习惯。加上在这个居住带内规划了适当商业服务，整个港口地区的人居环境、创业环境、投资环境、旅游环境将成为现代工业城市发展的模式。

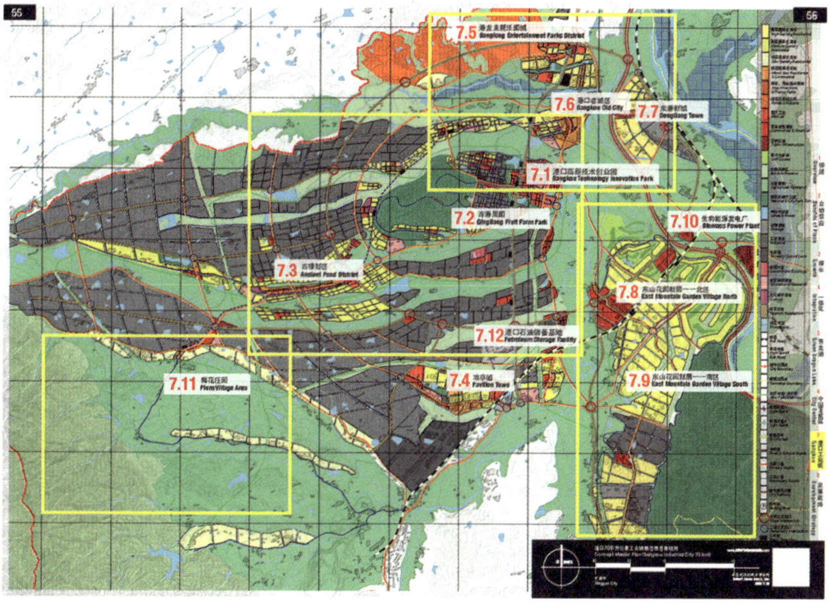

图 5-5-7 港口工业城空间设计

第六节　宁国未来发展的可持续性

可持续城市是在追求社区生活质量不断改善的同时，保护日益紧缺的资源。可持续城市要具有创新的活力和整合各种科技的发展能力，同时鼓励个人和社会各阶层的创造力。为了社会的繁荣和美好的未来，我们必须坚定不移地追求可持续发展的目标！

这个总体规划是建立在宁国40万居民和10万游客的人口总体目标上。人口增长是作为一个基本要素融合于宁国的发展战略中，也体现在这个总体规划之中。城市增长的边界线和土地利用规划也证明，宁国的这个人口增长目标是科学的、可行的。同时，城市未来增长的规划和城市增长边界线的确定，也进一步保证了宁国未来发展的特色、人口目标的实现和平衡发展的总体优势。

当我们规划宁国的发展时，我们首先必须考虑如何保持宁国的特色和特点，考虑如何保持宁国的自然美景。宁国最大的资产和优势在于其干净的水源和清洁的空气，而这些必须在整个城市和流域的范围内加以保护。为此，河流岸边的自然景观和湿地植被系统都应该予以保护，使其提供更多的生态系统服务功能。山体、河流、森林更是宁国重要的自然财富，应该在保护和修复的同时，建立更多和更大面积的城市森林公园。宁国的城市建设和发展应该与自然景观相互辉映。另外，宁国的发展还应该重视现有小村庄和小山庄的保护和改造，使其为新的旅游产业增添多样性。在这个总体规划里，我们还特别重视地形、水体、景观等各种要素的整合，只有综合考虑这些要素的相互关联，才能使宁国的规划更符合实际、更具特色。

确定建设发展的边界线是规划工作最首要的任务。如何确定城市发展的边界线，是城市规划成功的第一步，特别是对于一个快速增长的城市更是如此。城市发展边界线的确定，在保证对建设用地有效利用的同时，应该保护其他重要的土地资源：农田、景点等，以及保护水和空气的质量。边界线确定的另一个重要特点是它的包容性，它使各社区之间相互认同并形成地理连接。在这个规划里，我们可以体会到城市的能量和活力，也要归功于边界线的确定，河流、渠道、湖泊、山麓、景点、公园、广场、商业区等。不同边界线的协调和关联是规划的成功标志。但是，一些彰显文化历史的标志性建筑全打破边界线原有的协调性，建立起新的协调。这些标志性建筑对于一个城市的特色及多样性具有其至关重要的作用，对于一个成功的规划是必不可少的。根据这个原则，集我们几十年的经验和宁国的实际情况，我们将在总体规划里，科学地、深思熟虑地确定和突出宁国未来发展的各种边界线。

第六章

青岛市琅琊组团
生态与产业空间格局设计

琅琊组团山海相拥，风景秀丽。为了凸显它的山海灵气，我们对它未来的发展规划设计了三个滨海区域的功能组团。我们的设计理念是：保护滨海资源和滨海景观的整体性；对滨海地区的珍贵资源采取保护性开发利用；在保护生态的前提下，充分利用和开发其旅游资源、海洋及现代渔业。我们将主要人口分布于若干个南面朝大海，北连接山脉的城市发展区。我们的规划控制了城市向南蔓延的趋势，保护了现有的自然景观及农业景观隔离带，这也将成为实现整个区域可持续发展和高品质发展的农业园区和工业园区。在这里可进行生态景观的打造及经济活动的开发，如建设特色农业园、绿色生态工业园。这样的开发模式利于持久地保护城市空间，并保持其区域特色。

第一节　引言

琅琊台历史悠久，与山海自然相接，它既为可持续经济、可持续生态及可持续文化的资源整合提供了一个非凡的机会，也为在这片美丽的土地上生息的人们和游客提供了理想的热土。

琅琊组团与青岛的交通系统紧密相连，将为整个区域地重新定位提供巨大的机会，并且引导沿海地区和都市的开发沿着合理的方向发展。作为琅琊组团的规划，必须时刻考虑大青岛区域的整体概念。

青岛市致力于对历史遗迹、环境、自然景观地保护和综合管理，建设生态型可持续发展的现代城市。2013 年 7 月，青岛市被水利部列为全国首批水生态文明城市建设试点。琅琊镇地处山东省青岛市黄岛区南部沿海，如今已成为第九个国家级新区——青岛西海岸新区的一部分。青岛琅琊组团项目以可持续发展为原则，在生态边界控制、产业发展选择、城乡空间布局方面对琅琊组团进行了规划（图 6-1-1）。

图 6-1-1　琅琊组团规划范围（50 平方千米）

一个城市经济是否发达、文化是否昌盛、环境是否适宜居住，主要取决于市民的特性与能力。一个生机勃勃的城市可以激发和鼓励个体的发展，从而不断改善整个社会的生活质量。生活在这样城市中的居民在憧憬日益美好生活的同时，一定会对未来充满希望。一个城市的适宜居住程度可以从人们的生活、工作以及休闲所形成的社区生活中得到反映。那些充满活力的社区均具备以下几方面：和谐统一、赏心悦目、社区服务方便周到，这也是我们在城市规划中用来界定城市发展规划优秀城市的几个要素。然而，我们必须牢记，有利于个体和社区未来的发展空间和发展潜力的，才是最富有前瞻性的。

琅琊组团规划的一个主导是，必须在将国际国内旅游业的发展作为整个区域的经济引擎的同时，将其建设成为区域性的度假中心和旅游景点。滨海旅游业、地方和跨国工业的共同发展将促进新城区的开发建设。随着民众生活水平的不断提高，人们的闲钱和闲暇时间的增加，以及国内外游客的增多，城市发展逐步进入良性循环。服务业、教育环境、公共设施以及人们的社交活动和旅游活动，都成为这个地区总体经济和社会发展特征的外在表现，也是琅琊组团规划的整体内涵。

我们在琅琊组团规划中对自然环境的整体考虑——诸如地质、排水、日照方向、风向、潮汐和洪水等情况，以及边界条件（例如海洋、河流、山脉和平原）等，为该地区的发展奠定了基础。在这份琅琊组团的规划方案中，我们建议突出对珍贵自然区域的定位、保护、恢复和相互联结，以增强景观的整体效应。同时，为了保护该区域的旅游资源、自然资源、自然景观、农业用地和农业景观，我们确定将最大限度地扩展城市边界。为了突出和保持琅琊台这一典型景观作为历史标记的主导地位和中心景观地位，我们的规划限制了建筑物的高度和建设区域。除历史遗址、娱乐服务或特定旅游设施外，我们建议海拔 30 米以上的地区不应有建筑，并且所有建筑本身高度不应超过 100 米。在规划中，我们还详细规划了配套基础设施，其中包括供水、配电系统、区域道路交通及电力分配所需的综合公共设施，也包括通往自然区域的公共设施（图 6-1-2）。

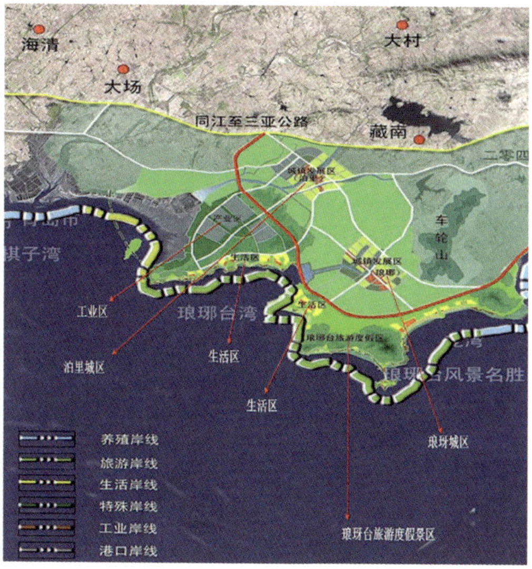

图 6-1-2 琅琊组团规划限制线

作为一个战略性的总体规划，我们的规划为成功把琅琊组团从一个农业区转变为重要的充满活力的动态城市经济区奠定了基础。我们相信这个区域可以协调发展，在经济发展和转型的同时，保持它秀丽的自然风光和环境特色。旅游业的开发和工业的重新整合会为这个地区的经济增长创造机会，并为在这里安家的人们提供新的和更好的就业机会。这个充满生机的城市必将吸引国际旅游业的目光，成为未来城市的典范，并在国内和国际市场竞争中占有一席之地。

第二节 设计理念与原则

一、绿色设计理念

绿色设计，从方法上说很古老，从技术上讲则很超前。它融合了所有可能的选择，探求各种设计方案，使环境和人类都能得到最佳的受益，其设计理念全盘考虑可持续性和经济增长这两个关键的驱动力量。建筑师和城市规划者经常面对的是各种复杂的综合的建设决策的选择，他们可以采用现行的成熟技术，或是采用技术含量较低的古老方法，抑或是采用仍在开发的尖端技术。作为一般的设计师，最后只能选定一种方式，而单一的方式又往往会限制进一步发展的潜力。成功的绿色设计包容了所有可用的选择和技术，这种设计思路和解决问题的方式是兼容的、开放的、基于团体的，并充分使用古老的、现行的和发展中的各项技术（图 6-2-1）。

图 6-2-1 充分使用各项技术

二、基于绿色设计的价值观与评估原则

我们的设计和评估是建立在社区建设的四个基本原则上的，即经济成就、环境健康、文化活力、创造性及表现形式新颖多样。这些原则是一个充满活力的可持续发展的社会所必不可少的要素。可持续性就是在满足日益高涨的人们对高质量生活期望的同时，保护珍贵的资源，并着眼于未来。这一设计理念对社会和工业逐渐显示出其重要性，并为未来良性发展提供了巨大的潜力和经济效益。

三、绿色设计的表现方面

1. 立地效益

充分考虑和了解立地的环境因素在很大程度上是成功规划设计的关键，也是规划设计的灵感源泉。绿色设计的前提是追求立地效益的最佳化。因此，必须针对地形地势、天气、光照、地质、水文条件、主要风向等立地条件和要素进行资料收集和评定分析。这就需要在进行规划设计之前对现场进行彻底、详细的调查。这样拟定的设计方案才能凸显立地效益，并与周边环境融合匹配。例如我们设计的琅琊城市组团，将城市中心面向南方，使之被周围小山环绕，使新的城市突出视觉的优美，尽显依山傍海、冬日和煦、景色宜人的特点。

我们任何时候都要慎重考虑，做到可持续地利用资源。比如，设计时必须考虑长距离运输材料的需要，以及制造过程和使用非再生资源等因素。有些设计方案在一定情况下也许接近完美，但可能造成过度的资源破坏，或者需要投入大量的能源及巨额资金。相对而言，一个基于立地条件的设计也可以达到异曲同工、美妙动人的效果，并创造出地方特色。一个成功的美好设计不是各种漂亮图案的主观拼凑，而应该是集风土人情、立地环境、社会、经济、文化等因素，在当地进行艺术再造。因此，它是独特的，也是唯一的（图 6-2-2）。

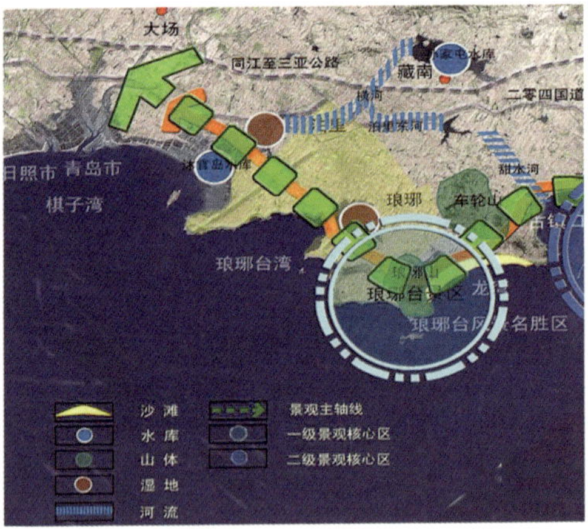

图 6-2-2 琅琊组团的绿色设计与景观轴线

2. 被动建设方法

被动建设方法是充分考虑和接受现有场地条件及周边环境，充分利用并受益于这些条件，而尽量少兴土木，不改变原有环境。这种创造性构思的实施因地而异，它包括采用太阳能建筑结构及使用房顶结构来缓和季节变化，把建筑物部分埋于地下以稳定地温，使用透光孔、反射镜及天窗等改善采光。所有这些措施都有利于采光，同时又可以控制热量的获取和损失。

通过计算太阳在不同季节的照射角度，可以设计出在冬天接受并储存太阳能，在夏天减少和限制光照的建筑；也可以通过创造性地设置房顶、玻璃和天窗取得各种有利的采光效果。这种设计理念强调尽可能地少投入、少改变立地条件，突出立地效益和设计的独特性（图 6-2-3）。

图 6-2-3 突出采光效果、立地效益和设计的独特性

3. 技术上被动的材料和方法

我们的设计必须同时考虑利用技术上被动的材料，它指的是以新的方式来使用常见的材料，例如工程光纤产品、生物塑料以及经过改造可以提高热处理效果的混凝土产品。混凝土与其他材料一起混合可以创造出很多更好的用途，例如凝灰岩，这是一种在意大利建筑中常使用的火成岩，其硅含量很高，具有稳定的保温功能，采用这种石料的建筑纵使季节变化，室内温度始终能保持温和。现在通过在混凝土中加入硅，便可以造出类似于凝灰岩具有热温效应的建筑材料。

设计还必须同时考虑技术上被动的方法，它强调对材料创造性的利用和非机械系统（即建成后无需额外提供能源的系统）的利用。采用带有嵌入式管道传递热量的混凝土墙便是一种技术上被动的方法。在向阳的混凝土墙内装上热虹吸传热管，这样不需要使用机械系统，就可以将收集的热量送到其他地方（图 6-2-4）。

4. 主动 / 机械方法

我们的设计当然也要考虑先进的高新技术的超常规发展趋势，尤其是其中的一些技术已经相对成熟，例如使用地热制热制冷、风力发电、低水头发电及光电技术等，这些都反映了思维上和技术上的跳跃发展。在未来的仿生建筑中，一些小的功能组合体将通过个性化的智能感应器进行自我调整，以便平衡各区域的光照、通风、热量传递、排水及蓄水等环境。

另外，使用与季节变化相适应的自然隔热材料也可以取得非常好的效果。例如置于屋顶的无土栽培花园，既可以使室内变得冬暖夏凉，同时也对食物生产做出巨大的贡献。因此，拥有与高新科技发展并行的、具有前瞻性的设计理念是我们成功的重要因素（图 6-2-5）。

图 6-2-4 带有嵌入式管道传递热量的混凝土墙

图 6-2-5 屋顶的无土栽培花园可以使室内变得冬暖夏凉

四、可持续性

1. 生态可持续性

我们要维护人类生命的尊严和完整，首先要尊重环境资源的尊严和完整。我们在利用环境资源的同时，必须降低对自然平衡的影响，这也是维护环境资源的关键。对自然资源的利用、开发和保护必须以社会文明、表达自由、生活愉快为出发点。我们的设计必须为人类追求富足生活，并不为资源枯竭而恐惧，保持与自然环境相协调提供一个美好的蓝图。

2. 文化可持续性

文化活力是一个社会的基本要素，人们可以从中分享现代生活方式及价值观念。可持续的文化追求的是一个延续不断的文化认同。这种文化认同是一个社会的活力和可持续发展的经济潜力，也是社会不断向前发展的动力。我们的设计从文化发展和保护的角度出发，它经得起时间的考验，这些设计将不会随着时间的推移而过时。我们对延续不断的文化认同的追求，保证人们对我们的设计创作延续不断地认同。

3. 创造性的可持续性

人类要不断丰富自己想象力、充分自由地表达、积累智慧和创新，否则将无法协调经济的发展和自然环境的保护。然而，新思想需要更紧密地联系未来。一个充满活力的地方，一个提供多种多样活动的场所，一个丰富多彩的生活社区，将会极大地激发人们的创造性。我们的设计就是要为人们创造这样一个环境，一个充满创造性的环境，一个可持续的创造性的环境。

4. 经济可持续性

每个人对生活质量的不断追求，促使经济发展成为社会发展最基本的动力。所有形式的可持续性的成功（包括社会的、智力的、生态的），都必定伴随着充满活力的经济发展。政府在一个区域内为人们的生活、工作和娱乐所制定的政策和规划即是一个新的经济框架的诞生；国内外投资、旅游、度假及工业生产则是一个地区经济发展的引擎。因此，可持续性的设计理念是为一个新的经济框架展示其战略构思，也是为一个区域经济发展所需的“永动的引擎”。

第三节 琅琊组团生态价值的评估

生态城市建设是一个不断变化的动态进程，在不同规划阶段都需要对基础资料进行反复解读。我们的设计构想始于对立地条件的考察、研究、评估，以追求立地效益的最优化。琅琊组团的优势及其发展空间和发展潜力，都在于其独特的自然景观和资源特征。因此要对琅琊组团做出可持续生态评价，明确哪些土地适宜保护，哪些土地适宜作为游憩使用，哪些土地适宜于商业、工业或者居住使用。就这些需求选取一些可量化的特征值，包括地质、水位状况、气候条件、土地利用、主导风向和日照状况等，进行适宜性评价分析，将它们的综合结果作为完成规划任务的理论依据（图 6-3-1）。

图 6-3-1 琅琊组团的优势及发展空间和发展潜力，都在于其独特的自然景观和资源特征

一、琅琊组团物理环境特征值的确定

1. 地质条件

地质条件的分析主要包括场地地块分析与工程建设的相关分析。自然地基通常由土地和石块组成，各项建设都是由它们来承载，因此了解建设区域内不同范围的地基承载力，对于建设用地的选择和项目的合理分布具有重要的参考意义。鉴于琅琊组团位置的特殊性，应

该在海陆大区域范围内进行资料收集以及稳定性的分析与评价。同时也应该在规划时考虑到滑坡、崩塌、泥石流和地震等自然地质灾害，不应该使重要建设处于软地基、古河道或易发生地质灾害的地方；建筑排列也要避开断裂的破碎地带，以减少地震的破坏程度。

2. 气候条件

1）温度

琅琊组团地区属于海洋性季风气候，受海面影响空气湿润，气候温和，雨量较多，四季分明。其气候特点是“春迟、夏凉、秋爽、冬长”。全年平均气温为 12.3 摄氏度。1 月最冷，平均为 −1.3 ～ 3.5 摄氏度，7 月 ~ 8 月温度最高，平均为 25.1 ～ 26.5 摄氏度。人感觉到适宜的温度区间为 15~25 摄氏度，高温不宜超过 30 摄氏度。

2）降水与湿度

降水受地理位置、地形地貌等诸多因素影响，自东南向西北，自沿海向内陆递减，年均降水量为 679 毫米，其中汛期（6 月 ~ 9 月）占比超过全年的 70%。海上大雾多发生在 4 月～ 7 月，其中 6 月 ~ 7 月最频繁。琅琊组团处于海滨位置，应重点考虑极端降水和海潮的影响，特别是在这种情况下城市用地布局、建筑摆放和排水设施的合理设置。

根据《山东统计年鉴（2013）》中记录，山东地区的年平均湿度是 57%。琅琊组团在海滨地区，夏季多雨雾空气湿度较大，但秋季凉爽空气干燥。湿度在 40% ~ 60% 之间对人体比较适宜，过低或过高的湿度都会对身体不利。

3）风向

风对城市规划与建设有多方面的影响。在规划时正确分析当地盛行的风向、风速、风频等季节变化规律，在布局时就会减轻工业排放对居住区域的危害。琅琊组团所在区域以季风为主，且以东南风为主导风向，年均风速为 5.15 米 / 秒。虽然台风登陆次数较少，但其影响的程度较大。1997 年 9711 号台风给青岛造成损失 2.2 亿元，青岛沿岸增水 5.58 米，这为有史以来最高水位。台风侵蚀沙子口湾顶沙滩 10 米，并将多处民房卷入海中。因此琅琊组团在规划和布局时应考虑到会受台风影响，及其引发的增水与大潮汐叠加的危害。

4）日照

日照是直接影响身体健康与植物光合作用的重要因素，日照时间的长短会直接影响植物生长。日照时间以每年 2000 小时以上为宜，伴随日照时长同时产生的是太阳辐射。以青岛为例，年日照时长总数是 2485 小时，太阳辐射总量与日照率分别是 118.1 千卡 / 平方厘米和 57%。分析当地的日轨规律、日照时长与太阳辐射总量将为建筑的绿色设计、间距朝向的计算和植物的选取提供依据。

5）寒潮

根据《胶州湾东部和青岛前海地质环境及污染状况的初步研究》记录，青岛寒潮常发季一般是从 11 月到次年 2 月，最早可提前到 10 月，最晚推迟到 4 月，平均每年 5 次左右，最多的一年达 12 次，最少一年 2 次，其中 11 月 ~ 12 月最多，寒潮侵袭 48 小时内降温可达 15 摄氏度，寒潮带来一般为 6~7 级偏北大风，有时也可达到 8~10 级，地面结冰期最长可达 106 天，最少 40 天，平均 82.1 天。

6）水质

评价水质的依据是国内发布的评价水质标准，常用的有《地表水环境质量标准》（GB 3838）、《渔业水质标准》（GB 11607）、《海水水质标准》（GB 3097）、《地下水水质标准》（GB/T 14848）、《生活饮用水卫生标准》（GB 5749）等。收集琅琊组团地区历年积累的水域资料并对其进行分析评价，便可以判断该地区水域环境质量的发展及演变的过程。在规划琅琊组团时会根据一些地区的资料，设定项目的规模与程度，并预测规划的布局会对相关水域未来水质变化的影响。

二、琅琊组团空间形态特征值的确定

1. 地形

不同的地形地势对规划的布局、道路的走向及城市的形态、结构和扩张的方向都会产生极大的影响。规划建设也会对场地中的自然地貌进行重塑。琅琊地区地处沿海，会受到台风及潮汐影响，合理设计空间布局、用地竖向规划以及地面排水与堤坝，不但可以丰富城市轮廓，而且可以形成相应的区域特色。

2. 水体

琅琊组团地处陆海交接处，位于流域范围的末端。流域的概念在规划设计中是非常重要的，我们要以此分析琅琊组团的地形条件。因此琅琊镇与泊里镇分别是相对独立的两个自然流域，我们必须按流域管理的概念，对这两个流域的水资源和水质的管理作出合理分配。同时也应该充分考虑如何应对河口与海水交汇处泥沙的淤积，以及影响海边野生动植物分布。

3. 植被

绿色植被在能量转化和物质循环中起着巨大的作用，它为各种生物提供适宜的栖身场所和食物。植被不仅能够涵养水源、防止地表水土流失，也可以调节区域小气候，增加舒适度。

4. 道路

城市交通是地块与地块之间的纽带，道路则联系着各个功能单元。城市道路应以城市用地规划布局为基础，增加路网，减少长距离的情况，丰富去往目的地的可达性（图 6-3-2）。

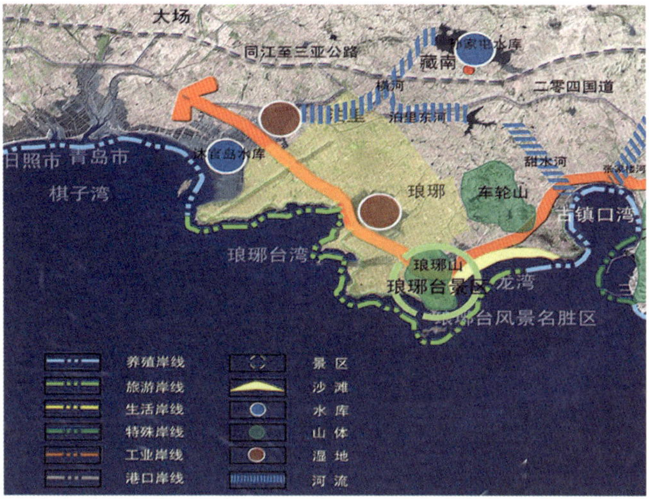

图 6-3-2 琅琊组团的环境特征值

三、琅琊组团社会价值的确定

1. 风景区

琅琊组团最显著的地理特征是依山傍海。北部的群山奠定了整个区域的大背景，沿海交错的海滨陆角和沙滩凸显了海岸线的美丽和多姿多彩。琅琊台是琅琊组团的历史标记，引人注目，它也是琅琊组团的标志性景观。海滨地带则有龙湾景区，它拥有美丽的沙滩、优质的码头、平静的河口、开阔的潮间带和崎岖耸立的礁石。

2. 养殖区

琅琊组团区域内低洼的沼泽湿地也具有其独特的风景，适于蓄水、停泊小船、渔业养殖与研究。独特的滨海陆角形成的海湾，具有独特的渔业与旅游功能，同时也是天然的港口。

四、规划设计的生态性评价体系

规划设计的生态性评价体系包含了自然、人文景观和健康生活的高度融合，反映了区域生态环境的平衡。在规划中进行生态性评价分析，可避免区域在建设过程中违背自然规律，并保证自然资源的合理利用，充分协调开发与保护，从而实现生态的可持续性。

第四节　绿色设计理念在产业方面的实施

一、基于立地效益选择产业

大国崛起，无不以城市崛起为先导，而城市的崛起，又无不以产业的崛起为标志。对立地环境的了解和考虑，在很大程度上是产业规划成功的关键。而对青岛市琅琊组团的规划，我们对其整体环境进行了考察、研究、评估，从设计理念、空间格局到产业策划、发展策略，无不体现了设计师对当地资源特色和人文风情的深刻解读和独到设计。

1. 现有资源特色

琅琊组团拥有独特的地理优势和多个不同的、各有特色的景观，这都是琅琊组团不同于其他景观的优势（图 6-4-1）。

我们的产业规划要体现出景观的保护和经济开发的最优结合，以经济、生态、文化、创造性的可持续为理念和目标。希望通过我们的规划，可以在保护当地生态环境的前提下，为琅琊地区的产业发展注入活力。

图 6-4-1 琅琊组图现状资源

2. 现有产业情况

琅琊组团的产业发展主要根植于琅琊镇和泊里镇，琅琊镇的海洋经济与农业经济齐头并进；泊里镇以农业经济为基础，工业经济和海洋经济发展良好。

近年来，琅琊镇依托丰富的资源优势，按照“稳捕、促养、抓加工”的发展思路，积极调整优化渔业结构，加快推进由捕捞为主向养殖为主转变，由浅海养殖向深海养殖转变，由传统渔业向生态型、集约型优质化高产高效渔业转变，海洋经济发展形势良好。

琅琊镇充分利用山区资源，建设了特色农业园区，并取得了良好发展。现已建成青岛地区最大的竹苗繁育基地、玫瑰种植基地、大雁养殖基地；并注册了“琅琊鸡”品牌，成立了由 52 家会员单位组成的琅琊鸡养殖协会，特色农业的发展为下一步生态旅游的发展打下了坚实的基础。

泊里镇有 2000 公顷蔬菜、1300 公顷优质果品，由此形成了一批特色鲜明的高效农业产业带和产业区。泊里镇工业经济发达，形成了包括铸造、纺织机械、汽车制造、农药、橡胶、建材、塑料、建筑、印刷、麻纺等十几个行业体系。6000 公顷海域（1100 公顷虾池、2000 公顷滩涂、4000 公顷浅海养殖水面）也使得海洋水产经济发展迅速。

3. 产业选择的原则和理论

为保障产业稳定和持续地发展，确保产业维持生产活力，可以为当地经济提供长期稳定的支撑，在对一个片区进行产业规划前，一定要有一套行之有效的产业遴选标准，从而对产业进行合理选择。对琅琊组团的产业选择基于其当地条件和当地产业基础，我们设计了如图 6-4-2 所示的产业遴选方案。

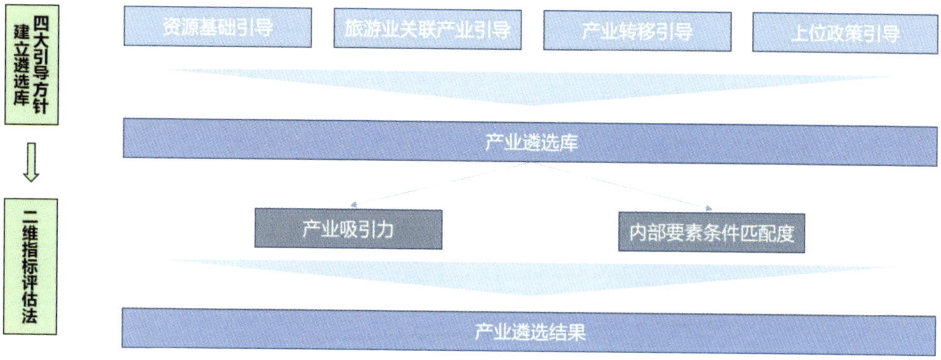

图 6-4-2 产业遴选模型

4. 产业筛选

根据产业选择理论，为综合、合理地利用当地生态资源，本着经济、生态、文化、创造性的可持续性原则，我们为琅琊组团提供了以农、渔、工业为发展根基，以旅游业为特色的产业发展方向（图 6-4-3）。

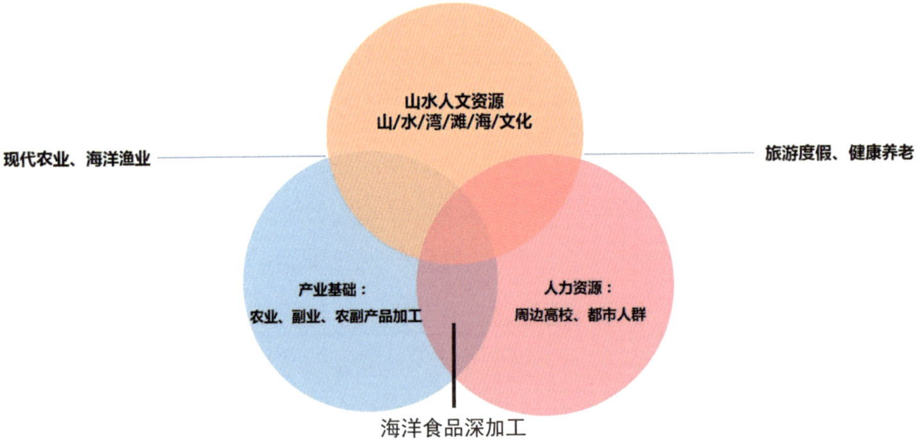

图 6-4-3 产业导入——琅琊组团资源基础引导

二、传统农业经济的转型升级

1. 农旅融合，为传统农业注入活力

琅琊镇农村产业主要以小麦、玉米、花生、番薯、大豆等农作物的种植以及家禽养殖和渔业等传统农业为主，近年也开展了玫瑰种植、大雁养殖、竹苗繁育等特色产业。

传统农业的转型升级往往以服务业的发展为契机。琅琊镇紧靠青岛市区，拥有田园、山地及临海的位置，资源优势明显，具有发展旅游产业的市场条件与资源优势。项目规划中将发展较快的旅游产业嫁接在琅琊镇天然的农业基底上，一方面拓展农业功能，升级传统农业；另一方面为琅琊镇的发展注入一股持续的活力，保障经济的可持续发展。

（1）将传统的大面积种植区域打造成城市组团的景观中心。

利用专业化的种植区域构建风景秀丽的农业景观，并将其打造成为琅琊组团的心脏地带。种植区将提高整个组团的生态和经济价值，为市民创造更高的生活质量，成为该片区可持续的经济驱动内核。

游人会被秀美的农田景色和舒适的旅游服务所吸引。闷热的夏天，来到琅琊的游客可以在海滨的农家小院里度过一个清凉的夜晚；也可以悠哉忘归于某条幽静的花园小路，然后带着惬意和舒爽回到温馨的度假中心。而高附加值的农作物将会把农田变成当代的“桃源”，迎着海风，骑着单车穿梭在五彩斑斓的果园田庄，是生活在喧闹城市中人们单调生活的理想体验（图 6-4-4）。

（2）传统渔业生产活动与渔村的生活场景，运用公园式的管理模式，构建出精彩纷呈、活力四射的旅游体验项目。

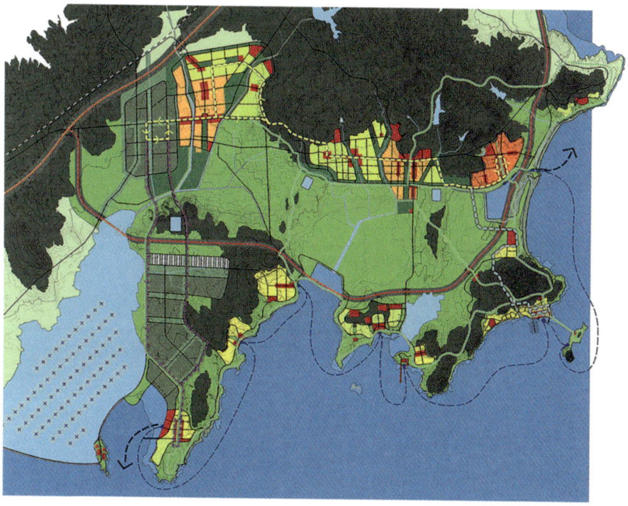

图 6-4-4 琅琊组团概念性总体规划

项目规划为一个琅琊公园村。这里将是主要的渔业中心，并且可建设一个用于商务渔船捕捞和钓鱼运动的大码头。渔村在琅琊公园区内，其土地使用类型和建筑模式应与公园相一致，并需要对城区再加以绿化。渔村应给人以愉快、新奇的感觉，犹如美国加州的山沙丽多市(Sansalito)、佛罗里达州的西匙城(Keywest)、缅因州的肯尼邦波特市(Kennebunkport)、意大利的清珂佛萨市（Chingquefersa）和希腊的波多河丽市（PortoHeli）的特点。艺术家可以来此居住，并小规模制作艺术品。游人在此可以买到有趣的手工制品，并可以亲眼看到它的制作过程。娱乐设施包括博物馆、水族馆、旅游表演馆、特色餐馆，本地区渔业历史展览馆及一些具有本地历史事件的匾雕和碑刻，可以丰富人们的旅游体验。这里还应设立一个旅游服务培训中心，制定旅游服务标准、培训人员，以便充分体现琅琊组团旅游业的精神风貌。方案中规划一条小马路把渔村和附近岛屿连接起来，行人和自行车（包括救护车），或许也会有电车，可以在小马路上行驶；但机动车辆则不允许上到小岛上。花上一个下午在小岛上漫步，一边呼吸着咸咸的空气，一边欣赏着独特的风景，这将是非常惬意的事。琅琊公园村的东面是一个历史码头遗迹，传说在公元前 219 年，秦始皇在这个地方把成百上千的童男童女送往日本。这个码头在视觉上又与琅琊台相连。游人可以从这个码头一直走到山顶，并在了解了这个地区的历史后，怀着好奇的心情参观小渔村并参与其中的娱乐活动。

2. 发展高效的水培农业，提升农业附加值

水培农业无需土壤，可以种植上等的蔬菜、水果和草本。植物所需的养分由水溶性矿物提供。这项技术已日趋完美，成为一个稳定的可持续性商业化栽培技术。

琅琊地区推广水培技术前景广大。与其他农业方式相比，水培用水少，几乎不蒸发或渗漏；没有污染，植物会吸收加入系统内的全部养分，不会造成养分渗入土壤或外溢污染水体的情况；不会产生杂草，无需用化学或人工方法控制杂草。相同的面积采用水培技术的产量比土地种植高很多。在温室中进行水培，无需额外供热，就可以大大延长植物的生长期；如果额外供热，还可以更进一步延长植物的生长期。可以通过比较农作物的产值和供热所需的费用，计算出合理的投入费用，从而确定种植的生长季节。这方面做得比较成功的国家是荷兰和加拿大，尽管纬度偏北，这两个国家是世界最大的商业水培蔬菜生产国。

规划建议把温室放在工业区是出于多方面的考虑，其中包括对工业生产余热的利用。

比较有经济效益的植物有西红柿、红薯、绿色蔬菜和新鲜草本等。当地的农产品可以运往琅琊组团市区及旅游区销售，既增强了这些地方的生态可持续性，又减少了从其他地区购进食物，从而降低了由于长距离运输而造成的对生态和环境的破坏。

3. 创新体系建立，持续输入动力

技术、理念的不断创新是产业持续发展的动力，为推动产业永远走在时代前沿，该项目专门规划了一系列的创新机构。

1）海洋研究所社区

海洋研究所社区的重点是建设一个海洋生物和海滨保护的研究教育中心。它可以与青岛或北京的某所大学合作，为该中心及其服务的社区带来研究便利和经济利益。相邻的山村将向着为大学和研究功能配套的方向发展，也可在其中设置小旅馆，向游人提供食宿服务。战略上而言，海洋研究中心应设在海边，靠近海边沼泽地、新建淡水湖和渔业养殖场。研究成果可以支持附近渔场、高科技养鱼村（山东头村）和渔村。

2）可持续农业研究所

这个研究所主要负责研究适合当地的农作物产品和高产值农业栽培方式。其主要任务包括研究节约用水的栽培方法，及改善生态和环境的途径。作为一个基础研究和实验机构，研究所拥有自己的实验田和温室。它将深入研究温室里的水培方法，以及生产屋顶栽培的材料并推广应用。研究所距市区不远，可俯视整个农业区。它也可以作为培训当地农民的途径，并以此推广有机及生态可持续性农业。

三、面向不同层次游客的需求，构建全域旅游系统

1. 项目游客需求分析

1）游客群体

来自青岛市内的家庭游客与企业群体是琅琊旅游的重要客群。2013 年末，青岛市城镇化率达到 67.72%，常住人口为 896.4 万人，人均 GDP 达 89797 元，城镇居民人均可支配收入 35227 元，比 2012 年增长 9.6%。青岛人均消费性支出为 22060 元，比 2012 年增长 8.2%。青岛作为副省级城市，是山东经济活力最为强劲的城市。由此可见，青岛市民对旅游休闲的需求与消费实力尤为突出，来自青岛市内的家庭游客与企业群体将成为琅琊旅游的重要客群。

2）游客市场特征

青岛旅游发展基础良好，客群广泛（表 6-4-1）。青岛的城市地位，决定了其客源市场的范围相对较广（图 6-4-5）。青岛奥帆奇幻世界、崂山风景区以及每年举办的青岛国际啤酒节，都已经成为青岛的代表品牌，为项目打造旅游产品奠定根基，同时也是进一步完善青岛形象的机遇（图 6-4-6）。

表 6-4-1　青岛游客市场特征

市场划分标准	境内市场	入境市场
市场规模	6161.3 万人次	128.3 万人次
市场范围	山东省内为核心市场，其次为珠三角、长三角及环渤海地区	韩日为主要客源，其次为中国港澳台、欧美、东南亚
出行目的	商务、观光、休闲占二分之一，其他为教育及探亲访友	商务、会议约占一半，观光休闲占三分之一
消费构成	依次为交通、购物、住宿、游览、娱乐和餐饮	依次为休闲、交通、购物、住宿、游览、娱乐和餐饮
停留时间	1～3 天	较长，人均停留 3.5 天

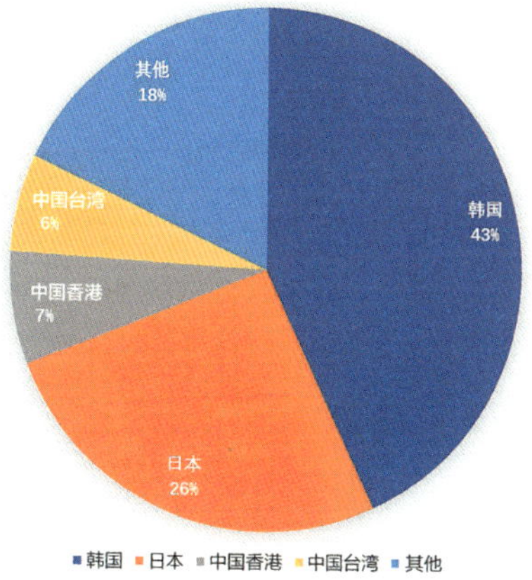

图 6-4-5 青岛入境游客来源

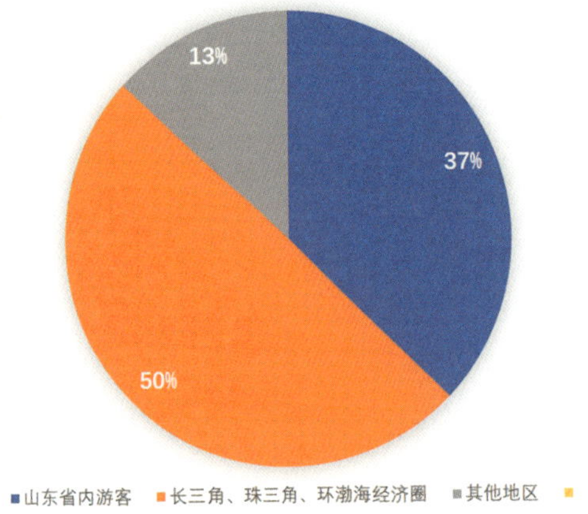

图 6-4-6 青岛境内游客来源

3）项目客群定位

目前客群定位可分为按区域和消费人群定位（表 6-4-2）以及按消费档次定位（图 6-4-7）。项目以立足青岛，面向环渤海区域，放眼全国、走向世界为目标。

表 6-4-2 按区域和消费人群定位

市场客群类型	目标客群	客群
核心市场客群	青岛本市及周边潍坊、烟台、威海、日照等近域市场客群	都市家庭、健康养生、企事业单位、商务会议
重点市场客群	环渤海区域、长三角区域、中原经济区域、珠三角区域、日韩俄入境客群	都市家庭、亲朋好友等的自助游群体企事业单位、商务会议等的团队群体
机会市场客群	内地其他区域及港澳台，东南亚地区、澳洲、欧洲、美洲等	观光体验者、度假疗养

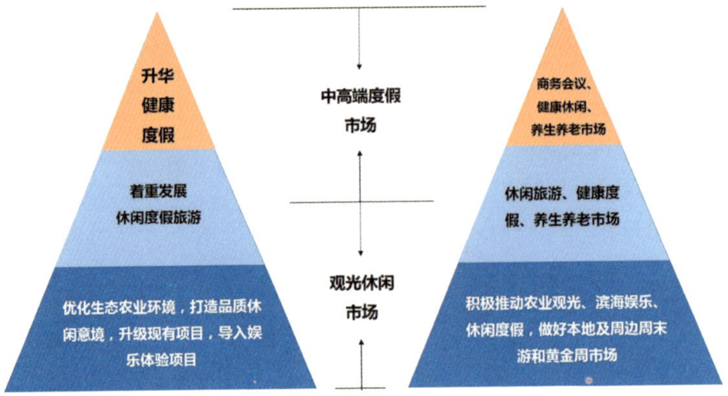

图 6-4-7 按消费档次定位

2. 旅游产品体系

所有成功的经济发展，都来自于根据不同的设施和地点的资源满足不同的需求。规划中将基地内三个旅游资源集中的地方设置成三个针对不同客群，旅游活动体验差异互补的旅游项目。琅琊公园是一个主要的地区、国家或国际级的景点，各种阶层的人都可以到此休闲、寻幽访古、学习及体验生活。水晶城提供了丰富多彩生活的体验，同时也是一片投资的热土，提供了黄金地段房地产的投资良机。滨海温泉和高尔夫度假区提供了富有激情和吸引人的娱乐场所（表 6-4-3）。

表 6-4-3　项目旅游产品体系

项目	产品	景点与组成	针对客群
琅琊旅游公园：娱乐与教育观光旅游业	琅琊公园村	商业渔业、钓鱼运动、码头遗址、艺术加工、食宿、旅游服务	都市家庭、大众观光游客
	大众旅游庄园	沙滩活动、博物馆、韩国村、中日韩文化习俗	
	海洋研究所社区	研究中心	
	山海公园	林间穿行、野餐、垂钓、慢行	
	车轮山度假区	高尔夫、度假中心、温泉	
	高科技渔村	滨海浴场、商业渔业	
水晶城：国际滨海度假中心	水晶城	公寓、酒店、度假村、剧院、画廊、俱乐部、商店、餐厅、游艇和帆船俱乐部和其他休闲设施	都市家庭、商业休闲游客、购物体验游客、滨海娱乐游客
	小游艇码头	提供海洋旅游服务、帆船游艇培训设施、游人轮渡码头、游船、私人游艇停泊及游艇娱乐服务，娱乐活动包括钓鱼、滑水、帆伞运动、小皮艇、独木舟、帆船及摩托艇运动	
海滨温泉和高尔夫度假区：SPA 温泉疗养＋高尔夫运动	保健温泉和海滨度假村（蒲湾）	保健温泉、高档次住宅区、旅游服务、公共高尔夫球场	企业商务人群、养生养老客群
	企业旅游村（尹家圈）	管理者和企业主的住宅区、旅游服务、游客度假村、企业研究所及培训中心	
	南岸旅游村（山东头村）	经理和企业主的住宅区、度假别墅、旅游服务、旅游小酒店	

第五节　生态规划结构部分

一、保留生态本底

辖区整体具备“山、海、田、林、湖”良好的生态本底，拥有构建生态城市组团的先天优势。规划保留区域良好的生态本底，使其成为区域发展的优势（图 6-5-1）。

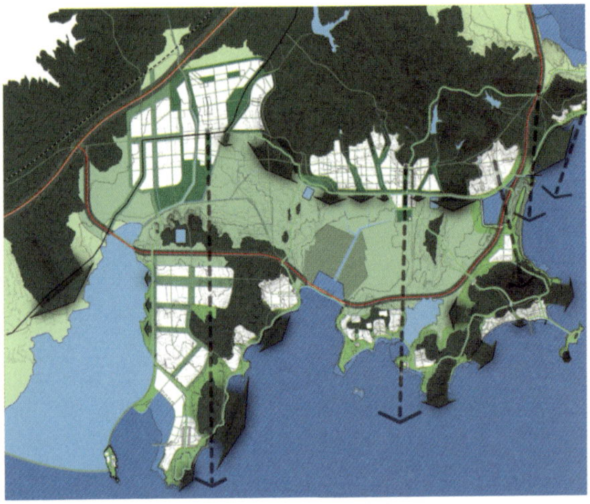

图 6-5-1 “山、海、田、林、湖”的生态设计

二、划定城市发展边界

城市存在着一个复杂的边界系统，它可谓无处不在，既是城市复杂性的重要表现，也是造就城市复杂性的重要原因。某种程度上，无处不在的城市边界构成了亚洲城市的独特性。

城市发展边界的确定，是保持山和海的自然连接和秀丽景观的关键。一方面可以有效避免城市粗放式扩张发展；另一方面可以防止对其土地类型的侵占，确保农业、旅游、生态保护区等用地不被城市发展所吞并。

在限定城市边界时，应该考虑三种边界因素：

（1）自然边界：如河流、海岸线等。

（2）人工边界：如城墙、高速路、铁路等。

（3）行政边界：城镇边界、村庄边界等。

琅琊台地区人工边界与行政边界对城市边界的拟定影响不大，因此在拟定琅琊台组团总体布局时，我们主要考虑了自然边界。根据自然条件（地形条件及地理位置条件），琅琊台组团城市和沿海村庄应限制在北部地区的山脚下或海滨陆角的北端，而不应建在陡坡、山顶或海滨陆角上。这一边界限定，一方面可以使现有的土地增值，而得以充分利用；另一方面又可以限制对其他土地类型的侵占，确保其他用地不被城市发展所吞并。

三、构建生态安全格局

构建生态格局主要是为了解决“蓝＋绿”的问题，“蓝”主要是指城市水网、湖泊、湿地等，“绿”主要是指城市公园、绿化廊道、绿色建筑等（图 6-5-2）。

通过保护原有河流、水库、山区林地、农田等生态系统，增加城市水网及绿化廊道，增加湖泊、湿地、公园等生态景观节点，实现“引水入城”“引绿入城”，构建依山傍海、“山在城中，城在山中，山水城共荣”的生态琅琊组团（图 6-5-3）。具体措施有：

（1）规划东海岸沙滩和海滨陆角作为公园加以保护；

（2）以山和农业绿地景观串联琅琊镇和泊里镇；

（3）以绿色农业构建组团内北部山岳和旅游园区的重要缓冲带。

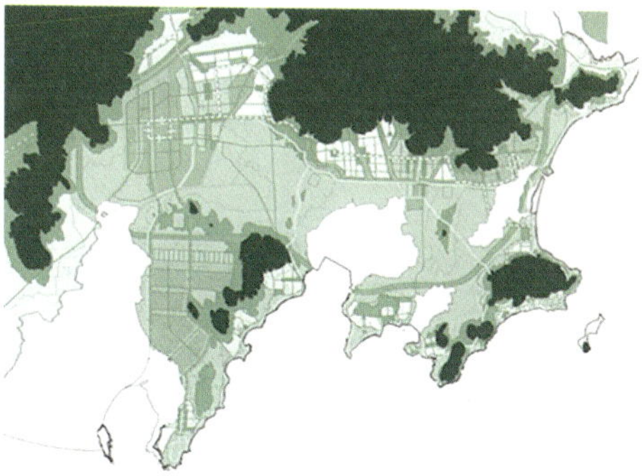

图 6-5-2　构建琅琊组图“蓝＋绿”生态格局

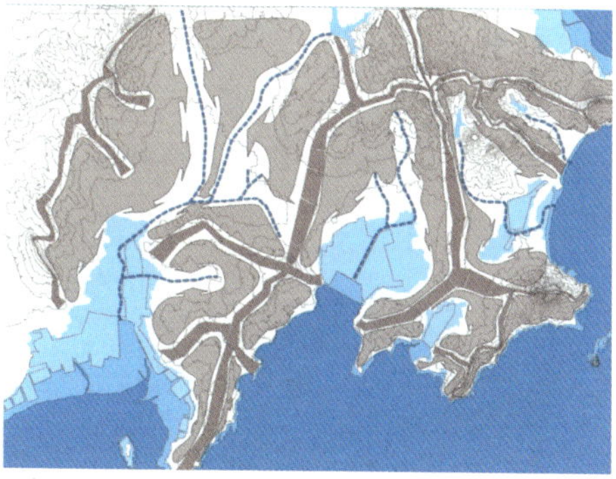

图 6-5-3　生态琅琊组团

四、确定人口密度分布

人口密度是经济发展的重要条件，在保证不破坏原有生态本底的前提下，预计到 2020 年，琅琊组团内 80% 的人口将在农田区以北的城区居住。同时兼顾琅琊旅游度假公园和生态绿地发展，保持其空阔景观的特点。可以将日益增长的人口密度控制在城区，否则将会破坏我们赖以生存和发展的自然资源和美景。滨海地区的土地是最珍贵的稀有资源，如果我们能够保持其生态稳定性，它将是个巨大的聚宝盆，提供无限的经济发展财富。

五、构建完善的内外部交通系统

规划采用铁路、公路、轮渡相结合的外部交通体系以及轻轨、自行车道、步行道等多种方式相结合的内部交通体系。在道路规划中，设计两条并行的二级公路，用以控制车流以及作为紧急交通使用：其中滨海公路作为一条景观旅游路主要连接城区和度假区，同三公路绕城而建，防止外部车辆穿越城区，如图 6-5-4、图 6-5-5 所示。

位于工业区西侧的沐官岛水库，通过复式公路连接两个工业区并通向南部港口区。这样的设计减少了货车与生活交通的穿插，同时也兼顾了旅游功效。

为平衡控制交通流量和方便参观游览的需要，每隔 2 ~ 3 千米就会设有一个交叉路口，工业卡车应禁止在滨海公路上行驶（图 6-5-6）。

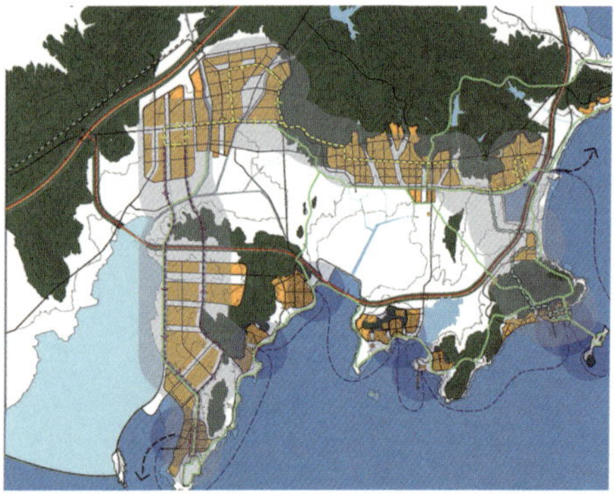

图 6-5-4 构建琅玡组团完善的内外部交通系统

图 6-5-5 琅琊组团同三公路绕城而建

图 6-5-6 琅琊组团规划采用铁路、公路、轮渡相结合的外部交通体系

六、优化用地空间

秉承紧凑发展的精明增长理念，注重组团内部城市空间的内涵式增长，减少城市对自然环境的影响和侵蚀，缓解道路交通压力，节约土地，降低城市运行的能源和资源成本。紧凑发展的核心是在现状基础上对城镇土地利用模式进行优化调整，可通过在城镇已建区东部琅琊镇滨海旅游组团、西部泊里镇生态产业发展组团的基础上开展修补型规划，形成“2+5”

的层级发展的组团格局（图 6-5-7）。

两大组团为东部琅琊镇滨海旅游组团、西部泊里镇生态产业发展组团。五个次要组团为琅琊旅游公园组团、水晶城组团、为滨海温泉与高尔夫度假区组团、南头港工业组团，现代有机设施农业组团。

1. 功能分布

根据人口和用地规模的不同，配建层级发散的商业、金融、零售等公服配套设施。

2. 交通模式

在琅琊组团区域内倡导绿色交通，强化“公共交通 + 自行车 + 步行”相结合的换乘模式。

3. 开发强度与天际线模式

中间圈层开发强度高，向外逐渐降低。

4. 强化土地使用功能的兼容性

弱化土地使用的单一性，鼓励沿街建筑运用“楼下底商，楼上住宅”的模式，并鼓励开发“建筑 + 住宅 + 他功能”的一体化模式。

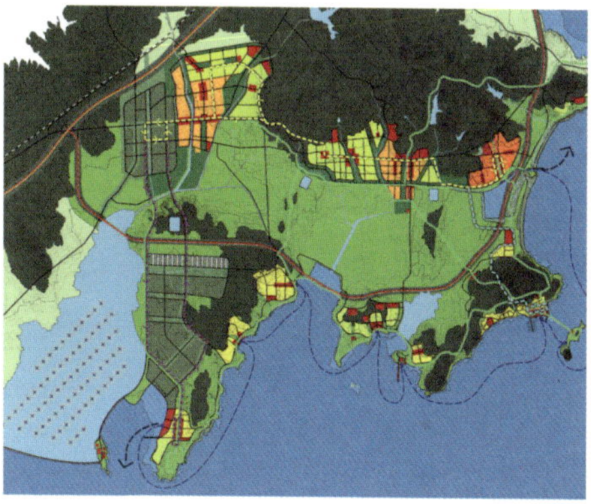

图 6-5-7 优化用地空间规划

七、确立城市形象

一座城市良好形象的建立，不仅有助于这座城市经济的发展、知名度的提高、资金的引入、人才的聚集，还对旅游及其他各行业的推动有着重要的意义。同时，城市的标识与形象特色，可以加强城市居民的归属感和认同感。

城市的标志与形象由三个要素构成：城市环境、城市文化和城市特色。城市环境主要是指整个城市独特的地理特征，如城市的气候、地形地貌、水文、地理位置等特征。城市标志形象的设计可以从这些因素中提取，用图形的语言来表述。

在琅琊组团地区规划时，我们运用大海和沙滩、山脉的风光、空旷的公园、热闹的城市广场、政府建筑以及社区间的公共交通等勾画了城市特征的线条。而市区的地形、水面和各个景点，被用来塑造城市的整体形象，这也是琅琊组团区别于其他地区的重要标志。

另外，在城市形象塑造时，需要谨慎对待城市的标志性建筑。如作为城市权力中心和城市象征的市府大楼及政府建筑群，它是整个城市文化和文明的象征。这种标志性建筑必须壮观并具有特别的建筑风格。有些历史建筑、重要的文化建筑和其他旅游设施建筑可以安排在城市拓展边界之外，保持城市的活力和多样性。一些具有历史和人文景观意义的小村庄，应得到妥善保护及利用，它们不但可以促进旅游业发展，更能保持这个地区的特征和多样性（图 6-5-8）。

图 6-5-8 市府大楼及政府建筑群

八、限制城市建筑高度

建筑物的高度控制，可以营造良好的城市景观形象。城市建筑物高度的控制方法总结有以下五种：

1）分区控制法

首先确定保护区域，然后在保护区域的周围确定若干个不同的控制区域，然后在每个控制区域里确定建筑物的控制高度。一般越接近保护区域，建筑物的高度越被严格地限制。

2）眺望控制法

设定眺望区域和被眺望对象，在被眺望对象的前面形成一个前景区域，同时在被眺望对象的后面也形成一个背景区域，这两个区域内的建筑物高度都受限制，从而达到在眺望区域内眺望被眺望对象时，视线不受遮挡和其他影响。

3）分区控制与眺望控制相结合的方法

同时，也可将分区控制法与眺望控制法相结合，灵活控制建筑物高度。

4）建筑外轮廓控制法

例如“纺锤体”眺望控制规划：把眺望对象建筑的两端与眺望者连接成两条直线，而这两条直线形成的一个平面与投影到地面的平面形成一个立体范围，称为“纺锤体”。“纺锤体”中的建筑都要受到高度限制。

5）天际线控制法

这种做法一般用于海岸和河岸的滨水空间的景观保护中，眺望点在对岸。它没有绝对的高度数值上的限定，所以在控制上没有定量的限制，有其局限性（图 6-5-9）。

图 6-5-9 琅琊组团作为滨海城市的天际线控制

琅琊组团的建筑高度控制采用了分区控制与眺望控制相结合的方式。根据实地调查，确定所有的建筑不能高于琅琊台的海拔高度。这是为了维护大山的美丽景观，也确保琅琊台作为整个地区最重要的象征和最突出的标记。同时建议任何建筑物的高度不超过海拔 100 米，这样可以凸显这里地形的起伏。高度限制不是指建筑物本身距地面的高度，而是绝对的海拔高度。当然，历史建筑、标志性建筑和其他旅游设施建筑可以例外。此外，在海拔 30 米以上的地区也不应再规划建筑。冲积平原上我们没有规划任何建筑，只有一望无边的农田和广阔的大地。

琅琊旅游公园的群山衬托着滨海的古典美，长而优雅的沙滩和突兀的礁石处处可见。在规划琅琊旅游公园时，我们通过限制建筑物高度及城区扩展范围的方法，使得周围的村庄、服务设施、娱乐中心、娱乐设施等建筑在视觉上与历史及自然环境相协调。

琅琊镇的总体布局和欧洲的一些城市相似，不同区域对建筑物高度实行不同的限制标准。市府大楼前面的建筑限高 5 层；市中心区的其他建筑限高 7 ~ 12 层，并且鼓励综合利用；再外层为小规模建筑，一般为 3 ~ 7 层；最外围密度最低，多为 3 ~ 5 层的建筑。

九、优化社区建设

现在世界范围内都流行“新城市主义”。新城市主义之所以盛行，是因为它一贯主张社区内传统的步行街和步行文化。虽然权力、利益、文化认同等多方面的复杂因素对一个地区的影响巨大，但步行街和社区之间的交流和连接的影响是不可忽视的。我们所提的可步行社区是一种特定的城市建设模式，旨在提高生活质量，减少市民对机动交通工具的依赖程度。高密度居民区有明显的优越性，如社区轮廓清晰，效率高，城市及商业服务便捷，基础设施集中，轻轨公交系统线路简便，扩建可塑性强，形色各异的景观环境相距不远，可望亦可及。我们的方案能让人们工作、生活和娱乐的地方都距公交网不超过 1 千米。

社区不再是一个简单的大商贸区，它需要有当地特色和文化认同感的社区服务。一个成功的社区包括其美丽的自然边界、功能完善的社区中心和活动中心、不同层次和不同款式的住宅，并且交通便利，娱乐方便。人们希望社区尊敬、期望和认可他们的创造性，而不仅是拥有一个物资的空间。现代设计必须体现社区和人的追求，要有社区的认同感。一个社区所拥有的艺术气质、建筑、象征物及其他设计标志，可以生动地体现出其文化特征和持续高涨的发展热忱。运用这些原则进行城市规划的社区，再加上绿色城市设计和超前思维的设计理念，这样一个成功的新城市的规划蓝图肯定是光彩夺目的（图 6-5-10）。

图 6-5-10 琅玡组团社区商业配套

第六节　组团设计

一、琅琊旅游公园

琅琊旅游公园的发展潜力及价值对于琅琊组团的未来发展十分重要。最主要的景点包括琅琊台历史遗迹和群山的自然美景。此地交通便利，可以大力发展娱乐和教育观光旅游业。我们认为，旅游区的设置必须与自然融为一体，并有助于当地渔业经济和教育经济的发展。所以在公园扩建时，应特别注意多规划有历史象征意义的建筑。

当游人沿滨海大道从北部前往琅琊台，经过半山腰时，他们会为眼前山海相接的壮观景色而感叹，琅琊台也会从回龙湾长长飘动的沙滩尽端显现。因此，我们必须精心地进行限制性区划和空间管理，以保持这里一览无余的自然美景，也希望可以让它永远保持这种广袤和自然，从而促进旅游经济发展。

在滨海大道上行驶的车辆可以直接前往琅琊旅游公园。精心规划的公共交通系统可以满足大批游客前往，避免出现长时间交通阻塞的情况。优先考虑的交通系统应该是轻轨列车、有轨电车或少量的专线客车，为便于论述，以下我们将这些统称为“轻轨”。用轻轨与其他地区的交通系统相连接，进一步完善了这一地区的交通网络。人们可以从这里很方便地前往青岛及国内外其他地方。作为交通系统的补充，人行道和自行车道可以让人们更为休闲地前往公园，避免了公路的过度拥挤和产生堵塞。用于建设公园的土地面积要足够大，以满足琅琊组团长期发展的需要。由于公园临近生态保护区、农田及工业区，本地区的旅游潜力又得以加强（图 6-6-1）。

1. 琅琊台

琅琊台是琅琊组团的中心和标志。作为一个“活公园”，它显示了这个地区的繁荣。景区内以步行游览为主，进口处设公园管理办公室、纪念品店、旅游服务商店。北部入口靠近滨海大道出口，有一个消防站。南部入口靠近琅琊旅游公园的旅游区。为限制园内车辆，游人驾车入园游览需付少量费用，而市民可以免费入园游览。公园入口处及旅游服务区都设有停车场。琅琊台的东部可以俯瞰大海，此处只修建自行车小道和游人步行道（可行驶救护车）。周围群山保持不动，博物馆和纪念品店需加以修缮。景区要与整个区域的交通系统相连。公园内现有的一些建筑物须拆除或改建，以保持整体风格的一致。琅琊台有一种永恒的气质，通过精心开发，我们可以使这种气质更加突出（图 6-6-2）。

2. 琅琊公园村

详见本章第四节中琅琊公园的叙述。

3. 大众旅游庄园

这里可以作为旅游娱乐和文化教育的中心，全年提供文化教育和娱乐服务。例如，可以在庄园内举行各种多元文化教育展，分别展示中国和日本的风俗传统和黄海文化；或是建造一些历史村再现公元前 219 年的生活。附近的回龙湾沙滩也可以加以利用，修建一些水上娱乐设施。

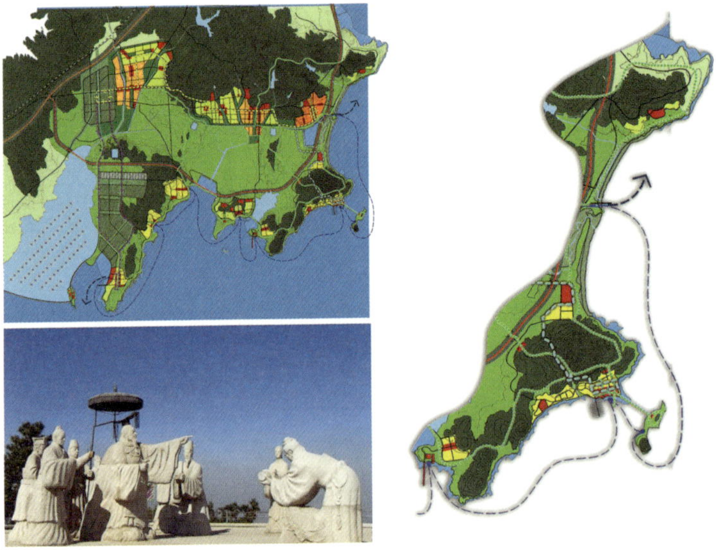

图 6-6-1 琅琊旅游公园的发展潜力

图 6-6-2 琅琊台是琅琊组团的中心和标志

4. 海洋研究所

详见本章第四节对海洋研究所社区的叙述（图 6-6-3）。

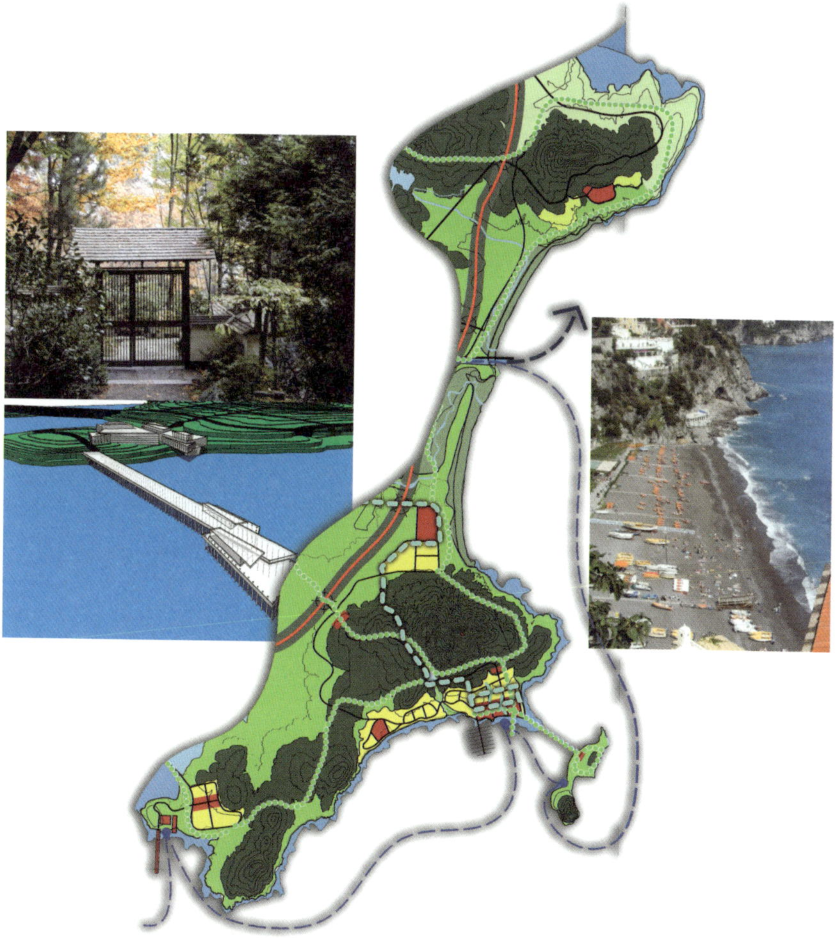

图 6-6-3 琅琊组团琅琊旅游公园设计

5. 山海公园

山海公园是个风景秀丽的区域，其内部的原始自然风光保持完好。公园对于土地的影响较少，所以能够保持地域的原野和自然，这样也提高了公园的吸引力。山海公园创造了一个绿色长廊，把车轮山度假区和水晶城及其他密集人口的社区分隔开来。公园的美景和海滩会吸引无数的游人，无论是从林间穿行、小河边垂钓、山林间野餐、沙滩闲逛，抑或是在蓝色的大海里畅游，都是大自然赐予的无穷欢乐。

6. 车轮山度假区

车轮山度假区是一家五星级的度假中心，它将迎接来自四面八方的投资者和游客。度假中心有 300 ~ 400 个床位，白天从这里眺望，可看到度假区海边的高尔夫球场、回龙湾和琅琊台；夜晚则能享受水晶城璀璨的灯光。山与海连接的优美景色、会吸引很多的投资者。人们可搭乘往返客车方便地前往水晶城购物、娱乐，或者转乘大区交通系统前往其他地方。游人可以从青岛市区或机场乘高速快艇到达水晶城，然后再花上几分钟便可到达车轮山度假中心。

这个地区将建设琅琊组团内两个高尔夫球场的其中之一。靠近温泉度假村的高尔夫球场将向公众开放，而车轮山度假中心的高尔夫球场只对度假中心的客人、俱乐部会员和职业球员开放。由于这个球场靠近海边，交通便利，所以具有举行国际高尔夫球赛的潜力。为使这个度假中心升值并保持其独立性，应通过投标的方式确定一家公司进行开发。

7. 高科技渔村（山东头村）

有了海洋研究机构的支持，这个村将从事可持续海洋渔业、商业养殖、捕捞。这个区域在规划范围外，我们的总体规划没有包括这个村的细节内容。

二、水晶城

水晶城用半透明的绿色玻璃造型装饰住宅楼及宾馆大厦，以此来显示作为休闲城市和旅游胜地的典雅，预计成为人们所向往的生活、工作和娱乐的地点。我们建议主导建筑为绿色、节能、整洁的玻璃造型（不是反光的玻璃镜）。这个晶莹的“花园城市”坐落在北部群山之中，可非常便利地到达滨海大道、琅琊镇、附近山脉和回龙湾。人们可以从水晶城欣赏到各一个壮观的景点：南方有古老的琅琊台，东方有开阔的回龙湾和大海，西方有风景如画的农田，四面八方都可以感觉到天地之开阔！在这个生机勃勃的地方，我们的规划考虑了高密度国际居住区和宾馆区，这样可以提供丰富的娱乐资源和一流的旅游服务。这是一个建设剧院、画廊、俱乐部、商场、餐馆、游艇和帆船俱乐部等休闲设施的理想地方（图 6–6–4）。

在这个区域的中心，我们设计了长达 1 千米的三层商贸长廊——琅琊商城，其中一连串小公园连山接海，并通往琅琊台。我们在这个花园商城中设计了弯弯曲曲的潺潺流水，象征了龙的祥气，也以此彰显回龙湾的波浪之美（图 6–6–5）。商城是琅琊组团轻轨的终点站，人们可以乘坐轻轨前往公园、市区、工业区及其他重要地区。水晶城的独特性由它与琅琊台景区之间的微妙距离、各种丰富的旅游活动和方便的交通构成。

这是一个独特的国际海滨度假中心，它有着绿化良好的公共大道，通往群山及公园的小路，直通南面的旅游码头。水晶城将成为一个国际投资的热点地区，这是整个城市经济发展的源泉。一旦青岛市区通往此地的滨海大道贯通，这个地方的人口增长将有足够的驱动力加速城市发展。我们认为水晶城可建设满足 3 万居民居住的各种公寓和住宅区，还可以建造各种出租公寓、酒店、度假村，以供容纳 3 万游客。由此到 2020 年，这个地区可以容纳 6 万人。

水晶城的南部是一个人造海水港湾。这个港湾可集中提供海洋旅游服务、帆船游艇培训设施、游人轮渡码头、游船、私人游艇停泊及游艇娱乐服务。娱乐活动包括：钓鱼、滑水、帆伞运动、小皮艇、独木舟、帆船及摩托艇运动。由于距离水晶城较近，由水晶城支持并从中受益。一个可行的方案是用港湾清理出的淤泥垫高城区，以获得俯视滨海大道的视野。滨海大道与港湾入口相交处架设一座桥梁，以方便游艇通过。另需第二座桥提供给自行车和行人专用，连接琅琊商城、回龙湾沙滩和琅琊台。

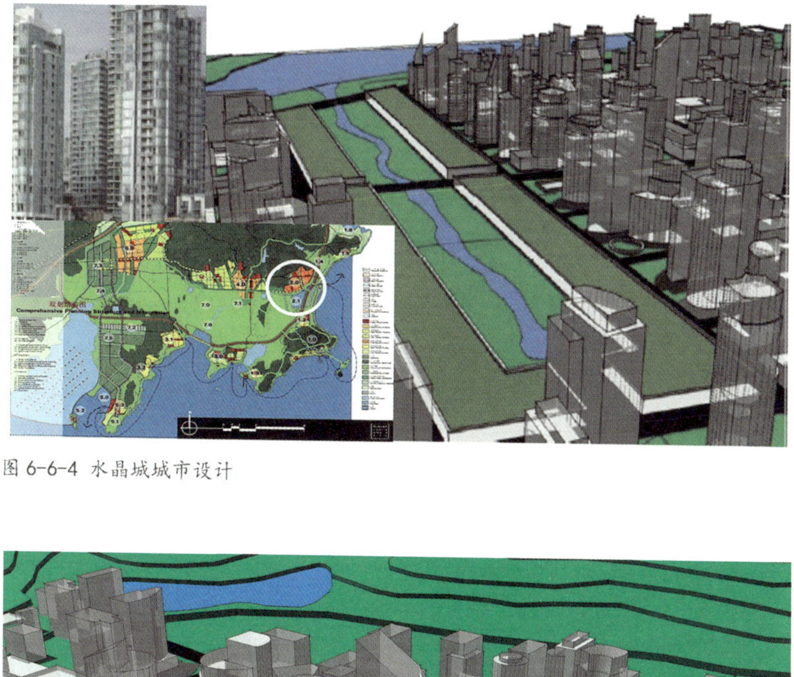

图 6-6-4　水晶城城市设计

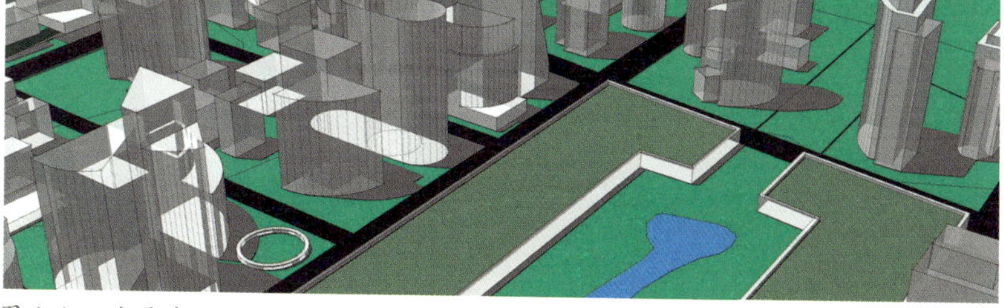

图 6-6-5　水晶城设计

三、滨海温泉和高尔夫度假区

滨海温泉和高尔夫度假区如图 6-6-6 所示。

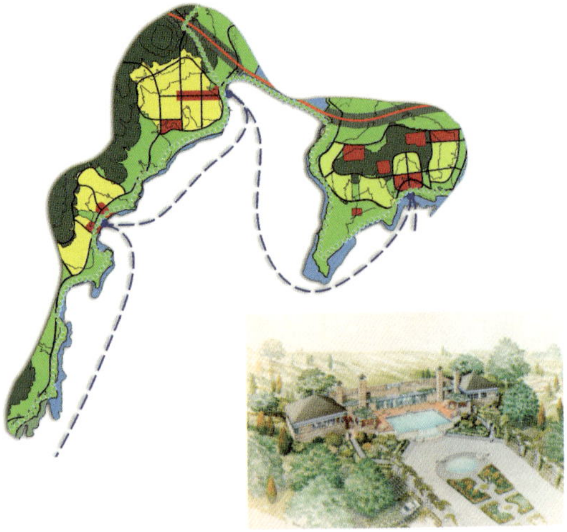

图 6-6-6 琅琊组团滨海温泉和高尔夫度假区

1. 保健温泉和海滨度假村（蒲湾）

在滨海开发区，设有几个环保型的保健温泉度假中心，供人们疗养休息。这一区域偏重于放松和休闲，一座一流的公共高尔夫公园和培训中心将在这里闻名，附近居民和游客有机会在这里体验高尔夫运动的魅力。人们也可以沿海边的木栈道或自行车道漫游，放松身心，调养身体。这个区域没有超过三层的建筑，可以让人深入体验超脱的绿色大自然。所有的街道旁、人行道边、公园都铺有软软的草坪，种有婆娑的绿树和美丽的花儿，营造既舒服又享受的氛围，附近的居民悠然享用着海滨的舒适。这个地区亲密的气氛和稀疏的建筑具有美国加州滨海小镇的特点，很像山塔巴布菈镇（Santa Barbara）。这个镇设计时有意把温泉建在山顶上，并修建了配套的保健疗养服务的设施。我们考虑到生态和环境的综合效应，设计的温泉建筑朝向为南，这样可以带来轻松愉快的感觉。琅琊组团的规划展示了当代绿色设计的理念，并提供了最优化的可持续经济发展前景。这个度假村犹如一个独特的小宇宙，集聚了组团绿色设计的理念，充分体现了组团内对都市发展和旅游业开发的最佳经济利益的追求。

2. 企业旅游村（尹家圈）

由于临近工业中心，西海岸城镇的最北端成为了一个旅游点。在这里，南北向的山脊将工业区与旅游区隔开，并且一直向南延伸，形成了半岛及许多美丽的海滨陆角。企业旅游村与新建的海滨大道距离很近，从这里可以很方便地前往泊里镇和琅琊镇。因此在这里新建一个企业研究及培训机构是非常必要的。这个机构将协调旅游活动和工业发展，并进一步加强两者之间的联系。在培训区域内还可以从事商业活动，并可以通过创建互联网站点加强宣传，以促进企业观光带来的游览经济。这个海边小村将是成为企业家和管理者居住的地方。除适于居住外，这个地区有轮渡与水路相通，又有美丽的沙滩和可供休闲的海滨陆角。

3. 南岸旅游村（山东头村）

这个独立的旅游村位于半岛陆角的西部，位置独特，山脊将其分隔于工业区的另一侧。它适合于建设高档的度假村和住宅区，提供给居住的商界领袖人物一个舒适的社区。同时也可以修建一些小酒店，可以为游客提供住宿和早餐服务，并可享用静谧。

四、琅琊镇

琅琊镇是琅琊组团的市政管理中心和政府所在地。新设计的城区坐落在北部群山中，并设定海拔 30 米等高线为新城区扩展的海拔高度上限。这样既突出了该地区坐北朝南的开阔视野，又改善了区域的环境质量。由于北部群山的保护和朝南的日照优势，琅琊镇将会更加美丽宜人。新城区的中轴线连接着群山和大海，并且直通海边新设计的海洋研究所，它象征着尊严、融和、科学和开放。通往大海的中轴线的两旁由郁郁葱葱的树木所装扮，在其北端是一片小山林和城市公园。连同向阳展开的大草坪，与市政中心近在咫尺，将是整个城市最辉煌的景点。

小山林和城市公园南面屹立着新的政府大楼，它是一座宏伟庄严的方拱形建筑，既是通往群山的大门，又是连接秀丽的海边风景的桥梁。这一与大地融为一体的杰作将随地势自然向北延伸，两侧建筑逐渐升高，犹如展开的翅膀，并与山势相呼应，其间点缀的花园既是美丽的景观又充分利用了光能。它能够衬托市政府中心的权威，又能激励整个地区沿着生态及绿色设计规划的方向发展。市政府大楼内所有的办公室不是面向大海就是面对青山，其优雅的工作环境令人向往。

市府大楼广场往下是一条 200 多米宽的林荫大道，向南一直通向大海。这条林荫大道可用于举行各种功能的公众活动和服务。这里是生动多样的街区生活的一个很好的缩影。在琅琊镇的南部是可持续农业研究中心，中心里有多块试验田，用于研究、学习及进行有机栽培、水栽和盆栽等实验。

琅琊镇是组团经济发展策划和管理的中心。它将是整个区域的电信和技术基础设施的中心，也是组团的数字枢纽。它也将建一所重点大学的分校。

我们在设计时充分考虑了学校、医院、研究机构及其他重要的社会场所和公共设施的分布。我们建议这些建筑应放在城市扩展边界的边缘或中心区的周边地带。同时，我们强烈建议各个社区综合考虑配备各种服务楼、敬老院以及康复中心。

商业街及公共服务区都应设在各社区的中心。我们认为所有社区的规划首先应做到便于出行，人们不用花太多时间便可步行到达场所。此外，轻轨站和公园的设置也应方便人们出行，设在较短的步行范围，以降低日常生活中开车出行的需要（图 6-6-7）。

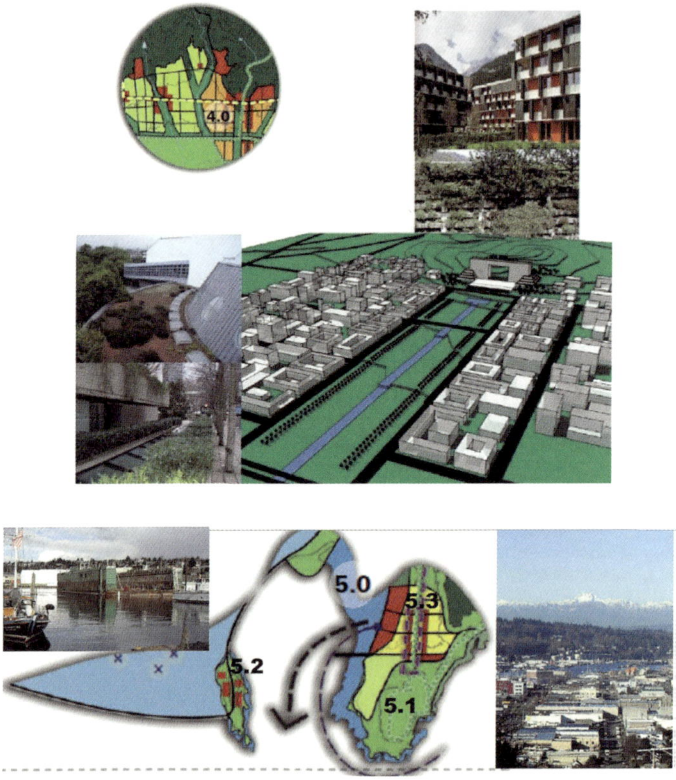

图 6-6-7 琅琊组团琅琊镇城市设计

五、南头港

分隔开泊里镇和琅琊镇的山脊绵延向南入海至“南头”。这些深入海中的陆角拓展了琅琊镇的旅游资源，其东侧便是旅游区，西侧为工业区和沐官岛水库。这种地理位置上的并列为整合工业和旅游功能，并使之互动互利提供了特别的条件。造船工业、风力发电厂和港口的发展将是本地经济的驱动力，也会提升这个地区的旅游吸引力。我们的规划包括了对这些珍贵海滨陆角的保护，并建议把他们开辟为公园，以供居民和游人休闲活动。

1. 南头船坞和南头港

我们建议把原定的沐官岛水库挡浪坝的位置稍作移动，这样便可以腾出水面新建一个区域性的港口。此港口受港湾的良好保护，与规划工业区很近，也与地区的陆地交通联系方便。这样一个港口具有良好的配套设施，可为造船、海洋服务、渔船船队、旅游、娱乐游艇提供服务，并可用于当地和区域的水上交通运输。这个地区是造船业和海洋服务业的绝佳之地。这种滨海规划，既有利于促进经济发展，又具有极高的旅游附加值。

在初始阶段，捕捞渔船的制造可以使这个地区的渔船船队现代化，随后，这些制造设施则可制造帆船和摩托艇。我们可以采用现代干码头技术，降低港口对水深的要求，减少挖泥工程量。船坞可以继续保持其沿海工业功能，并同时增强工业服务的潜力，以支持沿海旅游业和渔业。我们还可以开发当地工业旅游资源，丰富游客游览内容。

2. 南头滨海陆角公园

山脊绵延入海的部分非常适于建设公园和娱乐场地。开阔的滨海陆角，可以保持这个地区的质量和特色。通过强化工业和旅游业的结合，为滨海公园创造空间，提高环境质量，是当地居民和游人休闲的理想处。

3. 学者岛和沐官岛水库

为给南头船坞和港口腾出空间，我们将原先规划的沐官岛做了调整。沐官岛水库将提供生产用水，而由其他水库提供饮用水。沐官岛水库也具备大规模风力发电的潜力。风力发电机可以提供琅琊组团发展所需电力的 30%，但不会造成一点污染。现代风力发电机每台可发电 1 兆瓦以上，每千瓦时耗费约 0.16 元。这使风力发电特别经济并具有很强的竞争力。此外，反渗透膜技术的开发大大降低了海水淡化的费用。有了周围的电能和海水淡化新技术，在未来，海水淡化可以是淡水的重要来源。我们建议在学者岛上设一个研究所，研究风力发电和海水淡化的可能性。由于这两项技术可以相互补充，又可以极大地提高这个地区供水、供电能力，所以我们建议坚持对这两项技术进行研究开发。壮观的风力发电场也可以成为一个旅游热点。

我们进一步研究了沐官岛水库南部挡浪坝，认为它具有停靠大型船只的可能。如果将这个深水挡浪坝配以管道，便可以向水库西侧的炼油厂和化工厂输送原料（不在此规划范围内），这样便可以极大地拓展这个地区的工业生产潜力。

4. 南港村（姚头）

这个集旅游业、制造业为一体的港口村坐落在海滨陆角上，其中的小旅馆、商店、服务设施等可以支持东部沙滩公园和港口地区的旅游活动。这个地区游人云集，活动繁多，非常适于居住和工作。它交通便利，是连接轻轨交通系统和滨海轮渡系统的枢纽。人们在此地可以很容易地感觉到娱乐和工作之间的平衡和满足。

六、泊里镇

泊里镇在琅琊组团的位置很好，镇周围有高速公路、铁路和水路。这里很适合发展工业和制造业。相关的政府基础设施、管理办公室和基础设施维护机构的设立，将使泊里镇成为琅琊组团公共基础设施的枢纽。它紧邻同三高速及与同三高速平行的铁路，便捷的交通与青岛新建的深水港口及山东其他经济中心相连。我们规划的复合公路系统可以将工业车辆和居民、旅游车辆分流。另外，轻轨系统连接了市中心、工业区和琅琊组团的其他区域。

琅琊组团的工业和公共设施总的监督管理办公室设在泊里镇，其中包括电力、热电、自来水、污水处理、水质监控、运输服务和加油站分配管理。水力、风力和火力发电需统一综合管理，加强协调。农用机械的供用及配套服务也将以此地为中心。随着工业生产的多样化发展，人们需要一个繁荣的市中心，用来满足金融、商贸、公共服务及商务旅行服务的要求。当地的建筑业需要一个配套的建材供应和分销中心，以及一个加工区，以满足经济快速增长的需要。新建轻轨的基础实施管理和维护机构也设在这里。泊里镇将是一个工业管理集团和配套服务的中心（图 6–6–8）。

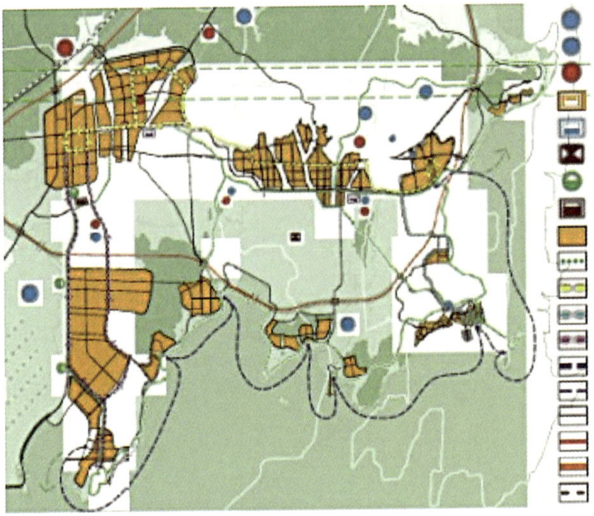

图 6–6–8 琅琊组团基础设施设计

泊里镇的中心区是政府大楼，这里也是人们聚会和开展社区服务的场所。我们规划在镇里设置一个工业研究所及培训中心，可以促进本地区的成功发展。现有的 204 国道也将预留有一个重要的交叉口，以此连接通往政府大楼和工业研究所的大道。这条宽 200 米的大道向南伸展，穿越市府大楼前的人工运河，把市中心和南部的大公园连接起来。

在发展泊里镇时应仔细考虑当地居民的生活质量。我们要详细评估当地的地形和流域，来确定绿地分布和建筑的具体方位，以期保证最佳的环境质量、水质和娱乐效应。最重要的是确定城市扩展边界，以此保证最优化的山区环境、农业生产、工业增长，以及地区旅游业的发展和整体生活质量。泊里镇的扩展及今后发展应向北延续，并通过流域评估加以确定。城区南部边界的限制，保护了附近农田景观和工业区的美景。建筑高度应限制在 30 米高，以保护山区景观。社区设计要注重步行便利，营造生活气息，靠近商场、公共服务设施、交通网站和社区公园。泊里镇将是泊里人民以高度的环境意识，为他们自己建立的现代化工业和农业地区（图 6-6-9）。

图 6-6-9　琅琊组团泊力镇城市设计

七、农业、工业和农业旅游业

农业、工业和旅游业最理想的结合，应该互助互利，极大地促进各行业的共同发展。工业区周边及附近绿化缓冲带、生态区、高产农业园区等，这都是琅琊组团振兴经济发展和提高生活质量的重要因素。这些农业和工业的特别因素也成了受欢迎的旅游景点。工业发展及产品生产靠的是市场开拓，而旅游业的增长靠的是丰富多彩的旅游景点和各种形式的旅游活动。旅游活动越多，旅游的人就越多。富饶的土地越多，农业经济的发展则会越强劲。工业生产越综合，越注意生态保护，越考虑人的因素，人们也会越认真地工作，效益就越高。所有这些都是从相互协同效应中受益的。

1. 特色农田

特色农田在琅琊组团中有着经济、生态、景观和改善人们生活质量的作用。我们推荐种植高附加值的农作物，它们可以把农田装扮得有趣而美丽，例如果园、葡萄园等。随着橄榄和橄榄油在中国的普及，我们也许可以研究本地区种植橄榄的可行性。通过葡萄和果树种植而带来旅游收益的典型例子有美国加州的索诺玛（Sonoma）和纳帕县（Napa）、法国的泊甘蒂（Burgundy）和意大利的图斯堪尼（Tuscany）。这些地区的农业生产创造了可观的经济利益，同时也吸引了大量的游人，给旅游业带来了很高的收益。在意大利，人们称之为Agriturismo（农业旅游业）。游人被农田景色所吸引，也被周围提供其他旅游服务的城市所吸引。许多人喜欢在农家小院里住上一宿，吃上一顿农家宴；有些人喜欢四处漫步，然后返回当地度假中心。

农田的北部成为城区扩展边界，它成为北部城区和东南部旅游度假区之间的绿色缓冲带。这大片风景秀丽的农业景观就位于琅琊组团的心脏地带，它提高了整个组团的价值，是一个强大的经济驱动力，为市民创造了更高的生活质量，并吸引了来自四面八方的游客。它是组团的一个重要组成部分和成功的标志。

2. 可持续农业研究所

详见本章第四节可持续农业研究所的相关叙述。

3. 水培农业

根据本章第四节中对水培农业的分析，我们建议用聚碳酸塑料薄膜（Polycarbonate）搭建温室，这种材料又轻又便宜。可以在当地开设一家工厂专门生产这种聚碳酸塑料薄膜，另一家工厂制作温室，供本地使用或是销售给其他地区。

例如，日本已成功地利用屋顶进行水培。这种屋顶栽培方法是除温室外增加农业产量的又一选择。水培可建在大部分工厂的屋顶上，可以附加温室或者不加。屋顶栽培增加了农业生产的空间，同时作物还可以作为建筑物内外的热屏蔽，减少建筑物内热量损失或吸收外部的热量。

4. 重工业和中型工业区

重工业和中型工业区设置于同三高速公路及新建铁路线附近，以方便货物运输。应优先在工业区内铺设一条铁路支线（图上没有标明），可以满足那些需大批量运输货物的工厂的需要。工业区的绿地空间把地表水收集到中央绿地排水系统中，进行生物过滤处理。这些生物绿地，可以改善空气质量和水质，又是当地居民休闲娱乐的好去处。大部分职工将住在附近的泊里镇，他们可以步行、骑自行车或搭乘轻轨上下班。

琅琊组团在充分考虑生活质量的基础上将其与制造基地结合，创造了一种高水平的可持续发展的模式。位于美国西雅图市的泊凌翰镇（Bellingham）在这方面做得非常成功。这个镇的人口是17万，正如琅琊组团一样，它是一个处于山海之间生活质量很高的美丽的城镇。镇的北部有世界产量最高的英国石油炼制厂。英国石油公司经多年研究得出一个结论：与其他采用相同技术的炼油厂相比较，这个厂的典型特征是职工良好的团队精神和工作态度。

5. 污水处理设施

工业区的南端留有一个水质管理的重要地块。在这里，工业废水、生活污水、工业及非工业地表水采用不同的系统进行处理。这个地方是整个琅琊组团的污水处理中心。在组团发展及转型期间，可采用喷淋灌溉，逐步达到污水三级处理。工业区的地表水将通过绿地排放，再通过生物滤池，最后汇入沉淀池完成水的处理。把几个水质控制机构都设在一个区内，以方便对水质的监控。这些水处理区也将是一个非常有趣的公园，它可以帮助人们更好地了解他们对水的使用及影响。这里也是设置水质及自然资源管理研究所的好地方。

鉴于沐官岛水库将是本地区的主要水源地，提高对水质的监控变得十分重要。沐管岛水库应提供主要的工业和农业用水，所有山区水库则用来提供居民用水。

6. 水产养殖

该地区现有的水产养殖业会进一步得到加强和发展，水产资源的管理会进一步强化。随着海洋研究所的技术开发和运用，高产出、高附加值、可持续性的水产养殖方法将得到更多的推广应用。它将替代其他地方的养殖，使那些地方的土地可以作为其他用途。与此同时，随着技术的进步，水质的提高和水质管理的改善，反过来将进一步促进水产养殖业的发展（图 6-6-10）。

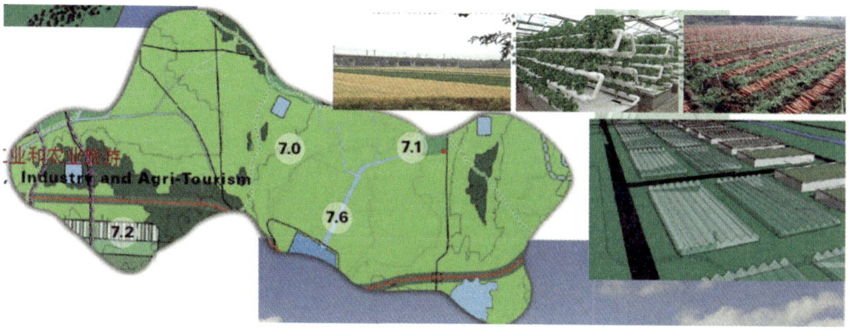

图 6-6-10　琅琊组团的农业规划

第七章

大连市庄河新区
生态基础设施设计

新型城镇化的生态城市设计离不开生态基础设施设计，在大连市庄河康养景区的生态基础设施设计中，我们推荐了一系列的生态基础设施建设的指标，包括：海绵城市设计、生态水系设计、绿色交通设计、绿色建筑设计、绿地景观设计、管囊设计、给排水及污水处理厂设计、步行道自行车道设计、垃圾桶及垃圾回收处理设计、路灯及智慧标识设计、低碳设计、容积率绿地率设计。生态基础设施设计已经成为生态城市设计中最有技术含量和创意的设计内容。

第一节 项目概况

一、区位分析

庄河市隶属于辽宁省大连市，位于大连东北部，目标规划区位于庄河市城东片区，南邻滨海公路，在热水河、庄河及鲍码河交汇处东岸，与中央商务区隔河相望（图 7–1–1）。

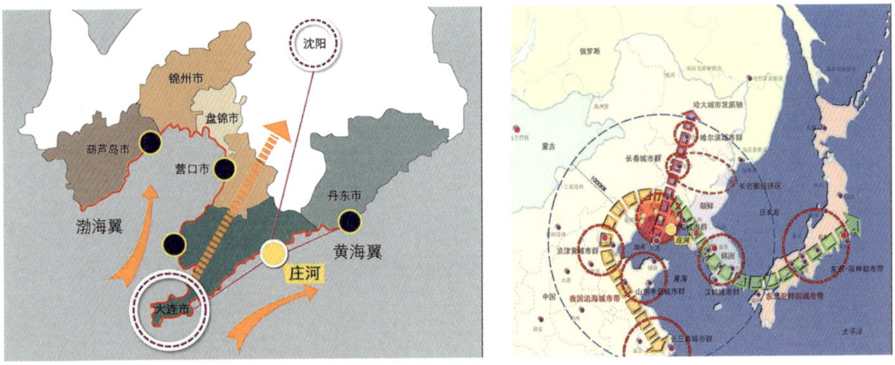

图 7–1–1 区位分析

二、上位规划解读

依据《庄河市城市总体规划》，规划区的功能定位为高品质、宜居、宜游的养老养生休闲片区。

依据《庄河市养老养生区控制性详细规划》，空间布局规划形成“两轴、三点、多片”的空间结构，东西向为功能轴、南北向为发展轴。

规划人口规模为 4 万人，人均建设用地面积 108 平方米。规划区内居住用地约占 30%，容积率在 1.0 ~ 1.5 之间；公共服务设施用地约占 6%，容积率在 1.5 ~ 2.0 之间。居住用地建筑控制在 12 层以下，公共设施用地建筑不高于 60 米，标志性建筑可以达到 70 米。

第二节　规划建设

一、规划理念

注入生态理念，打造“生态 + 养老”新型社区。

基于生态理念指导的规划设计，将使整个社区的环境品质进一步提升，利用生态技术营造片区水景观。同时，养老社区低密度的建设也将更好地维护整个片区的生态平衡。

1. 低影响开发

通过生物滞留设施、屋顶绿化、植被浅沟、雨水利用等措施来维持原有的水文条件，控制径流污染，减少污染排放，实现开发区域的可持续水循环。

2. 生态水系

以湿地技术作为基础，采用了较多的水生植物来保持水质，维持生态水系形态，希望水系能够依靠自身的能力维持清洁并且自然发展。

3. 绿色交通

保证安全、舒适、便捷的公共交通及非机动交通出行需求，体会出行乐趣。

4. 绿色建筑

在建筑材料与设备制造、施工建造和建筑物使用的整个生命周期内，减少化石能源的使用，提高能效，降低二氧化碳排放量。

二、规划布局

从产业功能上划分，规划区主要分为：养老产业区、滨海居住区、休闲商业区、公共设施配套区、生态保育区（图 7-2-1）。

三、调整后用地规划图

调整后主要是水域及绿地面积增加，居住用地和公共服务设施用地面积减少（图 7-2-2）。

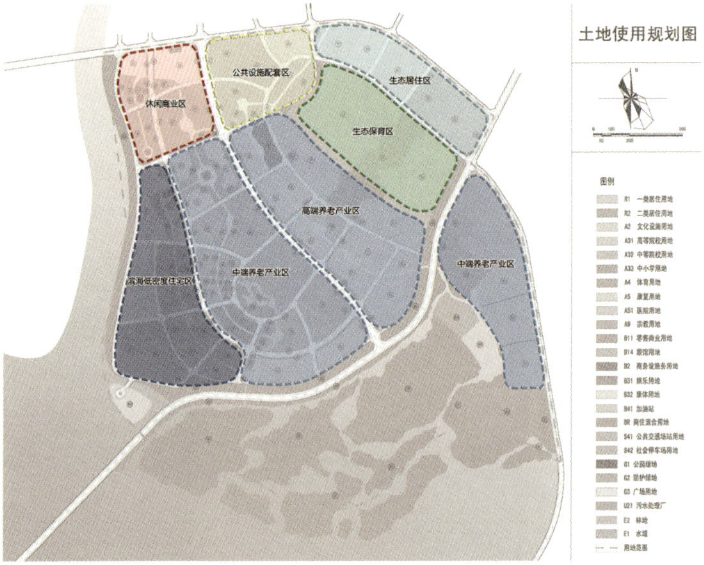

图 7-2-1 规划分区

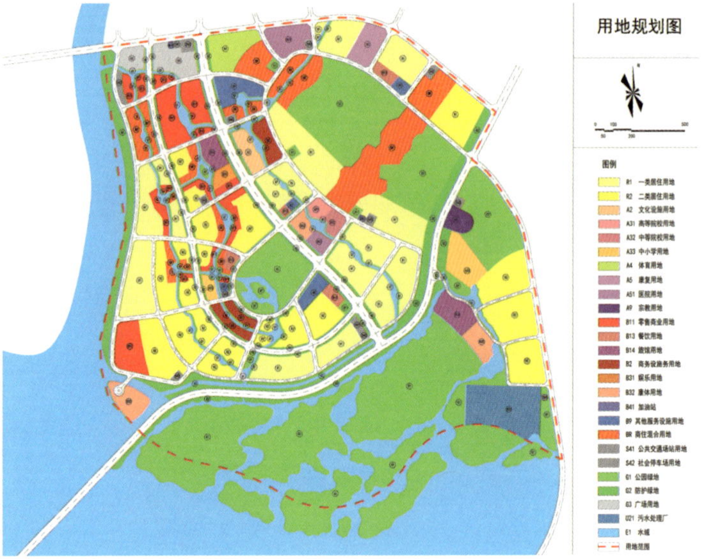

图 7-2-2 土地利用规划

第三节　绿地系统

规划的公园绿地、防护绿地、规划区中部的中央公园和分散布置的街头绿地，以及沿河流两侧布置的绿道等形成的网状绿地系统，满足了附近居民茶余饭后的休闲活动(图 7-3-1)。绿地面积共计 127.43 公顷，占建设用地的 29.64%。对绿地率所作的通则性规定见表 7-3-1。

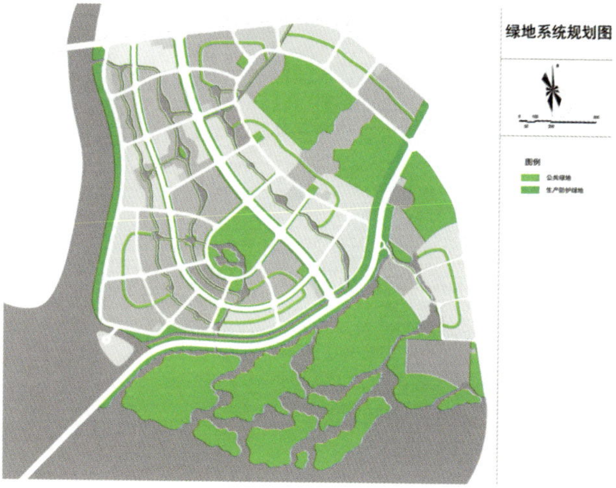

图 7-3-1 绿地系统规划

表 7-3-1　各用地的规划绿地率

广场用地	≥ 35%
医疗、疗养用地	≥ 35%
道路用地	≥ 30%
市政设施用地	20% ~ 25%
公共、防护绿地	≥ 95%

第四节 绿色交通规划

城市交通并不是车的移动，而是人或物的移动。交通政策的制定、交通工具的选择、交通线路的布设、交通设施的建设、交通管理的措施等方面都应充分考虑绝大多数人（包括广大骑行者、步行者）的舒适性、安全性和便捷性，保证社会公平和交通资源合理分配；同时还考虑尽量减少交通废气、噪声、振动等污染对路网周围地区居民的危害，最大限度地降低环境的负载，减少土地的占用和能源、资源的消耗，追求城市交通系统总体效率（包括经济、社会、生态效率）的最大化。

一、交通发展的目标

1. 坚持交通可持续发展

坚持"以人为本""生态和环境优先"的原则，具体体现在公交优先、步行友好、自行车方便、使用清洁能源和资源节约等方面（图 7-4-1）。

2. 强化"一体化交通"建设——整合各交通系统

交通设施、交通运行、交通管理、交通政策、交通费用机制等的一体化（图 7-4-2）。

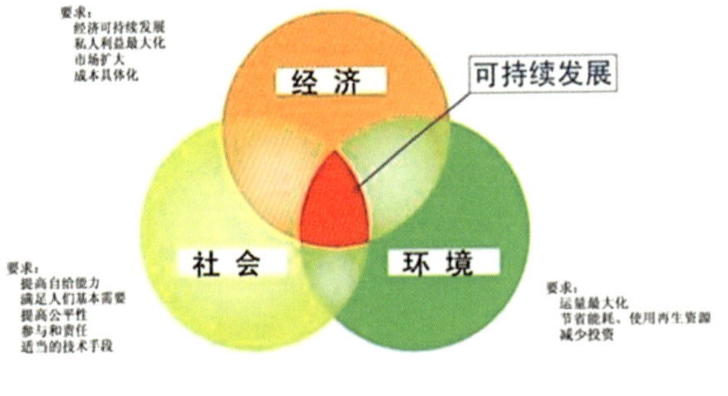

图 7-4-1 绿色交通可持续发展

图 7-4-2 交通一体化体系

二、任务与对策

1. 非机动与机动化发展对策

（1）自行车合理发展、强化管理。

（2）三轮车严格控制、逐步取消。

（3）摩托车严格管理、限制使用。

（4）公交车大力发展、优化结构。

（5）出租车总量控制、提高档次。

（6）小汽车适度发展、引导使用。

2. 道路网络发展对策

明确道路功能，发挥路网整体效应；高度重视支路系统规划与建设，大幅度提高路网密度。

3. 区内交通与土地利用协调发展对策

以交通走廊引导本区整体开发，以通道建设带动本区建设。

4. 公共交通发展对策

建设技术先进、政策到位的公交优先系统；建立衔接顺畅、换乘方便的公交换乘系统。

5. 静态交通发展对策

（1）制定科学的停车配建标准并严格执行，逐步实现“一车一位”，建设绿色停车场。

（2）加强停车换乘系统建设，减轻停车压力 。

（3）建设停车诱导系统，充分发挥既有停车设施的利用效率。

三、规划建议

1. 路网规划

此次规划区域中的路网密度低于国家标准，在路网结构上有些不合理，支路网密度远小于次干路的路网密度。

针对上述情况，需要增加区内支路密度，将用地规划成小的地块，有利于分块开发，便于铺设地下地上管线，也有利于提高区内基础设施的服务水平。

2. 道路断面规划

（1）道路断面上分离出专用的非机动车道，以此加强非机动车的通行能力。

（2）建议通过缩减机动车道，使一号路上过境车辆的数量减少，将过境车辆转移到二号路上，削弱过境交通对休闲区内的影响，改善区内的环境。

（3）下凹式路边绿化带如图 7-4-3 所示。

图 7-4-3 下凹式路边绿化带示意

3. 稳静化措施及安全岛

稳静化措施是道路设计中一系列工程和管理措施的总称，目的是降低机动车车速、减少机动车流量，以改善道路周边居民的生活环境，同时保障步行和自行车交通使用者的安全。

（1）减速路拱。减速路拱包括减速丘和减速台。减速丘是横穿道路路面的圆拱形凸起区域。减速台则是一种平顶的减速丘。

（2）凸起的人行道。凸起的人行道是配有人行横道标线的减速台，构成渠化交通，方便行人通过，并且可以使机动车驾驶员更容易发现过街行人（图 7-4-4）。

图 7-4-4 减速路拱和凸起的人行道示意

安全岛是设置在往返车行道之间，供行人横穿道路临时停留的交通岛。增加行人过马路的安全性，避免“急行军”，尤其保护了老人、小孩和残疾人的利益（图 7-4-5）。

图 7-4-5 安全岛示意

四、公共交通系统

1. 市域公共交通规划

在庄河市内共设有三条快速公交，其中三号线经过养老养生休闲区范围，并设有一个区级公交枢纽和一个公交首末站。

建议在市域范围内再增加一条快速公交四号线，主要沿滨海路运行，使沿海地带各组团间的交通更加方便、快捷，从而节约能耗（图 7-4-6）。

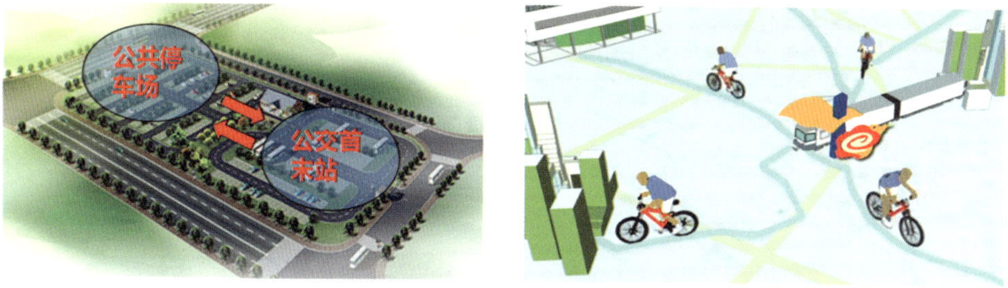

图 7-4-6 市域公共交通系统规划

2. 区内公共交通规划

在北部区域增加一处快速公交站点，使其在半径 500 米内的服务覆盖率达到 90%。

建议在快速公交各站点旁建一处自行车停车场（或公共自行车租赁点），实现“无缝式”换乘交通方式（图 7-4-7、图 7-4-8）。

图 7-4-7 换乘系统示意

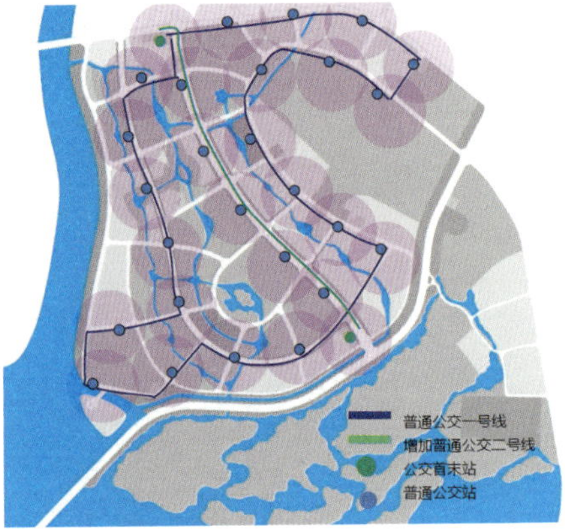

图 7-4-8 区内公共交通系统规划

五、滨水绿道

滨水绿道是与机动车、非机动车完全隔离的独立步行通道，沿水系和绿带廊道，作为城市观光休闲步道（图 7-4-9）。

可采用木板铺装，与观光自行车线路结合，完善慢行标识系统。建议绿廊宽度不小于 10 米，自行车道宽度不小于 3 米。

图 7-4-9 滨水绿道设计效果示意

六、小结

交通的可持续发展的理念体现在提升公共交通和慢行交通的出行比例，引导居民减少对私家车的依赖，由此创建低能耗、低占地、高效率、高服务的城市交通模式。此次对项目的建议，更为注重公共交通和慢行交通系统（包括自行车和步行）的设计。

预计规划区域内人们的出行方式中非机动方式不低于 45%，公交方式不低于 35%，而小汽车方式占总出行总量的 20% 以下（表 7–4–1）。

表 7–4–1　生态指标体系（交通）

一级指标	二级指标	单位	目标值
公共交通	道路网密度	千米 / 平方千米	大于 8
	快速公交站点 500 米覆盖率	%	大于 90
	普通公交站点 300 米覆盖率	%	大于 70
	万人拥有公交车辆	辆 / 万人	15
	绿色出行比例	%	大于 80（公共交通大于 35，慢行交通大于 45）
	无障碍停车比例	%	大于 10
	人均道路面积	平方米 / 人	9
慢行交通	步行道密度	千米 / 平方千米	大于 15
	慢行系统连续性、安全、舒适	—	慢行系统连续无障碍，与景观系统结合紧密且宽度适宜（步道净宽大于 3 米；自行车道“单向”净宽大于 3.5 米；自行车道“双向”净宽大于 4.5 米）
	自行车停车数量	车位 / 人	公共建筑大于 0.1；居住建筑大于 0.3

第五节　低碳建筑

绿色建筑是在建筑的全寿命周期内，最大限度地节约资源（节能、节地、节水、节材），保护环境和减少污染，为人们提供健康、适用和高效的使用空间，与自然和谐共生的建筑。

——摘自《绿色建筑评价标准》GB/T 50378

一、项目背景

随着我国经济的高速发展，人们在衣、食、住、行等物质文化生活方面有了很大的提高，尤其是在住的方面，更加要求高质量。这就促进了建筑业的迅猛发展，建筑总量的不断攀升以及各种高耗能建材的使用，使得我国建筑耗能呈急剧上扬的趋势。据业内分析，建筑行业耗能占到了全社会总能耗的 40% ~ 50%，由此引起的建筑材料的节能问题也越来越突出，这个问题已越来越被政府和社会各界所重视。建设高效节能型新社会成为人们追求的理想社会。我国政府适时制定了中长期节能规划，在规划中建筑业被列为节能与环保的重点行业。其中节约能源并且寻找新的替代产品迫在眉睫。目前，在传统建筑材料基础上大力发展新型建筑材料是节能建材研究领域一个重要的方面，这也成为未来建筑材料的主要发展方向和趋势，对于落实科学发展观和构建资源节约型社会具有重要的现实意义。

二、现状分析

中国在低碳建筑方面的实践也早已开始探索，并取得了一定的成果，例如上海的印象钢谷就是低碳建筑的典范。这座低碳建筑的立面采用了素混凝土，节省了一次性瓷砖贴面、花岗岩、大理石和粉刷层，避免了开采石材时对大自然造成的破坏。地下车库上方覆盖了 1 万平方米的绿色坡地，加大了对二氧化碳的吸收效率，并且车库四面通风，实现全面的自然采光，做到了白天不用开灯（图 7-5-1）。

三、低碳建筑技术体系

低碳建筑技术主要包括五个方面：

图 7-5-1 上海的印象钢谷

1. 节能

主要措施包括：围护结构（墙、窗、屋面、可调外遮阳），HVAC（分区控制、能效、部分负荷系数、水系统、风系统末端可调），可再生能源，能源分项计量，热回收，蓄能技术，集中能源系统等（图 7-5-2、图 7-5-3）。

图 7-5-2 门窗节能示意

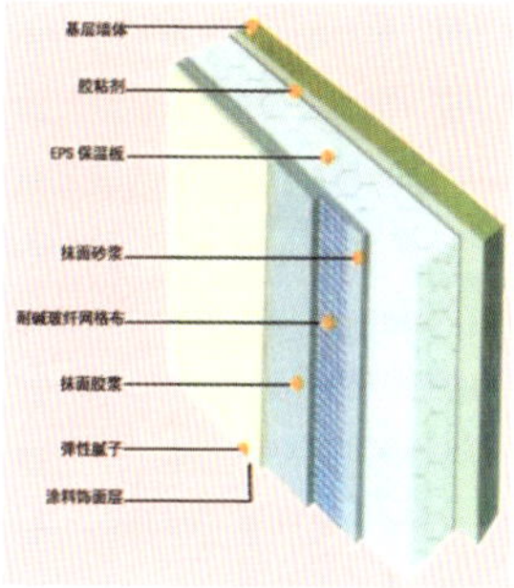

图 7-5-3 墙体节能示意

2. 节水

主要措施包括区域水资源统筹分析，雨水、中水利用，节水器具、节水灌溉，减少管网漏损，用水分项计量（图 7-5-4）。

3. 节材：高性能材料

①使用材料本地化；②多用 3R 材料，即低消耗（Reduce）、再利用（Resuse）、再循环（Recycle）；③加强施工废弃物管理；④避免二次装修污染。

图 7-5-4 水资源循环利用示意

4. 室内环境品质

通过控制日照采光（主被动设计）、声环境、热湿环境（自然通风等）、室内空气质量（IAQ）等因素，影响室内环境品质。

5. 节地

①褐地、旧建筑利用；②人均用地、地下空间利用 ；③绿化率、物种配置；④室外风环境、热岛效应；⑤场地保水及雨洪控制；⑥施工水土保持；⑦公共设施共享。

四、绿色低碳建筑的措施

绿色低碳建筑设计应遵循绿色建筑的节能理念，以减少建筑物对电能的消耗，有效控制冷（热）量需求为节能目标。建筑实现节能降耗需要通过采取以下措施：

（1）加强建筑的气密性和紧闭性。这样可以有效降低不必要的风渗透，降低建筑物的冷（热）负荷，从而实现节能降耗的目的。

（2）合理确定建筑的平面形状和朝向，合理控制体型系数及规划空间布局。这样可有效增强冬季自然得热，降低热负荷，从而降低冬季供热能耗；另一方面可以控制建筑物的夏季受热，降低空调冷负荷，从而降低夏季空调用电。

（3）采用被动得热式自然通风。这样既可以减少冬季通风热负荷，又可以降低风机消耗的电能。

（4）增强自然采光。可减少建筑白天对电能的需求。

（5）围护结构选用高热阻类型的材料。这样可以加强建筑的隔热性，从而明显减少建筑物的冷（热）负荷。

（6）建筑材料选用大热质类型。可通过建筑材料大热质蓄冷（热）的特点，在一定程度上减少昼夜温差对建筑的冷（热）负荷影响。

（7）不使用电加热系统。居住区应尽量使用太阳能热水系统或者燃气、生物质热电联产设备，为居民提供全年生活所需的热水，避免以高位能源加热热水，减少电能消耗。

（8）住宅建筑集中供冷（热）、发电使用清洁能源。居住区根据项目所在地区的自然条件，选取建筑热能和电能的使用方式。通常采用太阳能光伏发电、燃气、水源热泵、微型风力发电、地源或者生物质热电联产等清洁能源提供。

（9）家电使用低能耗产品。鼓励居住区内居民家电的使用以低能耗产品为主，例如节能洗衣机、电视、冰箱，可以有效降低对电能的需求。

（10）使用节能型灯具。提倡、鼓励社区居民使用节能型灯具，如使用声控灯具可在一定程度上减少建筑对电能的需求。

（11）绿色屋顶的使用。可以在建筑密集区域大大增加城市绿化面积，进而起到美化城市、净化空气、吸纳噪声、降低热岛效应的作用，以此达到逐步改善城市生态环境的目的。当然，对于建筑屋顶的材料和防渗要求比较高（图 7-5-5）。

（12）尽量采用高效用水设备。比如充气水龙头、淋浴龙头和节水型便器，这些器具不仅可以在一定程度上减少化粪池系统和污水处理系统的工作压力，而且能够合理、有效地节约用水。而生活设备集中布置又可以减少热水供应的开支。

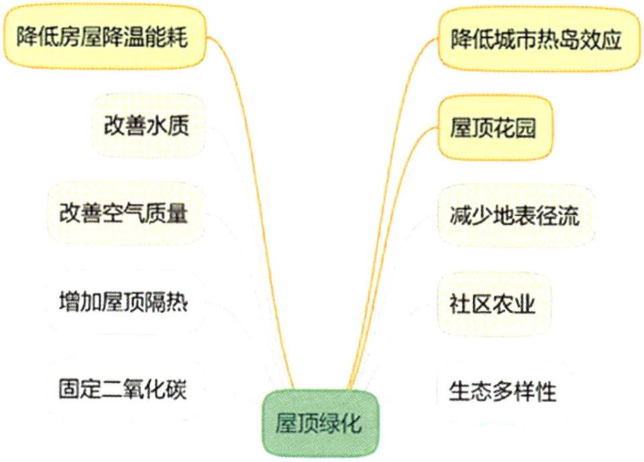

图 7-5-5 屋顶绿化的作用示意

五、低碳能源系统的应用

太阳能、地热能、风能和地下水资源可充分利用。大量的数据和现场研究证明，太阳能集热器的热量可占小型家庭日用热量的 61%~80%，保守结算约占 70%。

1. 太阳能技术的应用

在建筑设计初始阶段，就应考虑太阳能能源构件的应用，使其能与建筑节能一体化相结合，在最大限度地提高能源构件效率的前提下，提升建筑的艺术性。在既有建筑中安装时，做到“两不”原则：不破坏原有建筑的形象；不降低原有建筑的安全性能。将太阳能能源构件与建筑构件一体化加工，如用建筑光伏、光热构件来做建筑的屋顶、外墙，用光伏组件做窗户，这样同一组件可起到多元的功能（图 7-5-6）。

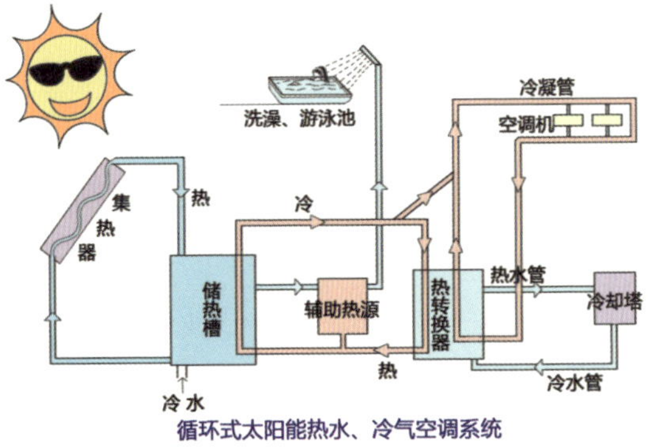

图 7-5-6 太阳能系统示意

2. 地热能的应用

目前已有的所有采暖通风空调系统都需要消耗大量的能源，甚至超过了房屋平均能源总需求的一半。而安装了地热系统后，能大大减少能源消耗，这是因为改变了温度的起点（原先要从 0 摄氏度加温到 28 摄氏度，现在只用从 10 摄氏度加热至 28 摄氏度）。

在技术可行、经济合理的前提下，暖通空调系统的能源宜优先选用地热能。在通过技术和经济比较后，综合利用场地内的地热能源，利用热泵系统在提供空调冷冻水的同时提供生活热水，并且可以回收建筑余热作为建筑的辅助热源（污废水热泵系统）。与此同时，邻近河流、湖泊的建筑，也可考虑采用水源热泵（地表水）作为建筑的集中冷源（图 7-5-7）。

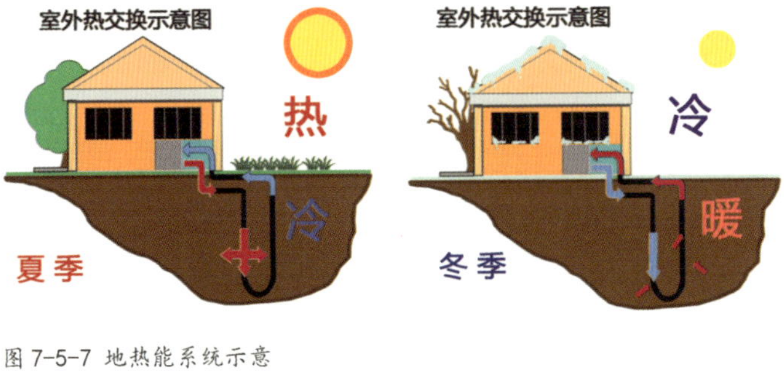

图 7-5-7 地热能系统示意

3. 风能的应用

建筑中风能的利用主要有两个方面：风力发电、自然通风与被动式降温。

在建筑中利用风力发电通常是对高层或者超高层建筑。风机一般在风速 2.7m/s 的情况下能够产生电能，在 25m/s 时达到额定功率，保证持续发电的风速为 40m/s。因此在高层或者超高层建筑中利用风能不是不可能，但必须根据当地的平均年风速、风向、风力资源进行充分分析。

另一个利用风能的方式就是自然通风，即让室内的空气流通。在夏天的时候，这种方式可以带走室内的热量，有助于降温。因为这种方式在我们平时生活中经常使用，所以不会很机械地想到这也是一种风能利用方式。自然通风比利用电器设备通风的效果好，并且电器设备还会消耗电能，间接产生污染（图 7-5-8）。

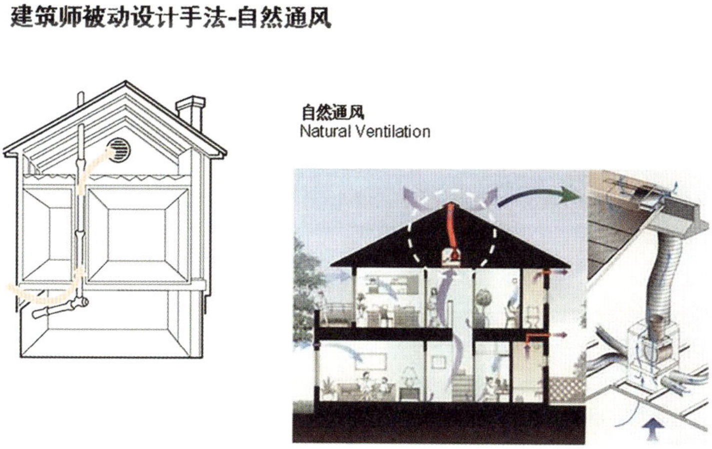

图 7-5-8 风能的应用示意

第八章

绍兴市水城改造及滨海城市设计

绍兴水城空间分为四种类型：滨海、滨江、滨河、滨湖。其中，滨海空间即为滨海新城；滨江空间是指曹娥江一江两岸；滨河空间包括运河、古城河道、平原水网；滨湖空间指的是一城八湖。在运河两岸空间的塑造上，我们更强调保护其历史文化价值。为此我们提出了运河的总体保护策略，从整体风貌、基础设施建设等方面进行控制，使新建建筑与传统风貌相协调，并实现运河两岸功能的更新转换。我们按照古城河道、平原水网、运河三种不同的滨河空间类型分别提出了设计导则，对河道宽度、建筑高度、容积率、绿地率及天际线等要素进行控制。

第一节　优化水城格局和产业体系

绍兴水城概念规划主要是针对城市、水脉、产业怎样融合发展的概念性研究，形成真正具有特色的中国水城。依托良好的自然本底，协调生态保护与环境治理等跨区域问题，构建适宜绍兴地区的低碳生态发展模式，推进绍兴低碳生态城镇区建设。进一步加大治水力度，倒逼经济转型升级，着力提升城市品质，实现重构绍兴产业、重建绍兴水城的战略目标。

一、重点解决的问题

1. 着力优化绍兴水城格局

（1）坚持整体推进。按照“文化名城、江南水乡、宜居城市”的发展目标，全面建设曹娥江、浦阳江两大流域生态带，加强重要河湖的保护开发，实现源头碧水长流、河湖生态自然，充分展示“源丰塘固、河连路通、流畅水净、尘归气清、景美人亲”的江南水乡风貌。

（2）重塑水城形态。科学编制“绍兴水城”规划，合理划定滨河空间的“蓝线”和“绿线”，控制水域周边建筑高度，按照“以水为脉络、绍北一体、做精绿心”的要求，加快绍兴大城市建设。推进滨海新城江滨区的滨海水城建设，加强曹娥江“一江两岸”开发利用和生态保护，做足做美生态型、湿地型滨水景观。加快核心水城建设，使镜湖新区形成以荷叶地景观为特色的现代水城形象，越城片区形成以古城路网与河网叠合的传统水城形象。

（3）强化项目建设。将水环境整治与旅游发展、城市开发、基础设施建设等有机结合起来，加快推进一批重大项目建设，切实打响“绍兴水城”这张金名片。重点加快镜湖国家湿地公园保护区、鉴湖生态湿地保护区、东部生态湿地保护区的建设，着力推进中心城市重点河湖整治开发、古城内河水质改善等一批项目建设，积极打造市民户外休闲的亲水河道、亲水河岸、休闲广场和滨河走廊，实现人水相亲、人与自然和谐相处。

2. 着力构建现代产业体系

（1）重抓创新驱动，加快发展新兴产业。根据市场需求变化和技术发展趋势，明确产业发展的定位和主攻方向，大力发展先进装备制造、新材料、生物医药、节能环保、新能源和新兴信息等战略性新兴产业，重点发展生命健康和通用航空产业，深入实施十大重点产品及产业链培育工程，尽快形成核心竞争优势。根据环境容量和生态承载力，进一步完善产业空间布局、工业污染治理、资源配置、企业亲水价值等体系，力争产业结构有新优化，质量效益有新提升。

（2）重抓腾笼换鸟，改造提升传统产业。全面推广企业综合经济效益排序，加快淘汰落后产能和转移低端产能。加大“机器换人”工作推进力度，促进企业减能增效、减员增效、减污增效。严格执行产业准入和项目把关，严控重污染、高能耗产业或项目的准入源头。

（3）重抓城市经济，积极发展现代服务业。加快实施服务业工程建设，培育建设物流园区、创意产业园、总部基地、商贸综合体等现代服务业集聚区，大力发展研发设计、文化创意、电子商务、现代物流、现代金融等生产性服务业，提升社区服务、文化旅游、商贸商务等生活性服务业。

（4）着力发展绍兴水城旅游，优化水城旅游布局。立足得天独厚的河网水系资源优势，整合水陆资源，加快黄酒文化园、镜湖旅游综合体、中国兰亭景区二期等旅游重点项目及配套设施的建设，全力打响“老绍兴、最（醉）江南”旅游品牌。

二、 水城发展方向

1. 绍兴水脉发展历史

绍兴是在水中孕育的城市，先有水后有城，是一座长在水中的城市。绍兴自古就是人类活动较频繁的地区，这与水系、水利工程的建设密不可分。绍虞平原曹娥江流域和浦阳江流域的自然环境孕育了聚落发展，人口分布呈现出上游少、中游适中、下游最多的趋势。东汉时期筑堤控雨，宋朝围湖造田，形成了绍北平原地区水网湖泊交织的地貌景观，也成就了绍北平原农业、人口高度发达的水乡文明（图 8-1-1）。

图 8-1-1 绍兴水脉发展历程

2. 绍兴城市发展历史

城市发展与水脉有密不可分的联系，逐渐靠水迁徙，沿水发展。远古时期绍北地区人口分布主要以山地聚落为主；夏商时期山地聚落减少，山麓冲积扇聚落和孤丘聚落有明显增加；至春秋时期，山地聚落进一步减少，沿湖沿海聚落开始增加；后汉和东晋时期，沿海沿湖聚落大量增加，平原聚落也逐步密集；唐宋和五代时期，平原聚落增加明显，山地聚落和山麓冲积扇聚落较前几阶段有非常明显的减少；至明清和近现代时期，人居活动基本分布在平原地区和沿海沿湖区域，这种趋势也一直保留至今（图 8-1-2）。

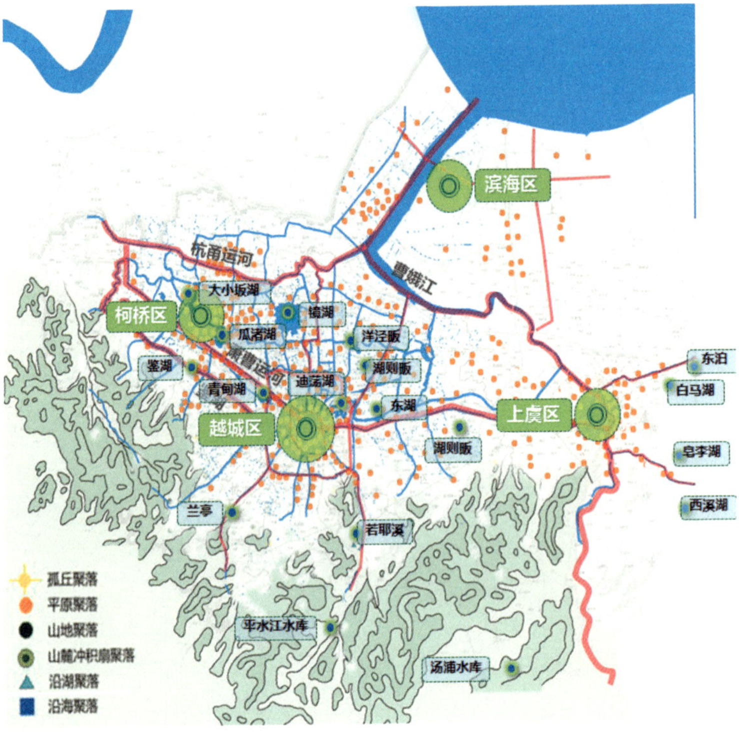

图 8-1-2 现状主要河流

历史上的绍兴，曾辖今江苏南部和浙江大部 20 余县，地位一度高于今天的杭州与苏州。然而，绍兴在改革开放的发展洪流中失去先机，增长速度落后于杭州、宁波及温州（图 8-1-3）。

图 8-1-3 各个时期人口聚落分布

从自身情况看，绍兴将进入经济转型发展期、城市功能提升期、社会加速转型期和改革攻坚突破期，且将加快拓展发展平台，区位优势逐步显现，综合实力有望再上新台阶；但产业层次低、新兴产业规模小、自主创新能力弱、资源环境制约加剧、社会矛盾增多等问题仍较突出。绍兴城市轨迹经由古城时代起，经新城时代、镜湖时代、滨海时代、最终演变成现今长三角时代下的绍兴城的城市空间格局（图 8–1–4）。

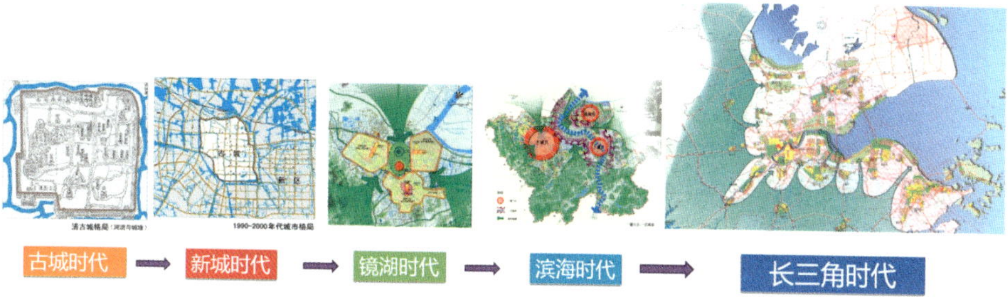

图 8–1–4　绍兴城市发展脉络

三、水城未来发展方向研究

1. 绍兴市发展的机遇——最终走向长三角时代

长江三角洲仍然是国家发展的战略核心区：以上海为中心的长三角是我国经济最发达、综合实力最强的区域。长三角区域发展已上升为国家战略，可以借助长三角其他城市，拉长绍兴发展的短板。

国家进入转型发展和海洋经济发展时期：绍兴城市发展需要调整经济、产业、空间和消费结构，抓住发展高端服务业、旅游休闲、生态居住等重大机遇。此外，海洋战略已被提升为国家层面的政策，绍兴也应抓紧机遇，借助杭州湾，实现新一轮腾飞。

基础设施建设推进区域一体化发展。随着嘉绍通道的建设，将推动环杭州湾区域空间由带状向网络状的转变（图 8–1–5），绍北地区（特别是上虞）有望成为该区域的物流中心，接受上海的辐射，承接产业、资金、技术和人才的转移。随着滨海新城建设与工业发展北进战略的开展，滨海工业区、上虞新区和袍江新区的资源将进行有效整合，形成环杭州湾产业带上的重点开发区，成为连接沪杭甬城市的前沿阵地。

城市规模小、对周围区域辐射功能不强，一直是制约绍兴经济发展的一条“短腿”。开发建设滨海新区，拉大绍兴城市框架，推进“城市北进、沿海开发”，将会提升绍兴在环杭州湾和长三角中的地位和影响力。

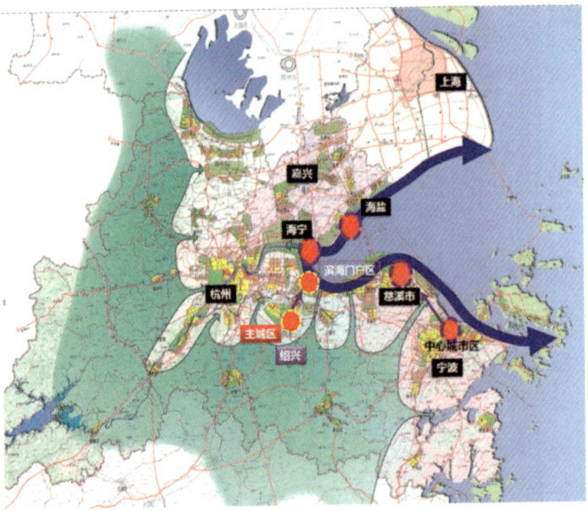

图 8-1-5 绍兴将借助杭州湾，推动环湾区域空间由带状向网络状的转变

2. 长三角时代——开放的城市结构

未来绍北区域以中心城为中心，形成以“干”字轴为主体的面向杭州湾的开放式空间结构，构建“一江两岸、三轴三区两心”的规划结构（图 8-1-6）。

“一江两岸”即曹娥江绿带，是绍兴通江达海的城市气脉。

“三轴”即滨海发展轴、中部发展轴、主城滨海发展轴。

“三区”即主城片区、滨海片区、南部生态发展区。

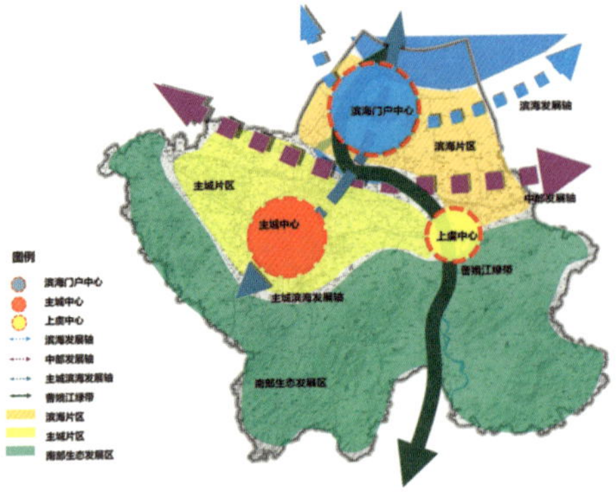

图 8-1-6 一江两岸、三轴三区两心

四、水城形象研究

绍兴水城空间分为四种类型：滨海、滨江、滨河、滨湖。其中，滨海空间即为滨海新城，滨江空间是指曹娥江一江两岸，滨河空间包括运河、古城河道、平原水网，滨湖空间指的是一城八湖。

滨海新城地处杭州湾，将按照新城的功能打造，增加会议会展、高端商务、行政办公及居住功能。运河是绍兴滨河空间中的一个重要组成部分，2014年大运河被列入世界遗产名录。在运河两岸空间的塑造上，我们更强调保护其历史文化价值。为此我们提出了运河的总体保护策略，从整体风貌、基础设施建设等方面进行控制，使新建建筑与传统风貌相协调，并实现运河两岸功能的更新与转换。这里，我们通过两种模式塑造运河空间：郊野段和城市段。郊野段强调生态保护，适度开发休闲露营空间，城市段打造滨河活力空间；开发集商业、娱乐为一体的运河旅游带。

绍兴古城河道体现了传统江南水乡特有的空间形态。其中，河流、民居、街道之间的组织关系是构成这种特色的原型要素。为了使绍兴古城河道的特色更加突出，我们对河道提出了改造建议：南北向为行船水道，保持1.5米以上的常年水位和7米以上的河道宽度，以便水上运输；东西向为景观水道，在无亲水空间河段改造临水建筑，适当退让形成临河街巷。我们按照古城河道、平原水网、运河三种不同的滨河空间类型分别提出了设计导则，对河道宽度、建筑高度、容积率、绿地率及天际线等要素进行控制（图8-1-7）。希望能通过对河道网络体系的梳理，局部调整河道走向，明确主次级别，合理化土地地块划分，以满足城市整体开发的需求。

滨水空间属性		地块要素控制						
		河道宽度	建筑高度（m）	容积率	绿地率（%）	天际线控制		建筑风格
						图片	说明	
古城河道	两街夹一河	7—15m	3—10m	0.5—1.0	30—40		古城式天际线	古典
	前街后河	3—15m	3—10m	0.5—1.0	30—50		古城式天际线	古典
平原水网	模式1	30—50m	30—60m	1.0—5.0	30—50		跌落式天际线	现代+古典
	模式2	50—100m	10—150m	1.0—4.0	30—40		高低错落式天际线	现代+古典
	模式3	100—200m	20—150m	1.0—4.0	30—50		跌落式天际线	现代
运河	城市段	100—300m	20—70m	1.0—2.5	30—60		跌落式天际线	现代+古典
	郊野段	50 —300m	5m—15m	0.5—1.0	60—80		平缓式天际线	生态+古典

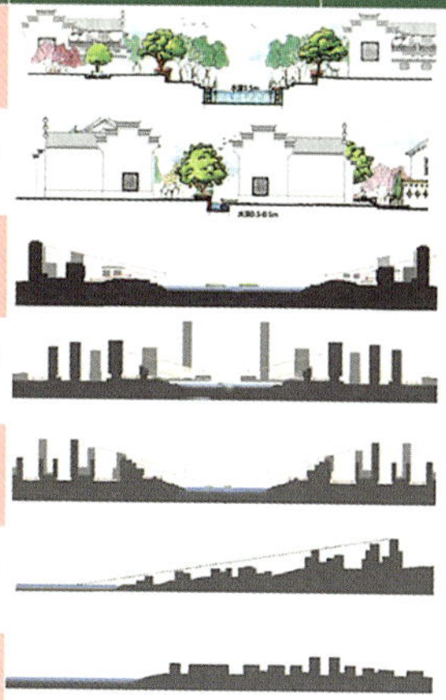

图8-1-7 地块要素控制指标

绍兴中心水城内湖泊众多，共有八湖，我们根据其不同特色，分为三种类型：新城中心湖区、过渡空间湖区和生态湖区。八湖中，大小坂湖、瓜渚湖、迪荡湖和袍江两湖位于新城区，属于新城中心湖区，以商业和居住为主要功能；青甸湖属于过渡空间湖泊，一部分位于城市建设线之内，一部分位于城市建设线之外，城市段进行旅游开发，郊野段注重生态保护；镜湖、大坂洋、白塔洋位于城市建设线外，属于生态型湖泊，湖区周围强调水源保护，不进行大尺度开发，只建设少量旅游服务设施及生态住宅（图 8-1-8）。

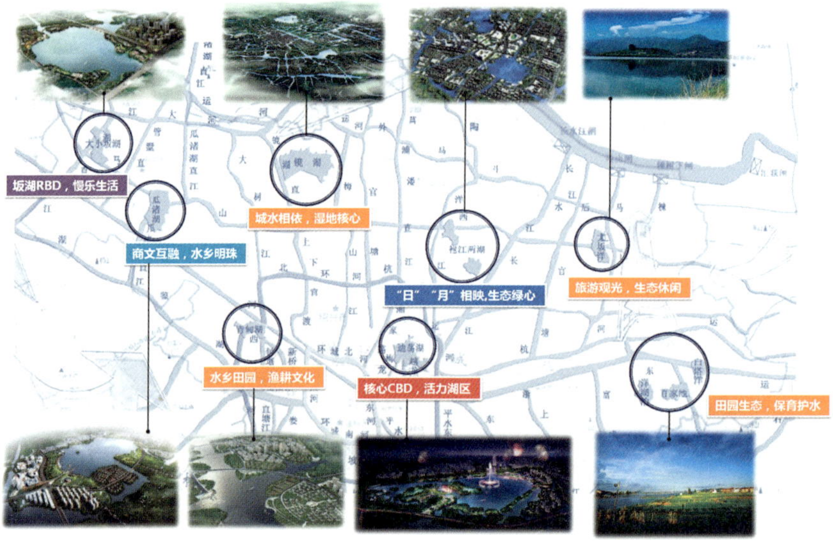

图 8-1-8 八湖成为绍兴城市的八个亮点

针对三种不同的湖泊类型，我们分别提出控制要素作为城市规划设计导则。总的原则为，城市区沿湖岸线向外辐射，建筑高度、建筑密度及容积率可逐级升高，形成跌落式天际线，以保证景观共享；郊野区以生态修复和水源保护为主，保留自然状态天际线（图 8-1-9）。

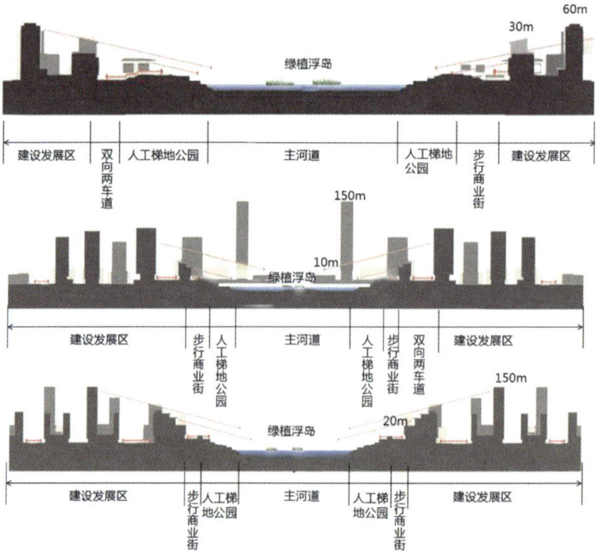

图 8-1-9 城市天际线设计

第二节　绍兴水城产业规划

通过宏观背景分析，明确绍兴水城产业发展总体方向；进一步分析绍兴经济产业发展现状，指出绍兴产业现状对水资源、水环境、水文化的影响；最后提出绍兴水城产业发展策略（图 8-2-1）。

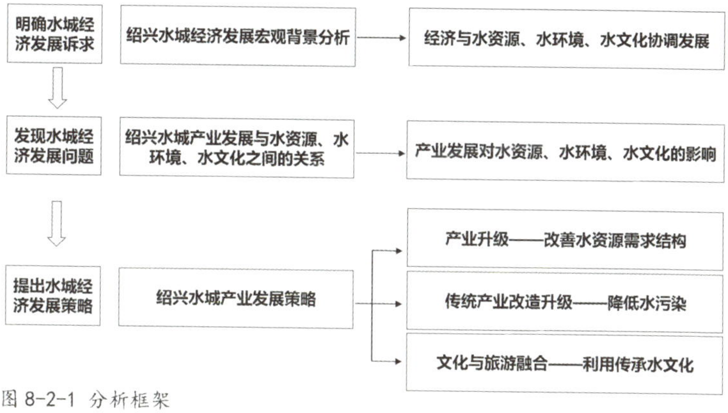

图 8-2-1 分析框架

一、宏观背景

国家发布一系列政策强调生态环境保护、生态文明建设，《水污染防治行动计划》指出：从全面控制污染物排放、推动经济结构转型升级、着力节约保护水资源、强化科技支撑、充分发挥市场机制作用等十个方面开展防治行动（图 8-2-2）。

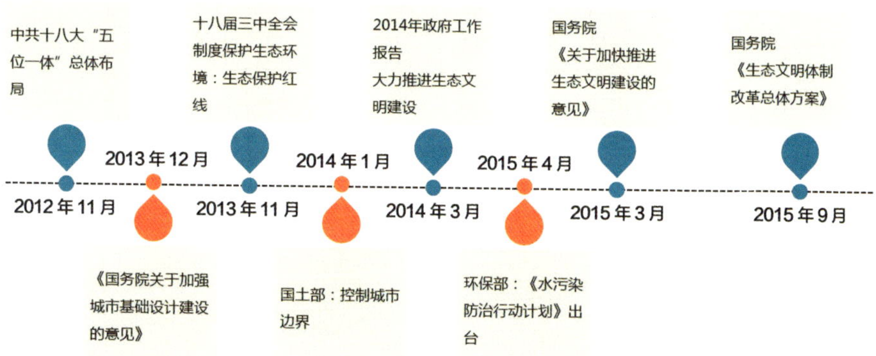

图 8-2-2 宏观政策时间轴

二、产业发展现状

1. 绍兴水城经济实力雄厚，但近两年 GDP 增速下降

2015 年，绍兴市全市生产总值（GDP）4466.7 亿元，占浙江省 GDP 总额的 10.42%，全省排名第四，处于全国前列（图 8-2-3）。

2006 年以来，绍兴市 GDP 快速增长，但是近两年的 GDP 增速不断下滑，急需提升现有产业、开发新的产业来拉动经济增长（图 8-2-4）。

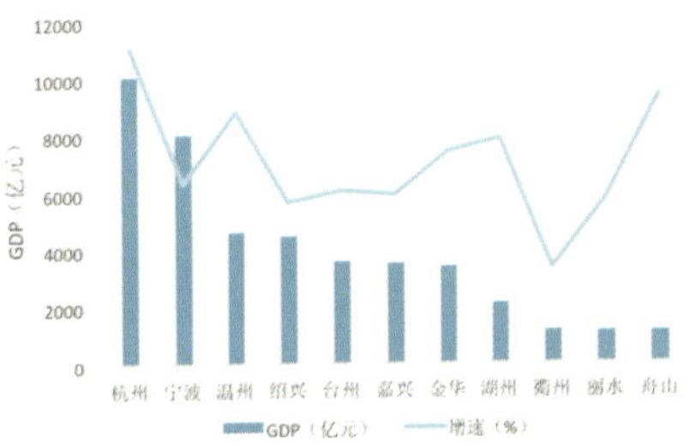

图 8-2-3 浙江省各市 2015 年 GDP 及增速（数据来源：绍兴市统计局）

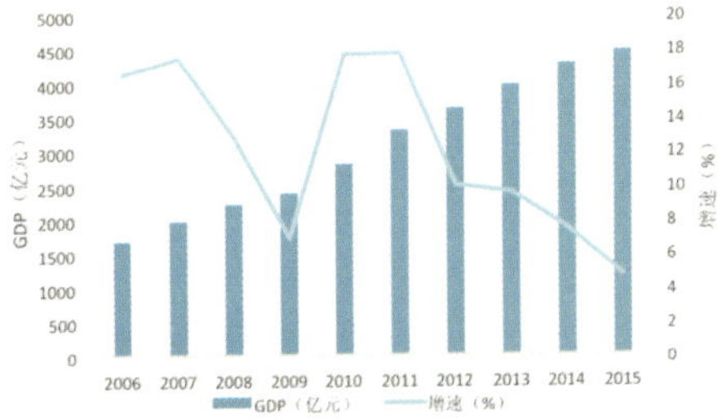

图 8-2-4 绍兴市历年 GDP 及增速（数据来源：绍兴市统计局）

2. 第二产业仍处主导地位，第三产业贡献份额持续扩大

绍兴市经济结构正处于调整、优化期，产业结构不断升级，第一产业占比由 2006 年的 5.8% 降为 4.6%，逐年减少；第二产业由 2006 年的 60.5% 下降为 51.9%，仍然处于主导地位；第三产业贡献份额持续扩大，由 2004 年的 33.7% 增长至 43.6%，但是与全国相比第三产业份额仍然较少，振兴第三产业将成为绍兴经济发展的新动力（图 8-2-5）。

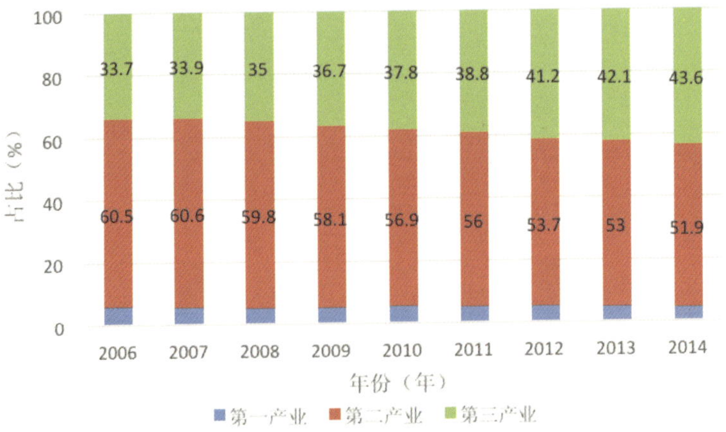

图 8-2-5 绍兴市历年三产比例（数据来源：绍兴市统计局）

3. 纺织业比重大，企业数量大幅度减少

绍兴市纺织业在第二产业占主导地位。2013 年，绍兴规模以上工业总产值 9339.31 亿元，其中制造业规模最大，总产值 8895.85 亿元，而纺织业产值占制造业总产值比重达 25.68%，占全省纺织业的 32%（表 8-2-1）。

表 8-2-1　2013 年绍兴市制造业规模以上企业产值前十行业

行业分类	产值占比
纺织业	25.68%
化学原料和化学制品制造业	11.06%
化学纤维制造业	9.39%
通用设备制造业	8.12%
有色金属冶炼和压延加工业	6.19%
电气机械和器材制造业	5.85%
橡胶和塑料制品业	5.05%
纺织服装、服饰业	3.86%
金属制品业	3.45%
专用设备制造业	3.36%

注：数据来源于绍兴市统计局。

2008 — 2012 年间，绍兴纺织产业（含纺织业、纺织服装、鞋帽制造业、化学纤维制造业）产值年平均增幅为 9.9%，低于绍兴同期 GDP 的年平均增幅（13.0%）；纺织行业规模以上企业减少了 34%（表 8-2-2）。

表 8-2-2　纺织业数量、产值变化对比

年份	2008 年	2012 年
规模以上企业数量（个）	2404	1584
销售收入（亿元）	2208	3125
纺织行业产值（亿元）	2259	3298
工业产值（亿元）	6953	8551

注：数据来源于绍兴市统计局。

纺织产业内部产业结构不合理，化纤、印染生产能力相对过剩，使得织造业规模相对庞大，而服装服饰占比较小。纺织业产业链内部脱节，印染、纺织、服装之间无有机联系。纺织产业对水环境敏感性较高，污水排放未达标造成绍兴市水源污染严重。

三、产业发展路径

1. 总体策略

以生态文明建设为导向，由“二三一”型向“三二一”型产业结构转型升级。第一产业发展策略：南部山区发展现代生态农业、农业旅游等产业，促进农业产业升级。第二产业发展策略：将以纺织业为代表的传统优势产业改造升级，淘汰落后产能，增加科技研发投入，提升尾水排放标准；依托长三角科技信息优势，培育新能源、节能环保、信息产业等现代新兴产业。第三产业发展策略：依托绍兴丰富的水资源，挖掘特色水文化，开展水文化旅游，塑造古色古香的江南水乡形象；抓住绍兴城市居民消费升级的机遇，发展文化创意、继续教育、商贸服务等生活性服务业；推进教育培训、科技研发、电子商务、信息服务、现代物流、现代金融等生产性服务业发展，完善大都市产业服务功能，为传统产业升级与新兴产业发展提供完善的技术、金融、人才服务支持。

2. 升级纺织业

1）绍兴纺织产业发展诉求分析

通过 SWOT 模型分析，发现纺织产业的发展诉求分为两个方面：从国内市场角度，产业转型升级，增强区域竞争力，引领国内纺织业发展；从全球市场角度，提升产品品质，增强国际竞争力，打开国际市场（图 8-2-6）。

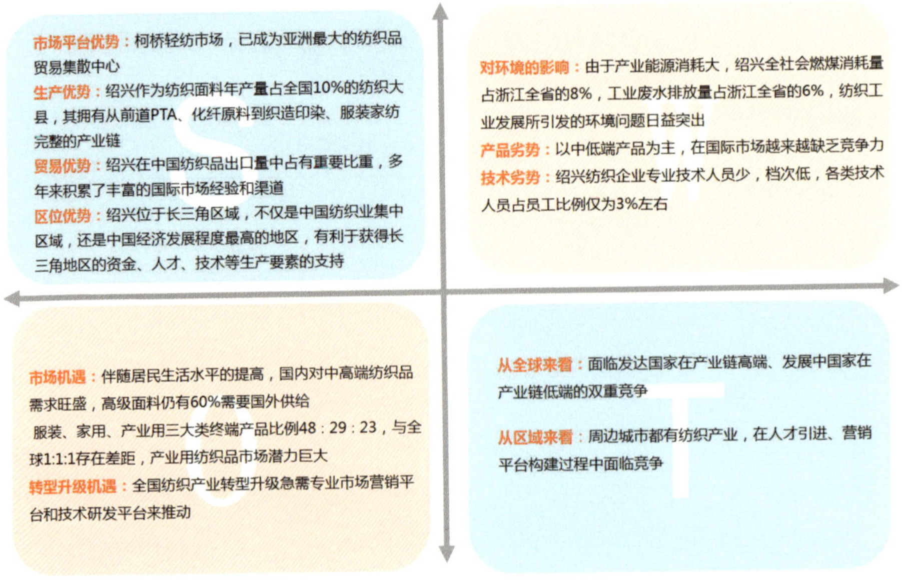

图 8-2-6 绍兴市纺织业 SWOT 模型分析

2）构建绍兴纺织业全产业链

改变忽视上游市场和终端市场需求的传统产业模式，构建既有传统特色又有竞争优势的绍兴纺织业全产业链。核心产业链和配套产业链分别进行硬创新和软创新（图 8-2-7）。

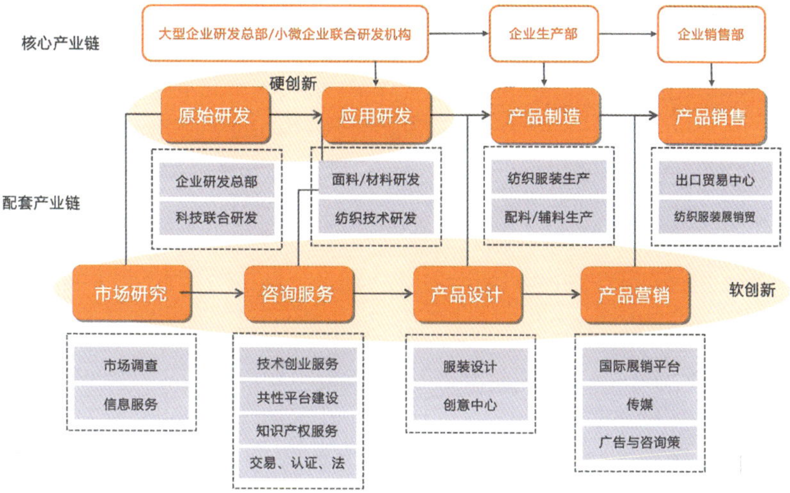

图 8-2-7 核心产业及配套产业链

核心产业链：成立大型企业研发总部或者小微企业联合研发机构，提高纺织技术和纺织面料的品质，研发成果直接进入生产部门进行生产，产品对接国内外销售贸易平台，减少中间环节，形成“研产销”一体化。

配套产业链：新产品研发前进行市场调查，摸清市场需求；同时成立咨询服务部门，提供知识产权、法律咨询的服务；对新产品进行包装设计，提高产品价值；在销售环节成立展销平台扩大销售渠道。

3）减少污染，提升产业地位

从生产型产业向研发、设计、贸易等服务型产业转型，从污染密集型向生态友好型转变（表 8-2-3）。

表 8-2-3　纺织服务业设置部门

研发	设计	展示贸易
企业联合研发中心	服装设计微创园	国际时尚秀场 / 节会
国际质量检测检验中心	国际纺织服装联合学院	纺织业论坛会议、会展博览
现代纺织科技园	品牌创意中心	主题商贸城
新面料 / 材料研发集群	特色文创街区	电子商务园

加快纺织业工艺设备和技术的改造，可使节水减污能力提升50%以上。改进印染工艺，减少化工产品用量、尾水排放量，从而减轻水体污染；淘汰高能耗高污染设备，提升设备的节能环保性能，提高生产能力（表8-2-4）。

表8-2-4　设备工艺改进节能效果

实践方案	资源节约量	最大可能节约量
泄漏检测、预防性维护	水1.1%～5%，能源1%	水6%，能源2.2%
冷却水回用	水2%～8.9%，能源0.3%	水18.6%，能源0.5%
冷凝水回用	水0.2%～5.4%，能源3.1%	水20.3%，能源7%
工艺用水再利用	水1.1%～6%，能源0.9%	水21.1%，能源2.9%
回收利用热水中的热能	能源6.6%～10.4%	能源29.7%
提高锅炉效用，预筛选煤料	能源4.8%～8.5%	能源38.7%
修复蒸汽泄露	水0.1%，能源7.4%	水0.8%，能源19.2%
隔热设备和缸体	能源1.4%～3.2%	能源19.2%
回收利用热气中的热能	能源0.7%～2.8%	能源5.7%

3. 导入战略性新兴产业

战略性新兴产业的导入与用水结构的调整紧密相关，将对缓解绍兴水资源的压力起到积极的作用，实现万元工业增加值用水量小于25立方米的目标。长三角区域科技人才密集，为新兴产业的发展提供一定的基础，有利于绍兴市引进该产业（图8-2-8）。

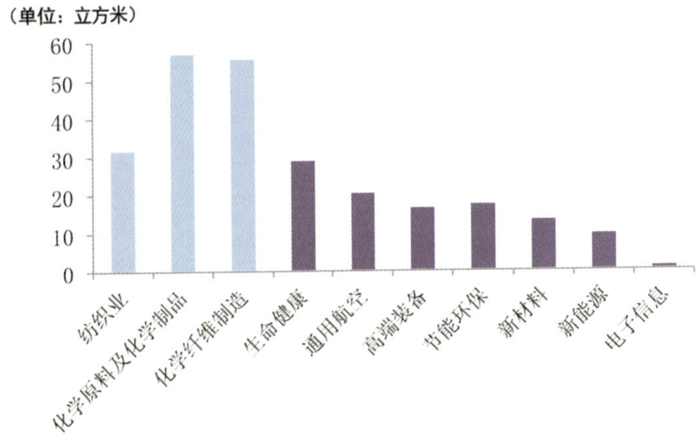

图8-2-8 不同产业的万元工业增加值用水量对比

4. 重塑文化旅游产业

为“老酒”换“新瓶”，以水文化为核心全面激活绍兴文旅产业发展，打造十大体验维度的泛旅游产业体系，助力绍兴成为国家文化水系旅游名城（图 8-2-9）。

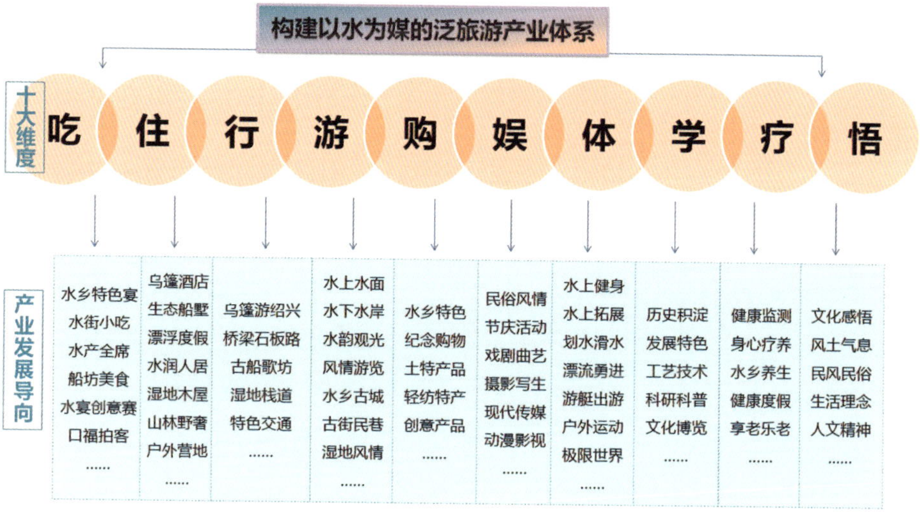

图 8-2-9 十大体验维度的泛旅游产业体系

第三节 水城示范区设计

一、为何选址东浦古镇

东浦古镇拥有深厚的历史文化积淀，是绍兴黄酒的发源地，也是伟大的爱国诗人陆游和辛亥革命先烈徐锡麟的故乡，并素有“水乡、酒乡、名士之乡”的美誉（图 8-3-1）。以东浦古镇作为绍兴水城规划的先驱，不仅有其资源上的优势，还可以借助规划的手段实现老城的“旧貌换新颜”，使东浦古镇成为老水城与新水城共生共融的典范，体现城市的发展与更新。

规划区域位于绍兴老城区的越城区、柯桥片区、袍江片区的交汇地带，镜湖区西侧，紧邻镜湖国家湿地公园。区域南侧为东浦古镇，西邻绍齐公路，南邻洋江西路，东侧为规划路。规划总用地面积约 284 公顷。

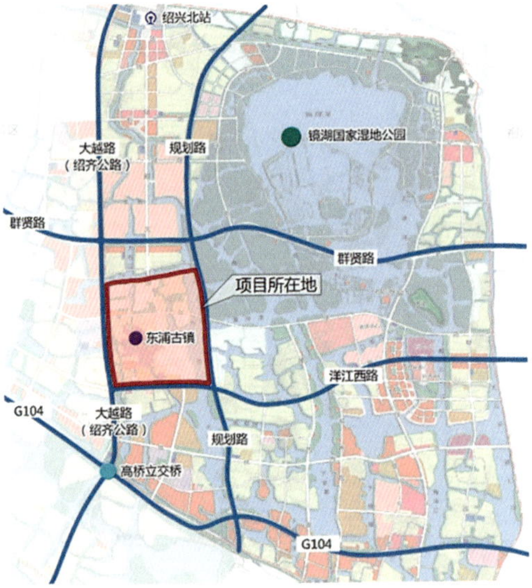

图 8-3-1 东浦古镇项目位置示意

二、设计理念与特色

本次规划将以文化为引领，将绍兴的历史传承融入到规划布局中，打造“醉美水城”中的“最美小镇”，将成为绍兴新水城规划的重要名片。

1. 文化策略

绍兴的文化源远流长，物产丰富，素称“文物之邦、鱼米之乡”，是我国历史文化名城之一。本次规划对绍兴文化进行整合、提炼，形成以五种颜色为代表的“五色文化”（图 8-3-2）。

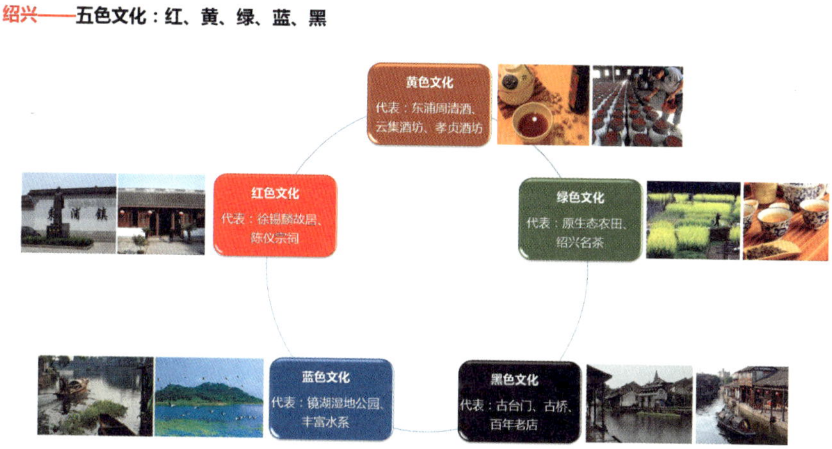

图 8-3-2 五色文化示意

2. 设计理念

“荷叶地”是绍兴独有的大地肌理，水系在田间穿过，分割出大小不一、形似荷叶的地块。东浦古镇可利用的土地多以这种类型为主，因此，规划以“荷叶上的五彩露珠”为理念，形象地表达了空间布局。以“五色文化”代表五大功能分区，以露珠代表不同区域的服务核心，同时以景观轴线讲述黄酒的发展历程，增加规划的生动性（图 8-3-3）。

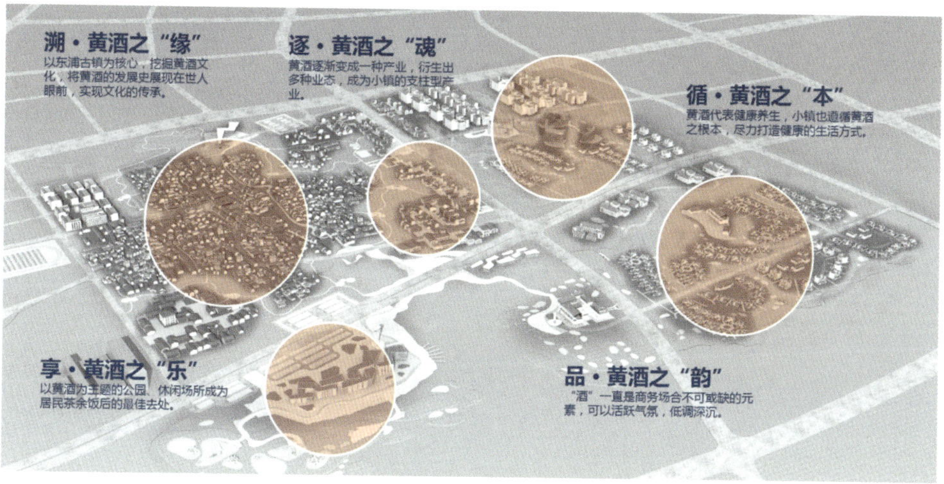

图 8-3-3 规划理念示意

三、古镇水城形象设计

1. 总体布局

规划总体布局在综合考虑了建筑空间形态、产品分布等因素之外，还着重考虑了规划区域内的水系流通与河流、湖泊之间的联系，为营造健康的水系统打下了基础。水系布局以引导、疏通为原则，避免建设用地侵占水体空间，尊重河流的自然走向（图8-3-4、图8-3-5）。

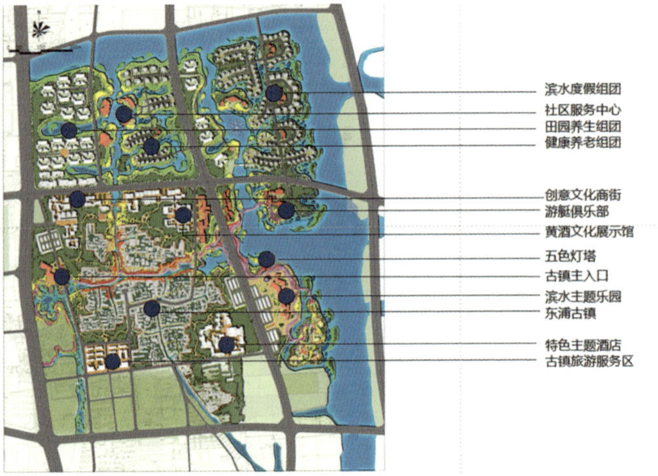

图8-3-4 东浦古镇规划平面布局

图8-3-5 东浦古镇设计鸟瞰

2. 空间结构

规划整体空间结构可以概括为“一心两轴、三带多节点”（图8-3-6）。

“一心”是指以东浦古镇的旅游服务为核心，包括观光、餐饮及住宿、旅游集散等功能。“两轴”是指以古镇旅游为核心轴，以城市发展为服务轴。“三带”为滨水休闲带、滨水观光带、休闲养生带。“多节点”是指以轴线交叉的重要节点，各组团内部的核心区域都将作为本次规划重点控制的区域。

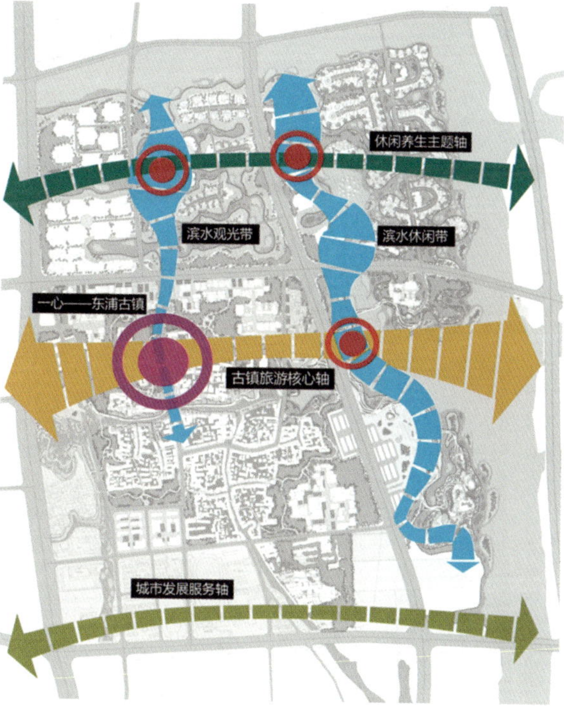

图 8-3-6 空间结构分析

3. 功能分区

规划区可概括为五大功能分区，包括田园养生区、滨水度假区、古镇旅游区、休闲娱乐区、城市服务区（图 8-3-7）。

田园养生区依托现有田园风貌，打造养生主题生活区。滨水度假区则利用基地内丰富的水资源，打造集商务会议、休闲度假于一体的滨水度假区。古镇旅游区是对现有东浦古镇进行提升改造，改善观光品质，增加服务设施，打造综合旅游度假区。休闲娱乐区是利用滨水空间打造渔人码头、儿童乐园等亲水项目，形成包括购物、游乐、餐饮等功能的城市滨水休闲区。城市服务区是城市公共服务设施聚集区。

4. 开放空间体系规划

规划区内有丰富的绿地系统，形成完整、连贯的开敞空间（图 8-3-8）。

公园绿地——古镇外围的生态绿廊，不仅作为保护古镇的生态屏障，更是供市民和游人休闲小憩的场所。同时，可作为雨水花园，解决雨洪资源调蓄等问题（图 8-3-9）。

滨水绿地——区域内水资源丰富，规划沿水系均保留宽度 20 米至 50 米不等的绿化带，可作为湿地净化水质，同时作为滨水休闲空间，有良好的亲水性。

图 8-3-7 功能分区

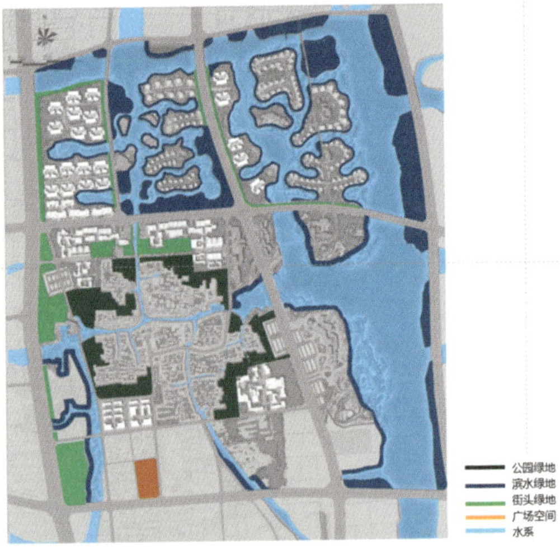

图 8-3-8 开放空间规划

图 8-3-9 雨水花园示意

5. 道路交通规划

规划区内道路主要分为三个等级：主干路、次干路、支路。同时，规划了水上交通系统与外部航线相连（图 8-3-10）。主干路为区域与外部联系的主要通道，次干路为区域内各分区、组团间的主要通道，支路为组团内部道路。

规划对慢行系统也做了相应的考虑，最终形成一条环古城健康步道、一条五彩文化廊道、一条水上景观体验航道以及多个湿地步行网络和静态交通服务点（图 8-3-11）。

6. 城市密度控制

规划区位于城市边缘地带，同时邻近国家级湿地公园，又具有良好的生态本底，因此，开发强度不宜过高，本次规划将分为三种控制类型（图 8-3-12）。

低密度建设控制区。容积率不得超过 1.0。主要区域为古镇北侧，创意文化商街以及邻近镜湖湿地公园的度假组团。古镇周边建筑的建筑高度应与古镇内的建筑相协调，因此度假组团避免了破坏自然环境，呈现出生态承载力，还营造出宁静的高端居住环境。

中密度建设控制区。容积率不得超过 1.5。主要集中在滨水休闲娱乐区域，以及沿绍齐公路的养老组团。此区域内的养老社区包括两种模式，一种是公寓式的集中养老，一种是居家式的田园养老，建筑采用庭院式的布局。

高密度建设控制区。容积率可适当提高，控制在 2.0 左右。集中在各组团的中心区域，承载综合服务功能，同时作为区域标志性建筑，建筑体量可适当加大。

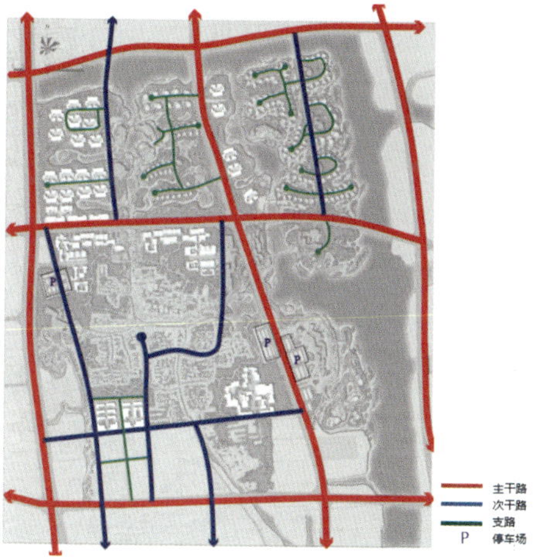

图 8-3-10 交通规划

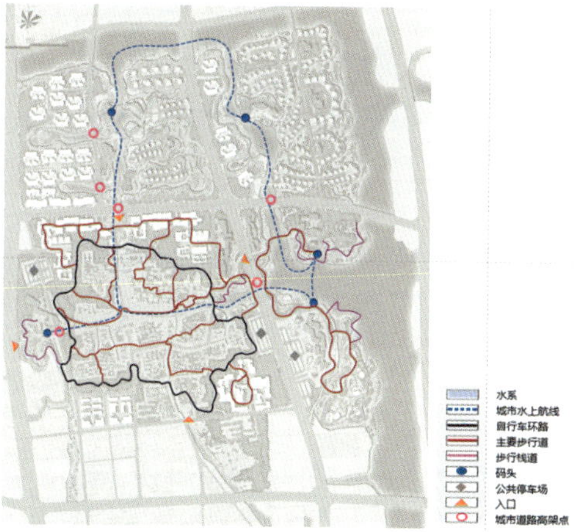

图 8-3-11 慢行系统规划

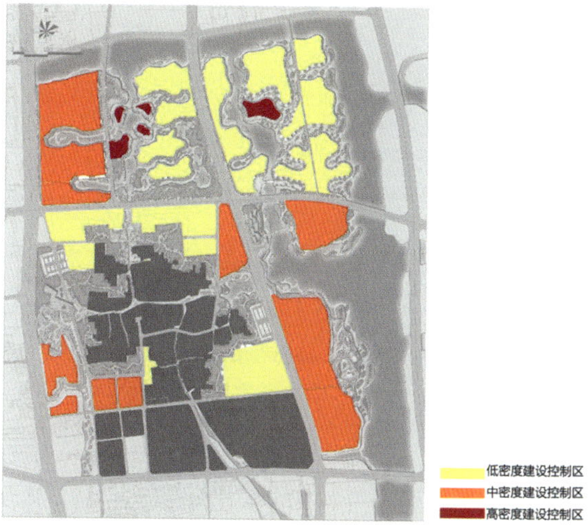

图 8-3-12 建筑密度控制

1）天际线轮廓控制

规划区所有建筑控制在 24 米以下，东浦古镇周边建筑应严格控制高度。滨水建筑也不宜过高，要保证视线的可达性。规划将打造从水面到陆地、从低到高渐变的视觉效果（图 8-3-13、图 8-3-14）。

低层建筑区分布在养生度假组团以及古镇周边区域，主要考虑与古镇的协调、滨水空间的视线开敞。

中低层建筑区集中在古镇南入口的建筑群，部分适当提高建筑高度的滨水建筑，它们丰富了空间效果，形成了高低错落的建筑空间。

多层建筑区作为区域的标志物，分散于各分区的中心。

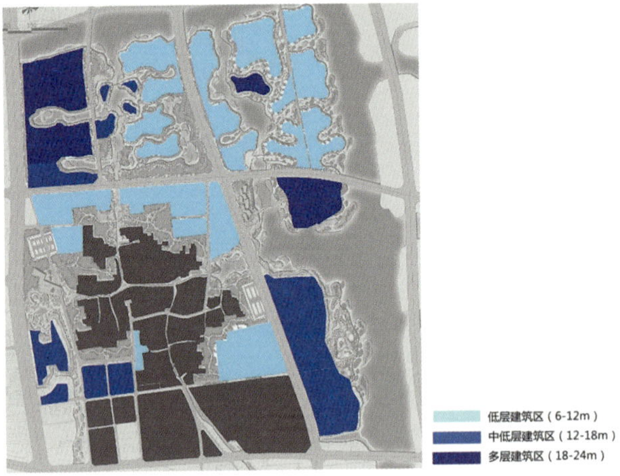

图 8-3-13 建筑高度控制

图 8-3-14 天际线轮廓示意

2）城市意象表达

根据建筑风格的不同，形成以东浦古镇为中心向外围扩散、从古典建筑到现代建筑的时空轴线（图 8-3-15）。

古典中式建筑风貌区（东浦古镇）、近代中式建筑风貌区（文化创意商街）、现代中式建筑风貌区（养老养生组团）、新中式建筑风貌区（滨水度假组团）、现代建筑风貌区（休闲娱乐组团）。

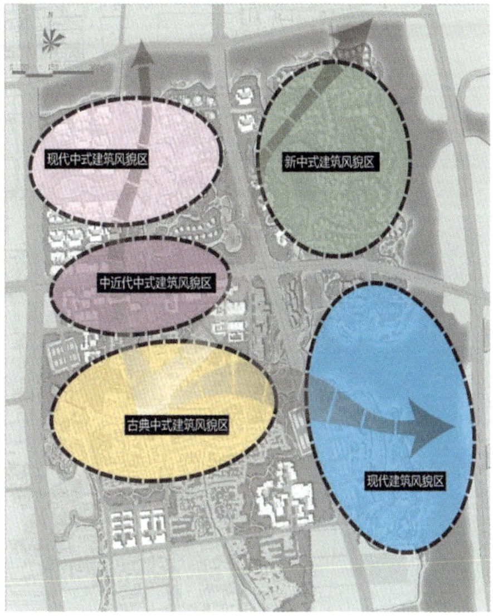

图 8-3-15 城市意象表达

第四节　绍兴水城生态城市建设的启示

一、尊重自然

顺应自然才能让人类和居住的城市良性发展，而对自然环境的破坏，实则是人类的自取灭亡。

绍兴水城的建设，首先通过梳理绍兴城市历史发展脉络，把握绍兴城市未来发展格局。由此，绍兴城千百年的发展传承为其未来的城市发展指明了大的方向。绍兴水城是一座因水而生、因水而兴的城市，千百年间，绍兴城与水的关系从未中断。如何处理好绍兴城市与水的关系，成为了绍兴城市发展的重中之重。

通过研究城市与水的关系，我们可以得出结论：绍兴是由山地型水域、平原型水域、滨海型水域组成的综合型水体城市（图 8-4-1）。

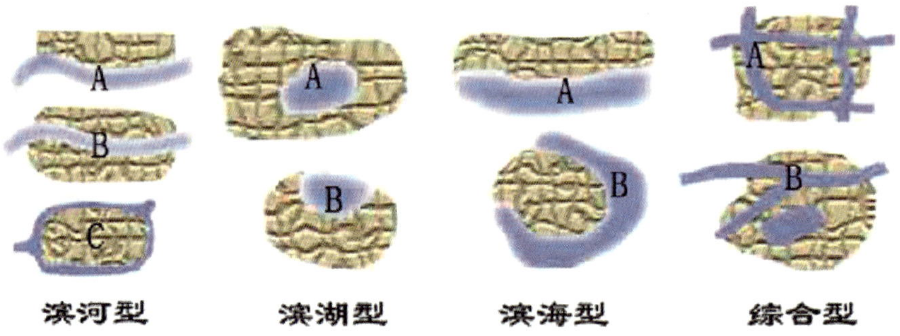

图 8-4-1 绍兴是由山地形水域、平原型水域、滨海型水域组成的综合型水体城市

继而，通过研究绍兴水城千年的演变历史我们可以看到，随着人类文明的推进和改善自然生产力的提升，人水关系逐步从人水分离到人水相争再到人水和谐。即人水关系逐步由对立走向和谐，水逐渐成为人们努力亲近的目标。于是尊重水，亲近水，变成了绍兴市城市发展建设的一条重要原则。

由此，结合绍兴城市的历史格局演变、人文背景条件以及其千百年间与水的关系，我们在本次的规划设计中，为绍兴水城提出的总体目标定位为：人文圣境，“醉”美水乡。并以“五水共治”的理念，构建健康水系统，重建绍兴水城。

至此我们可以看到，绍兴水城的设计方案充分考虑到绍兴城市历史发展格局以及城市与水之间的发展关系等因素，尊重自然，顺应自然，也因此造就了绍兴生态城市建设的良好发展条件（图 8-4-2）。

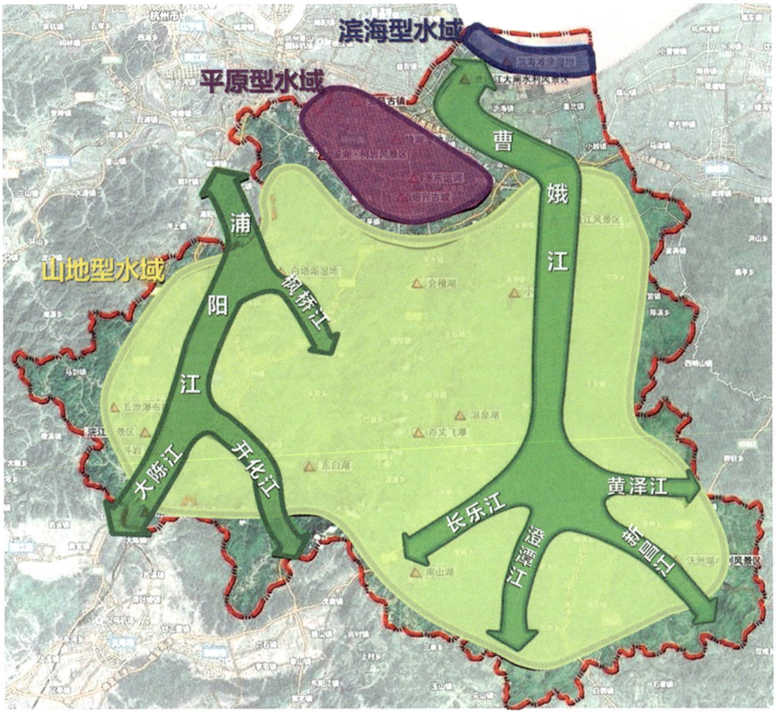

图 8-4-2 绍兴城与水之间的发展关系

把握好城市与自然的关系，促进二者和谐共生，有利于提高城市发展的可持续性，也有利于打造宜居型现代城市。人们应基于资源环境的承载力条件限制城市的发展规模，采取对自然环境影响最小的人工干扰，同时改善城市的生态环境。尊重自然、顺应自然、保护自然，让城市融入自然，让居民望得见山，看得见水，出门见绿。只有这样，才能让人类和居住的城市得以良性发展。相反，若是对自然环境肆意破坏，无疑是人类的自掘坟墓。

环境破坏，从人与自然关系的角度上看，基本可分为两大类：一类是由人类废弃物排放所引起的污染问题，即污染破坏；另一类则是人类对自然资源进行不合理的开发利用，导致环境退化，即生态破坏。环境的破坏将直接或间接造成巨大的经济损失，加剧自然灾害，制约产业结构的优化与升级，激化资源供需矛盾，降低区域可持续发展能力。

以绍兴为例，染织行业为绍兴的支柱行业，然而，印染行业对水体的环境污染尤其厉害。

在利益的驱使下，污水未经合理处理就直接排放，导致市区内部分水质以及杭州湾的水质成为劣五类水。水环境的破坏将直接或间接地对居民的健康、生活品质、区域的经济发展等方面造成巨大的损失和影响。

二、保护城市生态系统

在一些城市的发展建设过程中，存在片面追求短期经济增长而忽略长期环境效益的行为，造成了环境污染、资源浪费以及生态环境的破坏，从而危及整个城市生态系统和人类自身，最终导致了发展的不可持续。我们应当明确，生态环境与城市规划建设是一个密不可分的有机整体，二者相辅相依，共生共荣。以牺牲城市环境为代价来发展城市经济，最终将受到生态环境的制约，从而不得不再花费庞大的精力与代价来治理污染，是得不偿失的，也是本末倒置的行为。

现今城市规划不应再走以增加资源投入来推动发展的老路，必须依靠科技进步，以生态环境建设为主要发展重点，建设生态型、资源节约型城市。加强与生态学理论的融合与渗透，以生态城市规划的理念与手法，协调现代城市中经济系统与生物系统的关系，保护与合理利用一切自然资源与能源，提升资源的再生和综合利用水平，提高城市生态系统的自我调节、修复、维持和发展的能力，保持经济与生态环境的协调发展。1885 年，德国工程师卡尔·本茨（Karl Benz，1844 — 1929）制成了世界上第一辆以汽油为燃料、内燃机为动力的现代汽车，随着汽车的逐渐普及，人类城市化的进程开始迅猛发展。中国在改革开放以后也迅速开展城市建设，到 2014 年中国的城镇化率达到 54.77%，比 1978 年的 17.9% 上涨了 36.87 个百分点，同时随着城市化迅猛发展，城市生态系统遭到了破坏，发展新型生态城市已势在必行。

三、生态城市建设的重要意义

推进现代生态城市建设，具有重要的历史借鉴意义，生态城市是人们对人与自然关系的认识不断升华的结晶。当前，世界上普遍认为生态城市是解决城市问题的最优途径，同时也是人与自然和谐共处的一种新的聚居模式。我们开启新的城市规划模式与理念，并开始探索一种既不放弃便利舒适的城市生活，又能保持绍兴的水文化，追逐绿色自然空间的生活模式。城市规划对城市经济发展、建设有着潜在的影响，中国的城市建设发展道路，也在摸索中进步发展。2016 年 2 月 6 日，《中共中央、国务院关于进一步加强城市规划建设管理工作的若干意见》正式印发，其中提出：新建住宅要推广街区制，原则上不再建设封闭住宅小区。对于已建成的住宅小区和单位大院也要逐步打开，实现内部道路公共化。从中可以看出，中国在逐步形成新的更适合中国国情的城市规划理念。

第九章

天津蓟州区矿山生态修复与旅游综合体设计

目前，矿山修复资金投入大，而且总体修复水平较低。大多数废弃矿山的修复仅停留在消除地质灾害险情或简单的景观复绿阶段，还未全面上升至生态功能恢复和土地开发层面，更未能积极发挥其推动绿色城镇建设、改善相关产业现状及支撑就业、促进新型城镇化发展等作用。因此，必须打破传统矿山修复仅以生态修复与景观再造为主、功能单一且与产业融合不足的单纯投资发展模式，寻求一种符合当前社会发展水平和经济状况的可持续修复模式。通过生态治理、景观打造提高场地环境品质，通过产业置入、地产开发获得产品收益和土地增值，最终实现平衡投资、推动发展、滚动运营，达到生态效益、经济效益、社会效益最大化的新型矿山修复模式。

第一节 引言

矿产资源是人类生存与发展的重要物质基础。近年来，矿产资源的开发利用在促进我国经济发展的同时，也造成了土地受损、环境污染、生态破坏等一系列问题。矿山生态修复既是我国社会阶段性发展的必然结果，也是我国采矿业生产模式转型的迫切需求。国家现已逐步加大对其重视，相继出台一系列相关政策促进矿山生态修复工作的开展。

矿山修复涉及面广，单体投资规模巨大，不仅是生态治理的环境保护活动，也是社会化、专业化和市场化极强的经济活动，需要不断地融资和投资。

目前，投资来源狭窄、利用效率低下，未形成系统的投资模式，严重制约着我国矿山修复的整体进程。一方面，矿山修复的治理与投资目前仍以政府为主企业为辅，由于治理费用高、地方财政紧张，各级政府都面临巨大压力；受市场行情及政策性因素影响，矿企投入治理的积极性也较低；同时资金投入大、回报周期长的特点也导致投资公司态度谨慎。另一方面，我国矿山修复治理总体水平较低，大多数废弃矿山的修复仅停留在消除地质灾害险情或简单的景观复绿阶段，还未全面上升至生态功能恢复层面和土地开发层面，更未能积极发挥其推动绿色城镇建设、改善相关产业现状及支撑就业、促进新型城镇化发展等作用。

因此，必须打破传统矿山修复仅以生态修复与景观再造为主、功能单一且与产业融合不足的单纯投资发展模式，寻求一种符合当前社会发展水平和经济状况的可持续修复模式。通过生态治理、景观打造提高场地环境品质，通过产业置入、地产开发获得产品收益和土地增值，最终实现平衡投资、推动发展、滚动运营，达到生态效益、经济效益、社会效益最大化的新型矿山修复模式。

第二节　项目解读

蓟州区位于天津市北部，属于京津冀协同发展的重要区域。为了在生态环境保护、产业升级转移、新型城镇化发展等重点领域率先取得突破，蓟州区将对西北部多个废弃矿区进行整治修复，使其得以实现地质环境稳定、生态恢复、景观美化、产业提升，突出其在京津冀区域生态网络中的生态绿心地位。本次矿山修复项目地为蓟州古城西北部的蓟州西石矿。

通过项目基础状况了解及现场考察，得出项目主要面临以下几方面问题，见表 9-2-1。

表 9-2-1　山修复现状问题总体解析

问题分类	具体问题	解决思路
功能定位	· 如何与城市发展相呼应？ · 如何与盘山旅游区整体发展相呼应？ · 如何与邻近矿区修复发挥整体效益？	· 功能补位，联动发展； · 借势而上，错位发展； · 示范引领，协同发展
生态修复	· 如何做好坡向坡度的整体利用？ · 如何做好废弃矿山整体生态修复？	· GIS 分析，地质分析，利用微地形打造特殊场地，做好场地竖向规划； · 水土保持，植被修复，雨洪资源利用等
产业导入	· 如何将产业融入矿山修复？融入何种业态？如何保障产业植入的可行性及可持续性？ · 如何进行一级开发？	· 深入产业研究，分析成功案例，结合场地发展提出爆点项目可行性分析、市场分析及不同产业效益对比分析； · 利用政策争取资金补助和土地指标
土地开发	· 如何进行矿区建设用地开发？ · 如何在修复过程中保证土地升值？	· 土地功能合理配比，宜居地产开发； · 合理规划，提升建筑设计层次与景观品位
景观建筑	· 如何做好景观打造？ · 如何做好山体修复与建筑的镶嵌及融合？	· 借鉴同类型案例，总结经验，突出项目特色； · 建筑设计指引，如洞穴酒店、崖壁景观、靠山建筑等
经济分析	· 如何引入资金做好同步开发？ · 如何创造最大的经济效益？	· 申请国土资源部项目和环保专项基金项目； · 一级开发和二级开发的共同收益

总结现状问题分析项目要点，得出蓟州区西石矿矿山修复及土地开发整体思路：首先策划矿山修复规划设计方案，积极获取政府及社会的广泛认可，确保项目成功立项及资金注入；然后进行矿山修复生态基底恢复建设，确保场地生态安全和景观价值；之后进行基础设施投入和土地开发项目投入，导入活力产业促进地块成熟；最终通过完善的管理运营持续实现其综合效益。分析框架见图 9-2-1。

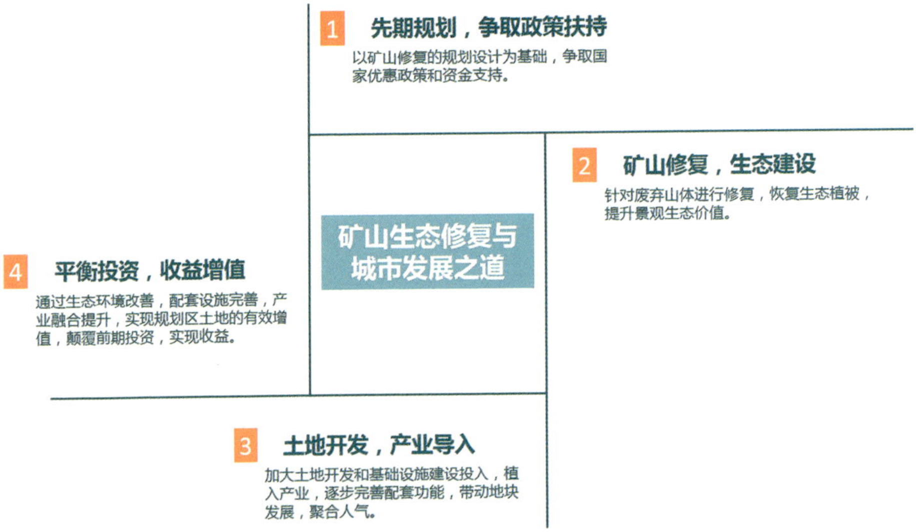

图 9-2-1 矿山生态修复及土地开发整体思路分析

第三节　背景分析

一、区位分析

1. 城市区位优势明显

蓟州区位于天津市北部，燕山南麓。东临唐山，西襟北京，南联天津，北靠承德，为四市的腹心地区，见图 9-3-1。蓟州区定位于天津后花园，是北方重要的山地休闲区。

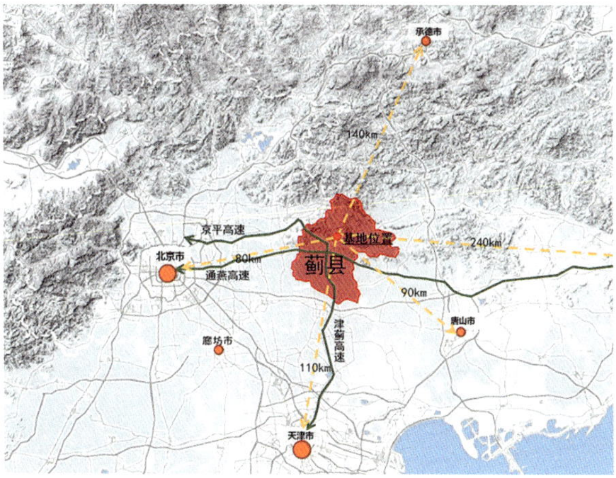

图 9-3-1 蓟州区与其他城市区位关系

2. 交通便利

蓟州区处于四通八达的“京津冀”交通圈内，铁路、高速、区域公路等道路网纵横交织，与北京、天津两机场遥相呼应，发达的交通网为蓟州区经济的发展提供动力，见图 9-3-2。

3. 上位规划及周边分析

上位总体规划中，蓟州区的发展分为养生组团、公馆组团、古城组团、老城组团、度假组团、文化组团、中心组团和特色小镇组团八大城市功能，见图 9-3-3。基地位于蓟州区北部的山区，与养生组团和公馆组团相邻，必须考虑组团之间的呼应关系、协调发展，并借势发展休闲产业，完善片区功能，使之成为新城西部生态轴线重要节点。

图 9-3-2 蓟州及周边交通路网

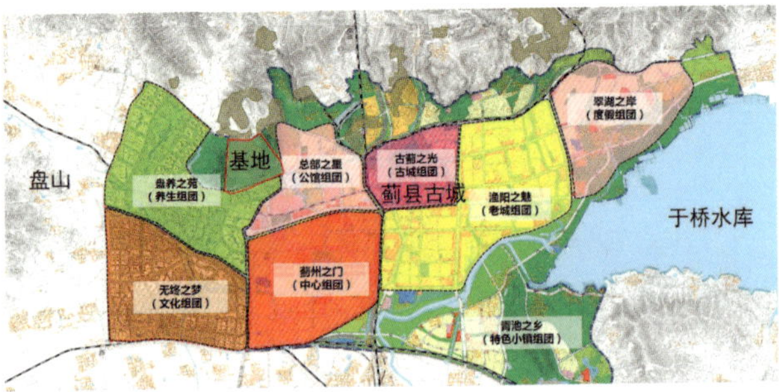

图 9-3-3 蓟州发展功能分区

二、旅游资源分析

1. 周边旅游资源

蓟州区境内旅游资源丰富，有闻名于世的中、上元古界国家地质公园，有国家重点文物保护单位千年古刹独乐寺和千像寺石刻造像群，有世界文化遗产黄崖关长城以及国家重点风景名胜区盘山、国家自然保护区八仙山、国家森林公园九龙山等，项目地距离盘山景区仅8千米，见图 9-3-4。

图 9-3-4 蓟州周边主要风景区

2. 工业旅游资源

场地具有良好的工业旅游资源（图 9-3-5），周边矿区丰富，且有铁道穿过与其相连，可串联天津工业旅游线路，与同类矿山项目协同发展。

图 9-3-5 矿区工业资源

三、项目地用地适建性评价

蓟州是北高南低、推门见山的城市入口空间类型，北部有重要的山体屏障，山区、平原、洼区自北向南依次分布，总体地形类型丰富。通过 GIS 模拟进行场地分析（图 9-3-6），结合天津市居住区规划设计规范，推导出适应开发建设的面积。

图 9-3-6 场地基底分析

1. 日照、高程、坡度和坡向分析

日照：场地内大部分区域日照条件良好，适宜开发。南侧山体部分处于背光面，常年处于阴影之中，不适宜打造成居住等类型的用地。

高程：矿区地势总体东南高西北低，海拔标高 +36.5 ～ +231 米，相对高差 +194.5 米，属低山地貌区。

坡度：山脉总体呈东西走向，地形切割深度较大、坡度中等，植被发育少。

坡向：场地东侧区域南坡较多，采光较好，适合建设及植物种植。

2. 汇水分析

研究范围内主要有两片汇水区，以图 9-3-7 中橙色区域为分隔，北区径流向北汇聚并最终向西流出；南区径流向南汇聚。

综上，项目地内塌陷区平坦且光照条件好，整体适宜建设；南部山体区域由于矿石的开采导致垂直断裂，坡度大且光照条件差，不适宜打造成人类社会活动频繁的用地。此次用地适宜性分析的结果将成为空间布局规划的重要指导依据。

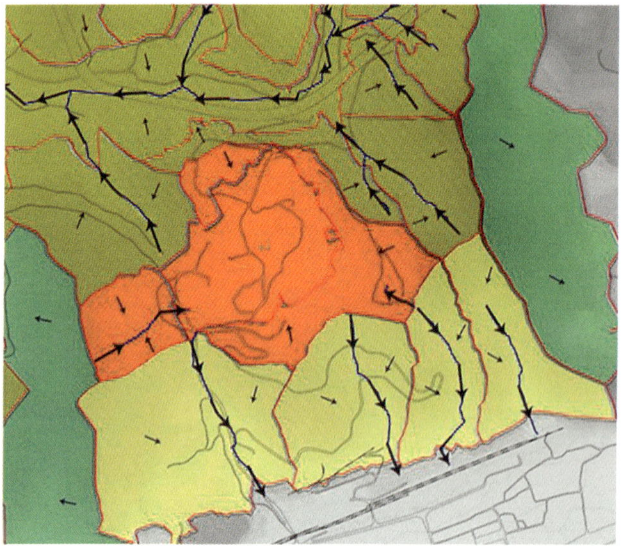

图 9-3-7 场地径流汇水分析

第四节　项目定位

一、设计思路

本规划基于场地区位、城市特征、资源条件、生态基底及经济状况等分析，以生态修复为先导解决场地基础建设条件，以产业导入为契机实现区域内部产业循环及外围片区功能联动。空间规划以生态优先、功能优选、景观优美为原则，使景观和建筑设计与整体环境交相辉映，使产业和城市高度融合发展，形成良好的产城融合和区域特色，为项目地的城镇化与城市设计创造新的开发模式。

二、项目定位

蓟州享有“京津后花园”的美誉，为防止西石矿矿山修复成为单纯的环境投资项目，本项目将生态修复、产业发展与城市建设高度融合，以矿坑景观改造、工业遗址旅游、石矿场休闲文化创意为主，打造国家级矿山生态修复示范区、国家级矿山景观改造典范和全球矿山修复产业创新典范。

第五节　产业规划

一、策划思路

本次策划将生态、景观和产业整体考虑，并以生态为先、产业为导，产品策划与生态修复和景观打造相互配合、统筹规划。

规划结合城市发展、周边板块、矿区效益引出三大产业类别：①与城市发展呼应，注重功能补位，联动发展，引出养生休闲产业。②与盘山旅游区呼应，借势而上，与其错位发展，引出文化旅游产业。③与邻近矿区修复整体效益呼应，起到示范引领作用，进行协同发展，引出工业旅游产业。

规划结合自身特点，构建与外部功能联动、内部产业链循环的产业结构体系。推导出以旅游度假作为核心产业，健康养生、红酒养生作为优势产业，高端居住作为支撑产业的整体产业体系，实现内部功能的有效结合和良性循环，见图 9-5-1。在产业体系下结合市场分析和竞合分析以及相关产品的设计和策划，为后期项目规划和设计提供产品清单。

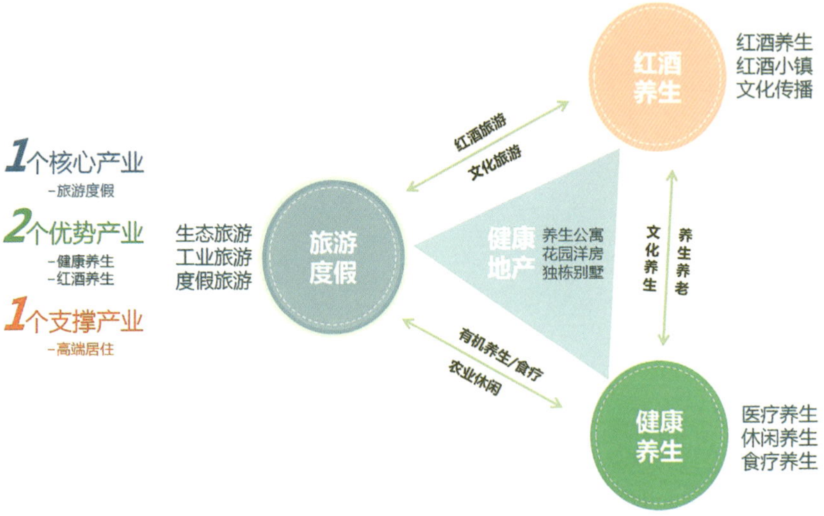

图 9-5-1 产品体系构建

二、产品设计

本案分别对旅游度假、红酒养生、健康养生（包括健康地产）三大产业门类进行相关特色产品设计。

1. 旅游度假

蓟州地处京津冀腹地，受北京、天津旅游人群的影响和带动，蓟州旅游市场前景良好。蓟州历史文化悠久，旅游资源丰富，旅游项目多以运动观光及自然生态旅游项目为主，休闲度假、人文生态旅游项目相对缺乏。本项目旨在填补空白，发展文化、休闲、游乐型项目。鉴于游客类型多是运动爱好者或亲近自然之人，将以红酒养生为主题，健康养生为理念，吸引游客。

根据基地实际情况，对项目的旅游配套设施进行分析并得出以下结论：①旅游周期：近郊 1 ~ 2 天短途旅行，两天为宜。对于京津近郊的客源市场依赖度较高；有酒店住宿方面的市场需求。②旅游配套：蓟州周边旅游配套不足，且缺乏中端旅游配套，游客只有五星级酒店和农家乐两种选择。③旅游时节：蓟州旅游以夏秋两季为主，冬季旅游萧条。

由此将客源辐射至周边城市，以自驾旅游出行的两日游游客群体为重点争取对象，优化丰富项目内容，创造项目竞争亮点，措施如下：①完善旅游配套：作为蓟州大旅游的起点站和休息站，丰富夜间文化娱乐的体验项目，为自驾出行提供便利服务设施。②错位补位发展：丰富文化内涵，突出差异化的行程亮点，做足游乐型项目。③四季旅游：丰富室内活动项目，规避季节带来的不便。

规划产品组合建议包括室内水乐园、水上歌剧院、奇石创意工坊、旅游商业街、崖壁酒店、水幕电影、教堂、观光火车等。

2. 红酒养生

废弃石矿的矿窑温度非常适合红酒的贮存，因此考虑发展红酒养生产业。根据基地内的实际需求以及对红酒产业链上项目的可行性进行评估得到以下可行项目：①红酒旅游：红酒文化传播，红酒学校，红酒博物馆，红酒沙龙。②红酒消费：存储（私人酒窖），主题酒店，养生会所，红酒 SPA，养生餐厅。③红酒主题地产：旅游地产，养生养老地产，商业地产。

规划产品组合建议包括：红酒博物馆、酒堡、红酒养生会所、红酒主题酒吧、红酒酒窖、红酒主题餐厅等。

3. 健康养生

基于对天津养老养生产业的市场研究，发现项目地位于蓟州规划的盘养之苑内，区位优势明显，可作为蓟州的休闲养生中心。本次规划将依托蓟州区健康养生园区，在此基础上打造集健康养生、红酒养生、旅游度假于一体的综合型园区。

规划产品组合建议包括：山体养生公园、木屋酒店、国医养生堂、养生餐厅、养生药膳堂。

三、市场定位

针对健康地产的产品设计，综合研究蓟州本地和京津冀总体市场现状，并进行 SWOT 分析，得出此次规划的市场定位，见图 9-5-2。

1. 目标客群

蓟州本地高端收入人群，京津冀休闲度假人群。

蓟州潜在供应较大，本地消化量有限，需要把目标客群扩大到京津地区。

2. 档次定位

基于蓟州本地市场：高档次，低密度居住社区。

基于京津地区市场：中高档次，休闲度假活力区。

3. 产品定位

打造京津休闲度假第二居所。整体容积率控制在 0.8，产品为独栋别墅、花园洋房、养生公寓产品。

4. 经营定位

早期以洋房产品为本案主打产品，通过对户型面积及对总价合理控制，全面降低后期运作风险。中后期较大面积独栋产品在高端配套及整体社区感成熟时入市，形成溢价。市场中在售房屋价格差距较大，价格的高低与项目所在区位、周边环境、自身配套关联性极强，建议本案采取低开高走策略。

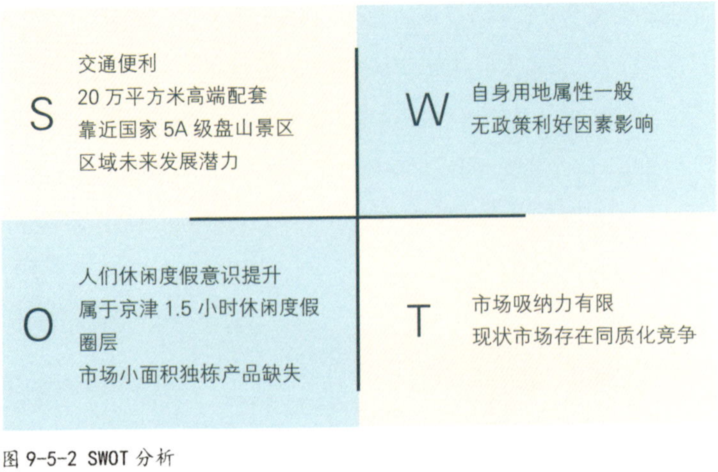

图 9-5-2 SWOT 分析

第六节　空间布局

一、总体布局

基于场地现状调研、项目解读及未来发展分析，对项目地的空间形态进行规划设计。项目地的规划平面依据生态基底和产品功能分区细化，引入生态理念，进行建筑布局。总体平面见图 9-6-1，全景鸟瞰见图 9-6-2，节点透视见图 9-6-3。

二、空间结构

项目地以中心湖区为核心，沿东西向、南北向各延伸出两条轴线，串联起景观生态、旅游商业和生态居住三大片区，见图 9-6-4。

三、功能分区

基于空间结构和产业策划，并结合地形地势，最终确定十个功能分区：景观入口、酒店公寓、酒堡商业、红酒小镇、生态养生、花园洋房、高端别墅、观湖平台、湖心景观、户外运动，见图 9-6-5。

四、交通系统规划

本次规划采用人车分流，立体交通，多样化的交通组织形式。廊桥、栈道、山间步道、机动车道、观光火车道，一应俱全。在提供生活便利的同时，给人们带来多元化的体验。主要交通路线规划见图 9-6-6。

五、景观系统规划

在兼顾景观设计的科学合理性和美观形式感的基础上，充分考虑生态规划措施的植入，将矿山生态修复与艺术手段相融合。

1. 景观结构

景观结构为两轴、一带、两廊、三核、多节点（图 9-6-7）。

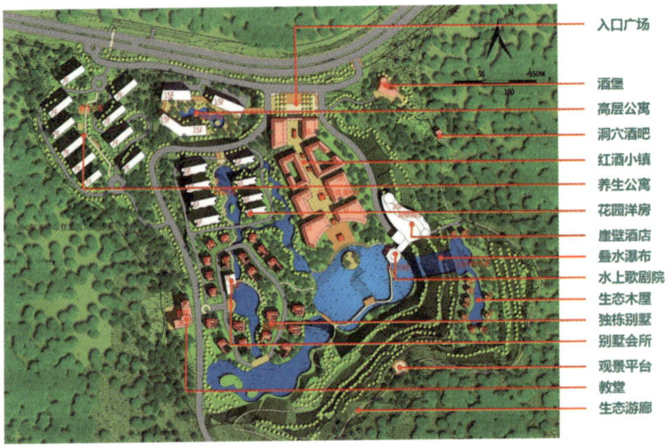

图 9-6-1 总体平面

图 9-6-2 全景鸟瞰

图 9-6-3 节点透视

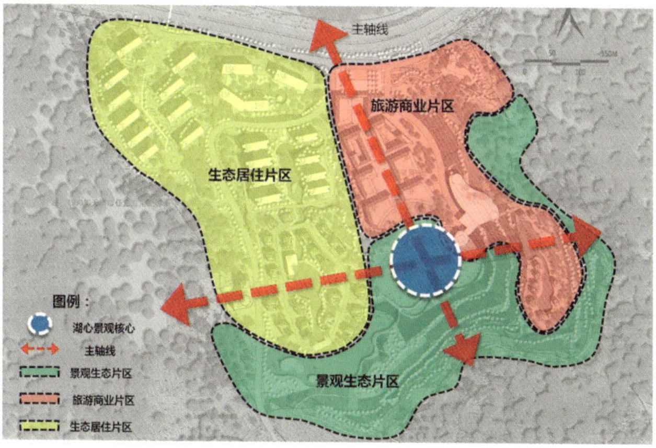

图 9-6-4 空间结构示意

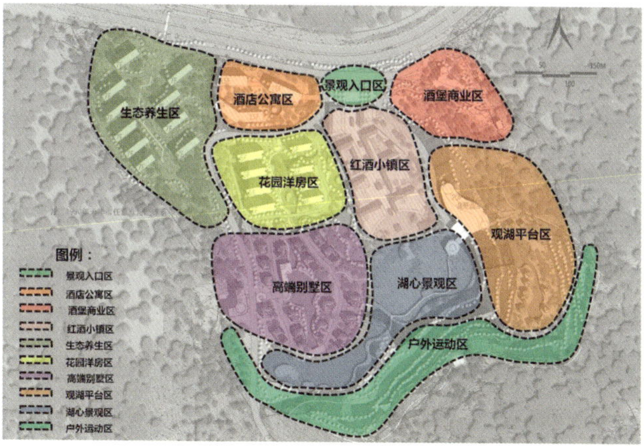

图 9-6-5 功能分区示意

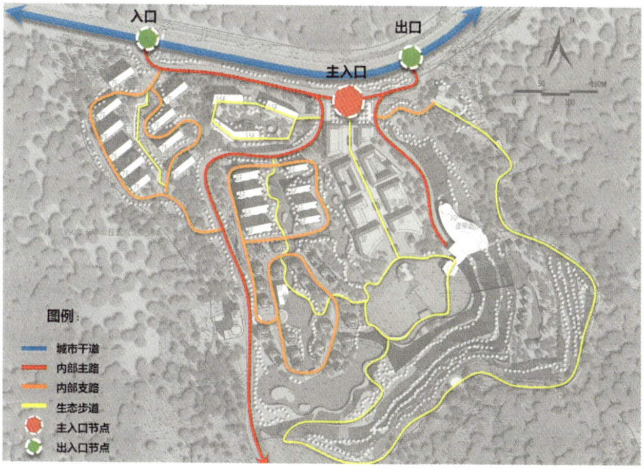

图 9-6-6 交通系统规划

2. 视线通廊

本次规划的观景点选址均处于地势较高、视野开阔，并且拥有良好视觉资源的重要景观节点，这些重要景观节点是城市景观系统的重要组成部分，具体视线分析见图 9-6-8。

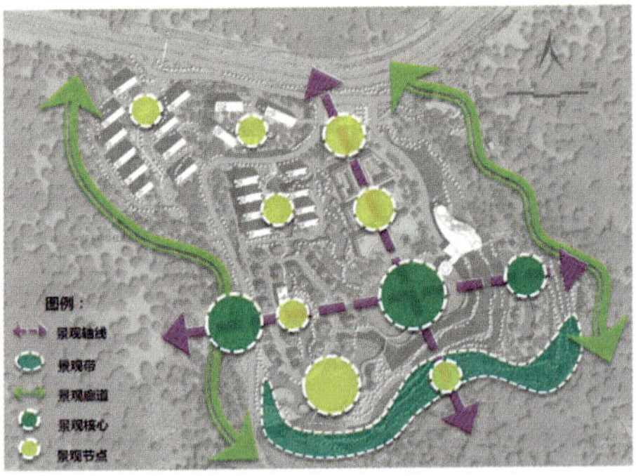

图 9-6-7 景观结构分析

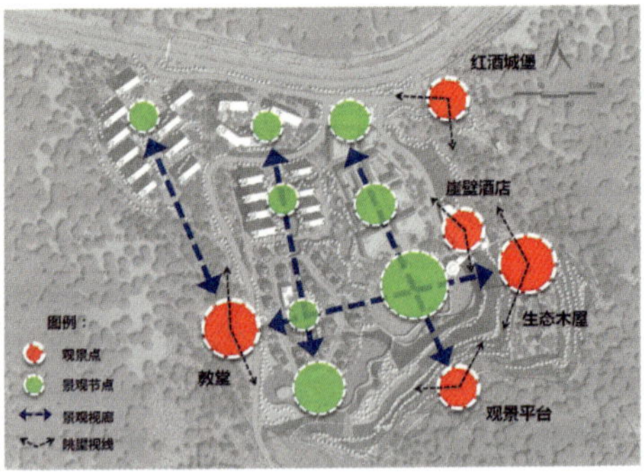

图 9-6-8 视线分析

六、水系规划

水系规划是本次矿山修复规划中重要组成部分，通过地形分析、径流汇水分析、景观格局分析、水资源供需分析等专门研究得出以下相关成果。

1. 水系功能定位

本区域水系主要满足三方面功能：①蓄洪防涝，积极配合海绵城市建设及低影响开发建设，建立雨洪调蓄系统，做好场地蓄水和排涝；②景观供水，项目设有景观湖和一定面积的绿地、绿廊，因此，区域水系应做到景观用水及绿化灌溉的自我供应；③生态用水，作为可持续的生态水系，补充自身的生态需水量，维持自然水生态系统。

2. 水系总体布局

项目规划充分利用现状地形，在项目区南侧布置两座景观湖，并环绕建筑区做一条人工水系，使整个水系相连接。水系正常蓄水量约为 6 万立方米，水面总面积为 41213 平方米，其中包括 2 座景观湖、1 条水系支流和 1 座叠水调节池，水系总体布局见图 9-6-9。

3. 水系净化设计

本工程重点设计了水系循环系统，配置水体循环管网和景观渠道，并通过景观叠水、局部曝气、景观喷泉、水生物净化等措施，以增强水体流动性，加快有机污染物的降解速度和改善水质，增强景观效果（图 9-6-10）。

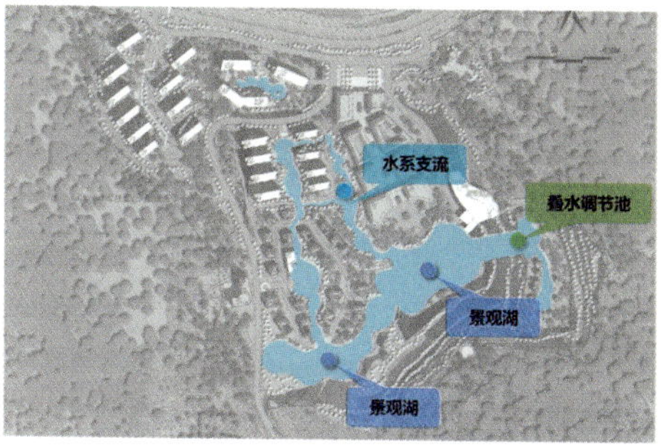

图 9-6-9 水系总体布局

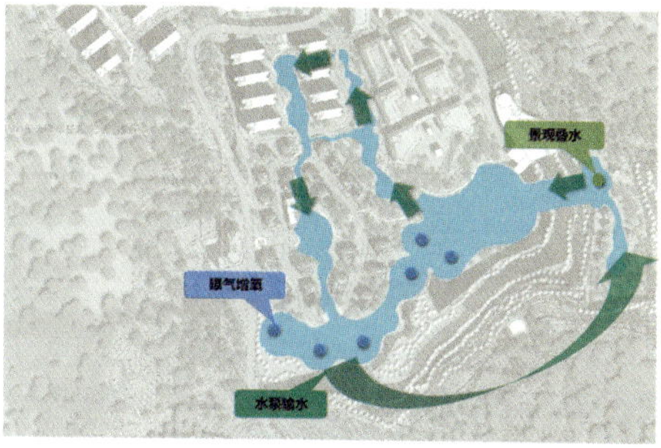

图 9-6-10 水系循环净化示意

4. 水资源平衡分析

项目地主要来水水源为附近市政管网，汇集到水系中的雨水也可以作为绿化灌溉或其他用水。主要用水包括生活和服务业用水、水系用水和绿化灌溉用水。

规划区年用水量预估统计见表 9-6-1，未来鼓励使用再生水为水源补充，缓解水资源供应压力。

表 9-6-1　项目地年用水量统计

序号	项目	用水量（万立方米）	合计（万立方米）	比例
1	生活及服务业	住宅 8.45	49.26	70%
		酒店 18.47		
		商铺 22.34		
2	绿化灌溉	19.6	19.6	19%
3	水系	蒸发渗漏 5.69	7.81	11%
		生态需水 2.12		
总计			70.67	100%

注：采用防水毯防渗措施，渗漏系数以 5×10^{-9}m/s 计算。

5. 雨洪资源利用

天津年降雨量为 561.3 毫米，项目区年雨水总量约 12 万立方米，水系蓄水总容积约为 6 万立方米，汇水统计见表 9-6-2。水系可蓄积部分雨水，补充景观用水，并蓄洪防涝。

表 9-6-2　汇水量统计

下垫面形式	汇流面积（m^2）	雨量径流系数	汇水量（m^3）
建筑屋顶	41277	0.8	18535
道路	62973	0.8	28277
绿地	170000	0.25	46812
水面	41213	1	23133
合计	211213	—	116758

本项目在景观湖布置一处排水口，当汛期水系水位超过安全水位时，多余水量通过排水管自流排到项目区东南侧湿地，雨洪排涝如图 9-6-11 所示。

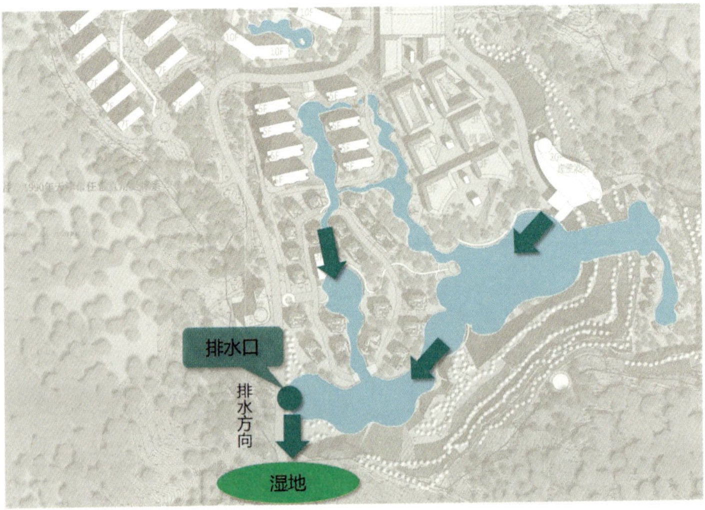

图 9-6-11 场地雨洪排涝示意

七、景观节点设计（入口区）

1. 项目定位

本项目整体建筑风格为法国古典风格，在此基础上延续并优化了规划提出的入口红酒广场 — 拉斐小镇 — 湖心景观片区 — 台地生态景观区这条轴线（图 9-6-12）。景观结合酒文化和法国特有的浪漫理性的特点，把与葡萄酒相关的故事和文化渗透到景观设计的细微之处，让人们在日常的环境中体会法国独有的醇美浪漫的生活品质。

2. 设计原则

本项目强调法式浪漫主义风格，入口园区将以法国特有的浪漫与理性为原则，渲染引领整个园区景观设计，使其具备浓烈的法式风情。同时规划便捷、合理、人性化的道路系统。

3. 入口区景观设计

1）入口区平面图

入口花园以古典法式园林的风格为基础，超脱于古典园林，将规则式与自然式后花园相结合，形成混合式园林，既有庄严规整的格局，也能有活泼生动的气氛，二者对比相得益彰。不采取形成控制全园的主中轴线和副轴线的方式，只在西侧重点表现区域强调中轴对称，适应特色地理环境和多种不同活动的需要，入口区平面见图 9-6-13。

2）入口区交通分析

以园区中轴线为基准，设计部分对称的主干道和次干道；从一条东西走向的主干道进入园区，两条对称的南北走向主干道作为延伸深入，中心花园广场配合设计通达的观赏性步行道路，与主干道分离，创造一个舒适、独立的步行环境；于北侧设立隐形消防通道，在美观的基础上保证安全。道路分析、轴线分析及视线分析见图 9-6-14。

3）入口区功能分区

入口功能区分为五个部分，分别是半开敞式入口迎宾区、半封闭式坡地、开敞式花园区、景观区半开敞式门厅区、绿化背景区（图 9-6-15）。

4）入口区设计意向

入口区水景设置跌水景观与欧式喷泉，配合环境整体设计，在典雅中增加活泼的氛围；园区广场两侧设置对称的拱形花架，门厅区设置欧式拱廊，增加园林优雅浪漫的气息；广场中设置刺绣花坛，周边则点缀形态不同的造型植物，大面积的草坪则以疏林草地风格为主。其中以油松、罗汉松、银杏、乌桕等为主要景观树种，以法国梧桐、欧洲七叶树、五角枫等为背景树，配置整型绿篱、花钵植物和刺绣花坛。

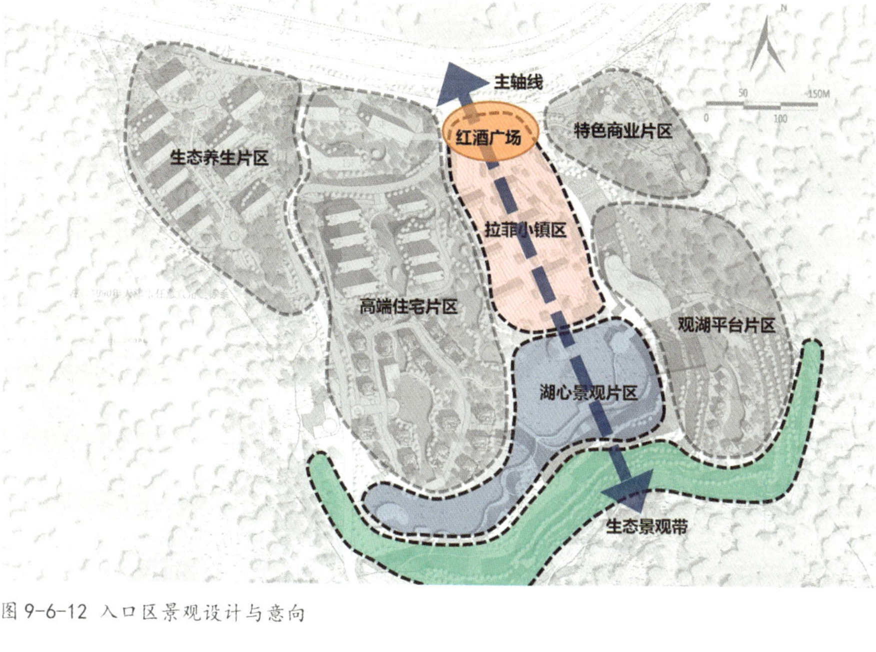

图 9-6-12 入口区景观设计与意向

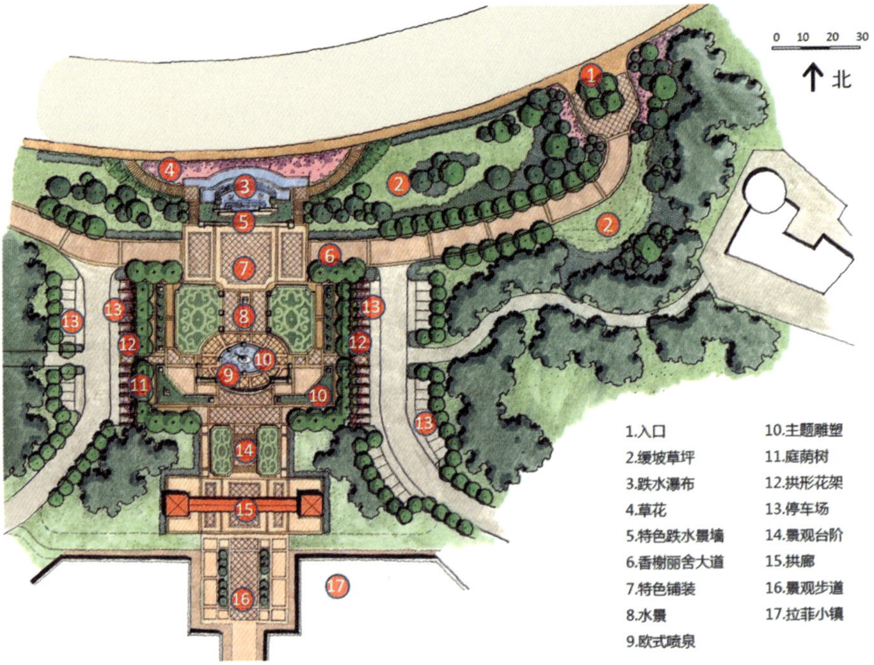

图 9-6-13 入口区平面

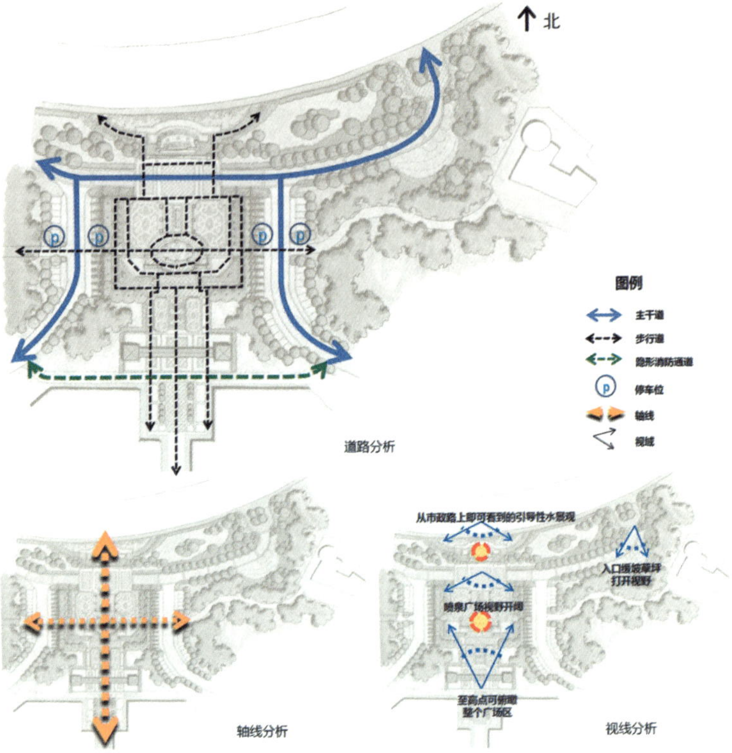

图 9-6-14 入口处交通分析

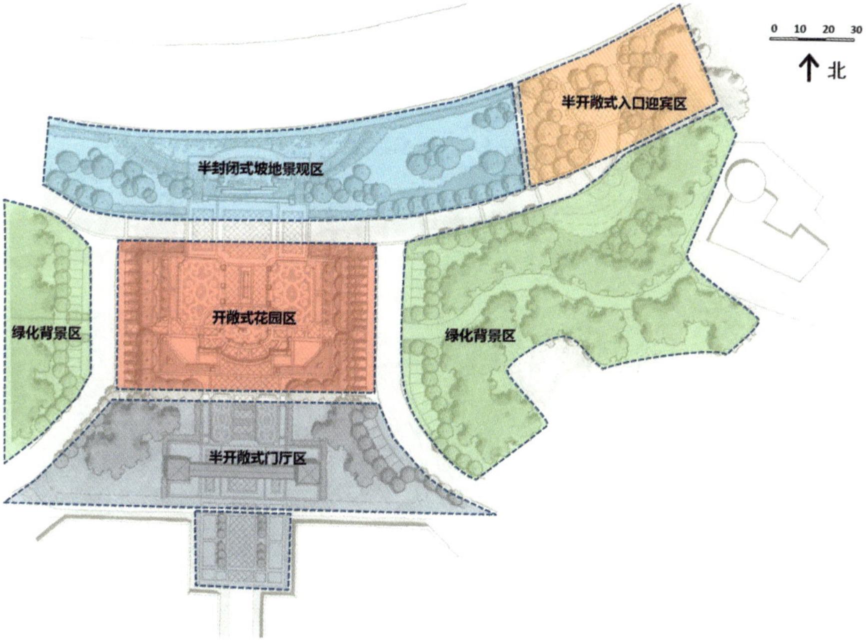

图 9-6-15 入口区功能分区

第七节　山体修复

一、场地地质分析

西石矿岩体工程地质类型为坚硬层状白云岩，地层呈产状缓倾，岩性白云岩节理发育，中等破碎至破碎，局部有断层地质构造，断层夹杂全风化软弱层，崖壁倾角 50° ～ 85° 。大面积的露天开采活动导致开采面不同程度地出现滑坡和崩塌等地质灾害隐患，矿区附近发生过山体滑坡，并造成了人员伤亡和财产损失。

项目采区范围内基本无土壤层，已绿化平台采用客土回填，客土来源主要是蓟州各施工工地的弃土（用土量约 1.7 万立方米），其土壤结构较差，养分含量极低。在山前平原至丘陵地带发现，第四系冲洪积层岩性为粉质黏土，黄褐色或棕褐色，多夹碎石，厚度受地形变化影响较大，其赋存量约为 4500 立方米，经处理后可以作为绿化土源。目前，企业已对 204 米、192 米、180 米、168 米、156 米、144 米、132 米、120 米共 8 个安全平台进行治理，共植侧柏 7.8 万余株，种植爬山虎 2.25 万株，植被覆盖面积约 22900 平方米。植被生长状况差，绝大部分爬山虎已经死亡。

通过基础分析得出废弃矿山主要存在以下几个问题：采场崖壁坡度陡、崖面大，风化破碎；平台藤本植物弱小；绿化植被单一；厂区崖壁裸露，濒临公路，影响公路沿途景观；客土回填土壤资源少且贫瘠。现场考察如图 9-7-1 所示。

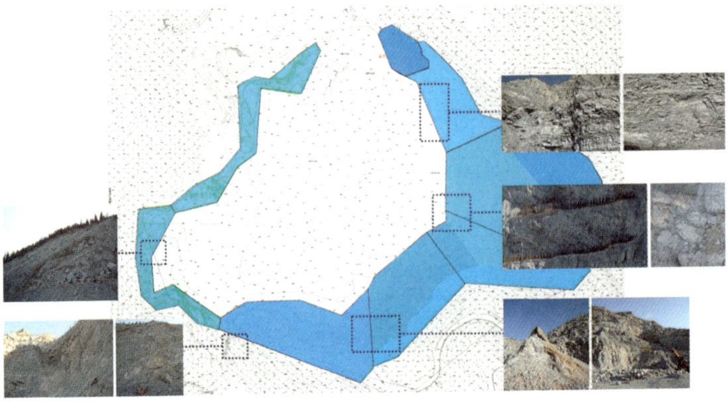

图 9-7-1　西石矿现场勘察点位及图片

分析具体原因主要为：120 米平台土壤为碱性，pH 值为 8.3，而爬山虎适宜在 pH 值为 4.6 ~ 6.5 的酸性土壤中生长；表层土壤有机质含量低，养分条件差，土壤氮元素含量低；藤本植物存在品种差异，之前种植的爬山虎更适合崖壁攀爬；植物生长的条件极其恶劣。

二、环境治理方案

根据地质条件、气象条件、水文地质条件、工程地质条件、施工难易度等综合因素，将矿山整体划分为三个修复区：Ⅰ区为修复困难区，Ⅱ区为修复中等困难区，Ⅲ区为修复相对容易区，具体分区见图 9-7-2。

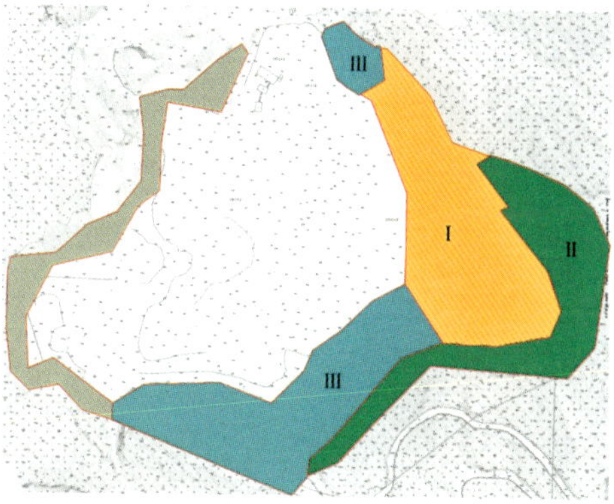

图 9-7-2 矿山修复不同等级分区

针对不同类型的地质环境基底条件，分别采用不同的修复治理方案，分区如图 9-7-3 所示。

Ⅰ区地质环境治理措施：扫坡，清除落石危岩；针对岩壁陡峭、岩石风化破碎问题，通过锚杆（索）加固防止滑坡和崩塌；挂 SNS 主动防护网防止落石，提高崖壁挂土量；通过毛石挡墙防护防止湖泊侧壁漏水。Ⅰ区修复意向见图 9-7-4。

Ⅱ区地质环境治理措施：扫坡，清除落石危岩；局部采用锚杆（索）加固防止滑坡和崩塌；挂 SNS 主动防护网防止落石，提高崖壁挂土量，大面积覆盖爬藤植物降低崖壁的自然分化程度。Ⅱ区修复意向见图 9-7-5。

Ⅲ区地质环境治理措施：扫坡，清除落石危岩；局部采用锚杆（索）加固防止滑坡和崩塌；挂 SNS 主动防护网防止落石，提高崖壁挂土量；生态袋堆置坡脚护坡防止落石；柔和过度立面和平面景观，增加景观的层次性。Ⅲ区修复意向见图 9-7-6。

对不同修复区域进行生态地质环境综合治理，得出崖壁生态整体景观概念设计分区意向，见图 9-7-7。

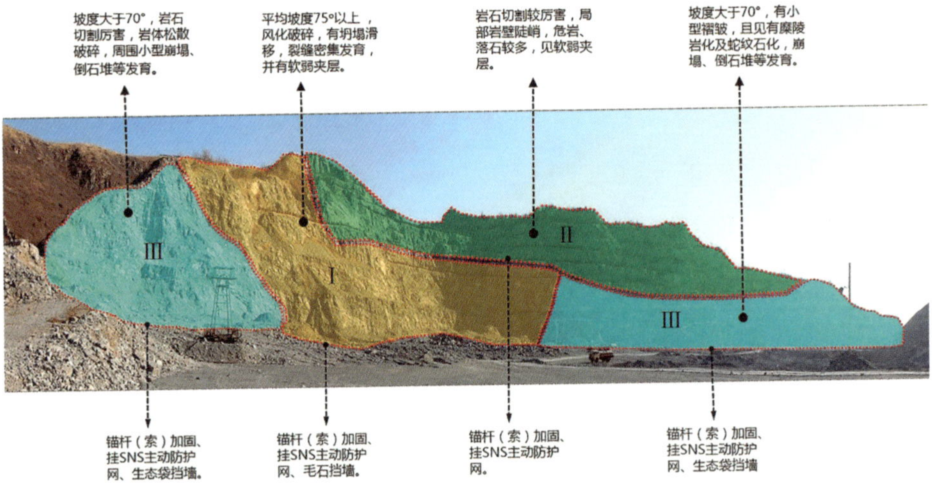

图 9-7-3 分区地质环境治理方案示意

图 9-7-4 Ⅰ区修复意向

图 9-7-5 Ⅱ区修复意向

图 9-7-6 Ⅲ区修复意向

图 9-7-7 生态景观分区意向

三、绿化分区规划

场地生态绿化根据场地的使用功能、植被恢复的难易程度、场地的微地形、地貌及景观打造要求，划分为四个区域。分区绿化具体分析规划见图 9-7-8、表 9-7-1。

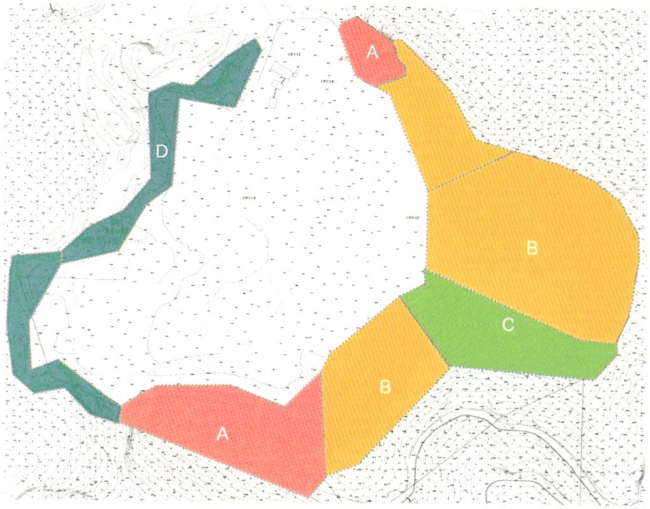

图 9-7-8 生态绿化分区

表 9-7-1　区块生态绿化统计表

区号	坡面面积（平方米）	马道平台面积（平方米）	现状	治理措施
A	15404	2240	破损面高差较大，断面较陡直，坡面岩体破碎，坡脚见碎石堆积，原有人工开采平台已消失，未进行绿化	飘台种植槽绿化、燕窝巢复绿法、植生槽法和见缝插针法
B	39644	12342	坡体岩体破碎，有 7 级 ~ 8 级马道平台；平台间高差 12 ~ 15 米，除第 156 级平台宽度在 50 ~ 80 米左右外,其他平台宽度一般为 2 ~ 3 米，局部不足 1 米。现有平台基本已经绿化，但由于土壤、植物选择与立地条件恶劣，植物生长状况较差，未达到生态护坡与绿化效果	平台乔灌绿化、挂网绿化
C	18340	7508	东南两侧坡面交汇处，可产生汇水；破损面高差较大，断面较陡直，崖壁局部有碎石断层	瀑布景观区绿化
D	10552	无马道平台	由于人为原因切割坡脚形成滑坡体，滑动面为坡体内泥质白云岩软弱夹层，滑坡体厚约 6 米，滑坡体体积分别达到 1.1 万立方米和 1.2 万立方米。目前，滑坡体后缘裂缝仍在发育，存在滑坡隐患，建议进行持续监测和滑坡体治理，暂不进行绿化	暂不进行绿化

第八节　效益分析

本规划通过生态、景观、产业等整体规划设计，改变以往仅以场地绿化为主的生态修复模式，将场地修复与产业发展相整合，创造可持续的生态修复的新模式，同时实现生态、经济、社会等多方面的综合效益（图 9-8-1）。

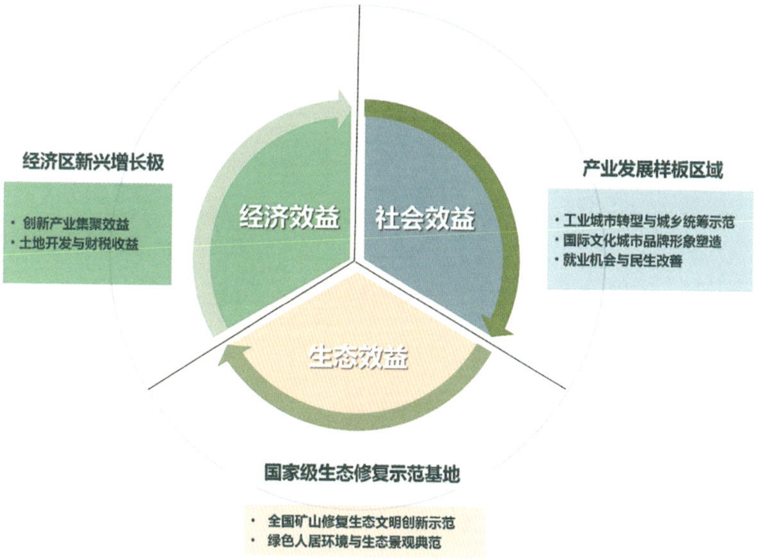

图 9-8-1　西石矿生态修复项目综合效益

一、经济效益

1. 资金平衡思路

通过合理规划，保证项目开发建设带来的经济效益、生态效益、社会效益的最大化。将项目打造为国家级生态修复示范基地，塑造国际文化城市品牌形象，改善民生并增加就业机会，带来创新产业集聚效益、土地开发与财税收益，形成经济区新兴增长极。本案采用土地一二级联合开发模式，分为三期进行开发，通过地产销售、租金收入和旅游经营收入平衡项目资金，分期开发规划见图 9-8-2。

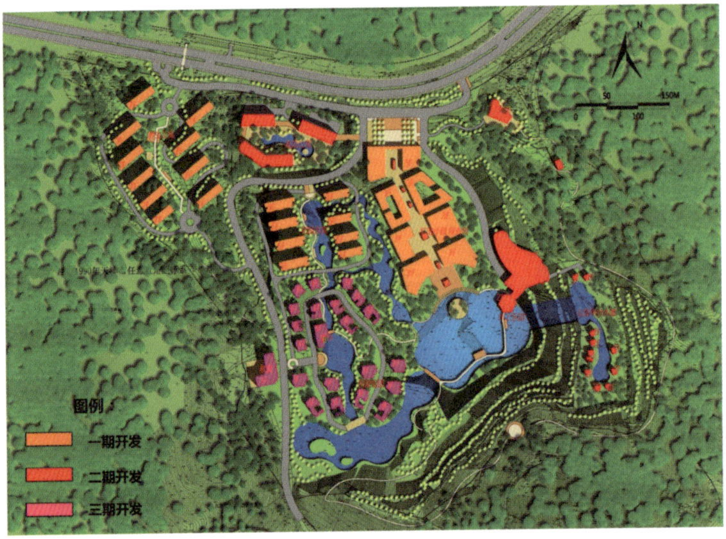

图 9-8-2 项目分期开发规划

2. 开发成本估算

项目开发成本总计 10.07 亿元，主要包括前期工程费 1.79 亿元，建筑安装工程费 6.13 亿元，基础设施建设费 0.51 亿元，园林景观工程费 0.43 亿元，不可预见费 0.28 亿元，管理费 0.27 亿元，相关税费及其他费 0.66 亿元，开发成本占比见图 9-8-3。

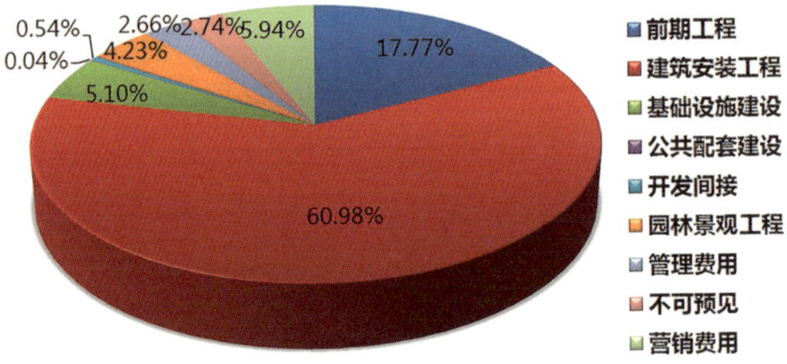

图 9-8-3 蓟州西石矿项目开发成本占比

3. 经济效益评估

通过对项目进行为期十年的财务评估，从而分析项目开发的可行性。经测算，项目财务内部收益率 31%，财务净现值 55426.92 万元，静态投资回收期 5.91 年，动态投资回收期 6.79 年，现金流量见图 9-8-4。综上所述，项目开发建设有较好的可行性。

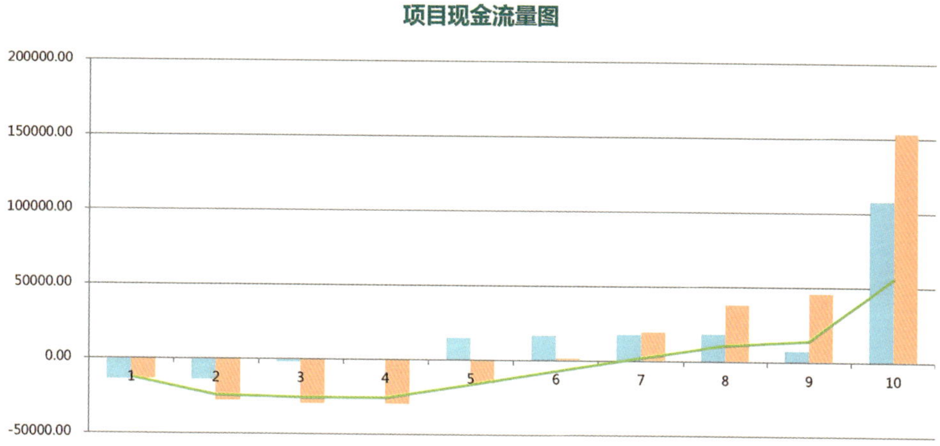

图 9-8-4 蓟州西石矿项目现金流量

二、生态效益

项目通过场地空间规划、水系规划、岩体稳定、生态绿化等修复方案，不仅解决了地质灾害消除与植被恢复等基本问题，同时实现了水源涵养、土壤保持、雨洪资源综合利用、生物多样性恢复、空气净化、调节小气候等一系列生态效益。

三、社会效益

蓟州西石矿的生态修复及场地开发提高了周边土地的利用率，改善了矿区周边的宜居环境，增加了当地市场活力和就业岗位。项目在带给人们旅游观光、生态体验、情操陶冶、疗养保健功能的同时，也促进了旅游文化的传播和生态理念的传播，并促进社会文明程度的不断提高，积极推动了当地的城镇化发展进程。

第十章

秦皇岛市抚宁区
特色小镇设计

特色小镇首先应该是宜居宜业的，它不城不乡，又城又乡，具有完善的城市基础设施，根植优美独特的自然景观，其特色的环境、特色的产业、特色的历史、特色的文化、特色的人文、特色的地理环境，都应该是当地“长出来”的，不是造出来的。特色小镇建设是中国新型城镇化的创新，也是生态城市建设的新战略，因此，它应该是可持续的。秦皇岛市抚宁区发展定位为：(1)国家级农业产业园示范区；(2)国家级旅游综合体示范区；（3）抚宁野长城旅游示范区；（4）抚宁水源地生态保护区；（5）抚宁城镇化宜居城市示范区；（6）抚宁农业加工及服务业示范区。农业产业项目策划包括四大果蔬产业园、四大果林产业园、三个葡萄园、两个粮食区、一个畜牧区、一个中药材区、一个鲜花区。特色小镇设计包括：(1)农业特色小镇——葡萄主题小镇；（2）工业特色小镇——茶棚乡、留守营镇；（3）旅游特色小镇——野长城度假小镇；（4）抚宁新区主题乐园小镇——中心城区；（5）天马湖运动休闲小镇——天马小镇；（6）长城脚下的足球特色小镇——大新寨镇。

第一节　引言

当前全国各地都正在以迅猛发展的态势布局特色小镇发展。中国特色小镇的发展具有良好的政策背景：国家大力推动新型城镇化的背景下，以特色集聚发展要素，注重结合实际，突出本土优势，创新发展理念，展示自身特色，走出一条新型城镇化建设的崭新道路；国家发改委、住建部和财政部三部委明确提出在全国范围开展特色小镇培育工作，计划到 2020 年培育 1000 个左右各具特色、富有活力的特色小镇，引领带动全国小城镇建设。

近年来抚宁存在如下一些问题：产业经济发展动力不足，GDP 持续低增长；人均收入及城镇化指标偏低，城乡收入差距持续扩大；城镇布局单一，城镇缺乏活力等。

因此，抚宁新型城镇化未来方向应突出抚宁特色产业，空间紧凑，组团化，环境以生态作为基底，促进城镇健康高效发展。

第二节　项目解读

抚宁区位于秦皇岛市中部，是秦皇岛市四个市辖区之一，地处环渤海经济圈中心地带。为帮助抚宁区解决城乡二元结构、优化产业结构、改善人居环境，我们对抚宁产业结构进行了全面的研究和分析，针对抚宁最有基础和优势的特色产业设计并策划了多个特色小镇的设计方案。

总结现状问题分析项目要点，得出抚宁区特色小镇的设计开发思路：首先规划产业结构与空间格局，策划特色小镇规划设计方案，积极获取政府及社会的广泛认可，确保项目成功立项及资金注入；然后进行生态治理和生态基底恢复建设，确保场地生态安全和景观价值；之后进行基础设施投入和土地开发项目投入，导入活力产业促进地块成熟；最终通过完善的管理运营持续实现其综合效益。

第三节　背景分析

一、区位分析

抚宁区南临渤海，北靠长城，是中国唯一同时拥有山、海、长城的区（图 10-3-1）。境内有京沈铁路、京秦铁路、大秦铁路和秦山铁路，以及京沈高速公路、沿海高速公路、102 国道、205 国道和 5 条省道（图 10-3-2）。

图 10-3-1 抚宁城市区位分析

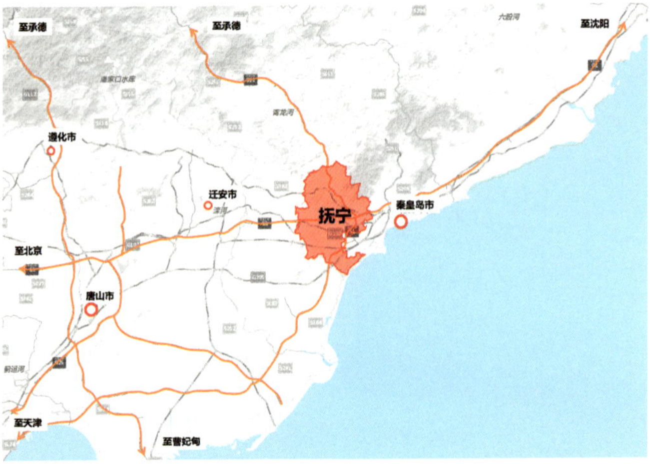

图 10-3-2 抚宁市域区位分析

二、产业现状分析

1. 三大产业结构分析

2014 年抚宁 GDP 增速仅 3%，低于秦皇岛市平均 5%、全国平均 7.4% 的水平（图 10-3-3）。城乡收入差距大，城镇居民收入是农村居民收入 2.14 倍（图 10-3-4）。

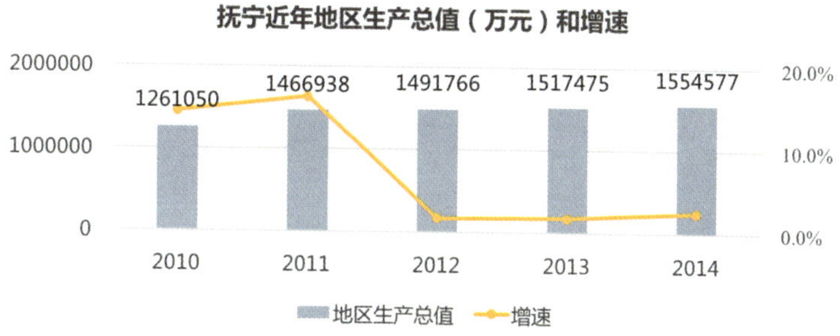

图 10-3-3 抚宁近年地区生产总值和增速

图 10-3-4 抚宁近年人均可支配收入变化

三大产业结构比例从 2010 年的 29.5 ∶ 40.1 ∶ 30.5 到 2014 年的 29 ∶ 31.8 ∶ 39.2，第二产业占比持续降低（图 10-3-5）。2015 年撤县设区后，产业结构为 30.3 ∶ 26 ∶ 43.7，第二产业比重最低，仅为全国水平（42%）的 0.6 倍。但第一产业、第三产业比重较高，是农业产业化、农业旅游化发展的基础和优势（图 10-3-6）。

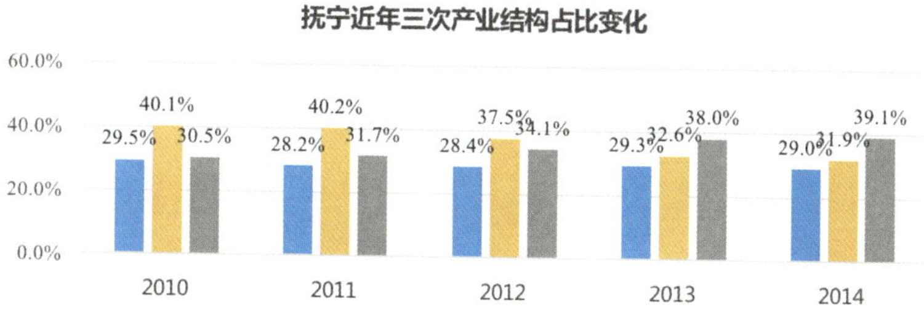

图 10-3-5 抚宁近年三次产业结构占比变化

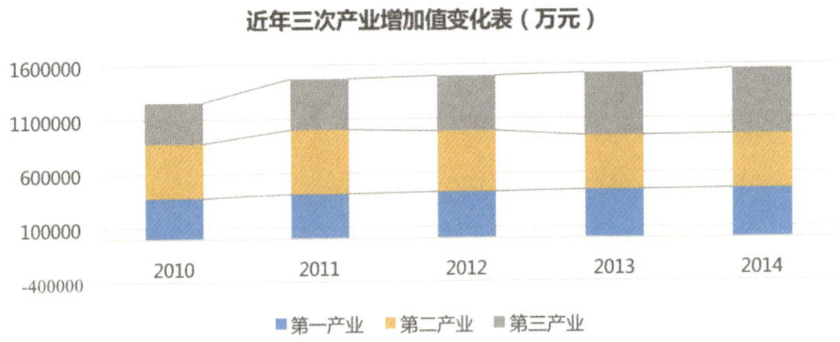

图 10-3-6 抚宁近年三次产也增加值变化

经分析，抚宁区三大产业主要问题如下：

第一产业：农业产业化发展——农业占比较大，产业化程度有待提升，与第二、第三产业关联度低；第二产业：需要加速发展——设区后比重直降 5.8 个百分点，以传统粗放工业为主，规模企业较少，需要促进产业转型升级并引入新产业；第三产业：仍有待提高——生产性服务业发展滞后，旅游配套服务不足。

2. 农业发展现状分析

2014 年抚宁县农、林、牧、渔、服实现总产值 80.35 亿元，2015 年撤县改区后农、林、牧、渔、服实现总产值 56.75 亿元（图 10-3-8）。农业、畜牧业一直是抚宁发展的支柱产业，林业、渔业、服务业在现在的抚宁区内发展仍十分薄弱，受资源限制和环境保护约束，渔业不宜多加发展，林业和服务业有待提升，特别是北部长城山体可以大力发展林业（图 10-3-7)。

2015 年第一产业产值构成：农业 28.37 亿元（50%）> 畜牧业 25.56 亿元（45%）> 农林渔牧服务业 1.57 亿元（3%）> 林业 0.70 亿元（1%）> 渔业 0.55 亿元（1%），农业、畜牧业仍将是未来抚宁第一产业中的支柱产业。

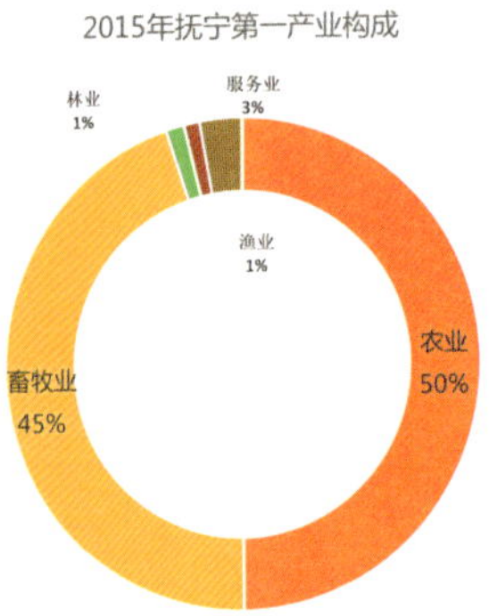

图 10-3-7 抚宁第一产业构成

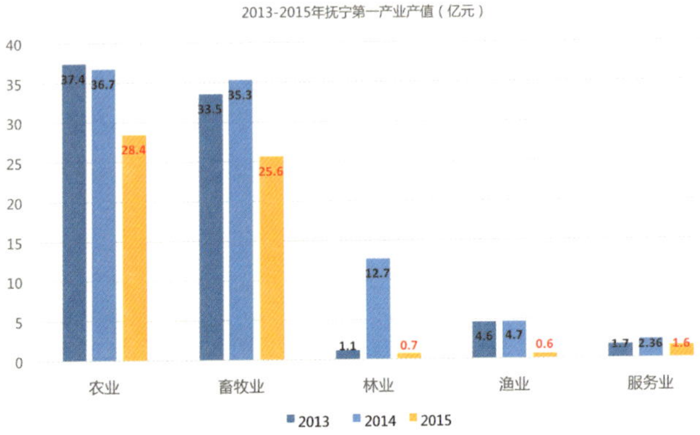

图 10-3-8 2013—2015 年抚宁第一产业产值

抚宁未来的发展，需要发展和进一步提升已形成的六大生产基地（板栗、苹果、水蜜桃、西红柿、豆角、生姜和食用菌），发展制约由单一的资源约束变为当今的资源、市场、生态环境三重约束（图 10-3-9）。

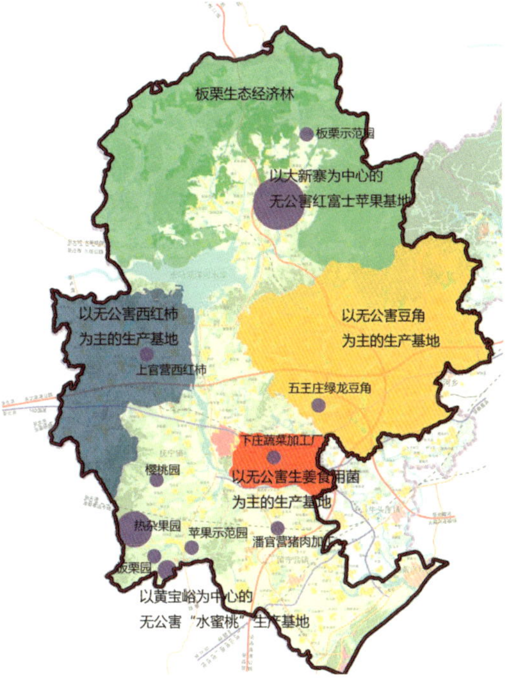

图 10-3-9　抚宁六大规模化生产基地

六个规模化生产基地：

（1）以北部山地为中心的板栗生产基地，板栗栽植面积 2.1 万公顷，实现产值 2.4 亿元。

（2）以大新寨为中心的红富士苹果基地，2007 年 1334 公顷，年产值 7000 万元。

（3）以黄宝峪为中心的水蜜桃生产基地。

（4）以茶棚乡、抚宁镇为基本区域的西红柿为主的生产基地，年产值 2.2 亿元。

（5）以榆关镇、深河乡为基本区域的豆角为主的生产基地，年产值 0.5 亿元。

（6）以下庄管理区为基本区域的生姜和食用菌为主的生产基地，2014 年种植面积 1334 公顷，年产值 5.3 亿元。

目前，抚宁农业面临五大发展问题：农业产业园未成形、安全食品基地覆盖不足、产业经营模式传统、高附加值农业少、农业景观化与农业旅游发展滞后。

（1）农业产业园问题：生产分散，集约化程度低，农产品原料生产不成规模，产业化程度低。

（2）食品安全问题：全县已有7500公顷蔬菜基地通过省环评认证，取得出口蔬菜备案基地认证面积308公顷，但仅占耕地总面积的18.3%。农产品生产安全未加以足够的保障，土壤、水系污染问题突出，有机和绿色食品覆盖率低。

（3）产业经营模式问题：农产品滞销时有发生，产业经营模式较为传统，转型不彻底，未能利用互联网等渠道拓展销售市场。

（4）高附加值农产品问题：加工业与农业生产不配套，农产品附加值低，尚未形成高附加值农产品产业链。

（5）农业景观与旅游问题：尚未形成农业景观，尤其冬季田野荒芜，植被凌乱，缺乏特色，导致农业旅游发展滞后。

对于未来抚宁农业发展，我们建议：升级传统农业，走规模化、产业化、规范化、专业化、网络化的农业产业公园模式。

同时，抚宁农业发展应该重视技术标准、专业设施、合作专家、示范基地等多方面的力量，与本地农户、农业经营企业形成品牌合作联盟，全力打造"秦皇岛安全健康农产品品牌""秦皇岛有机农产品供应基地""秦皇岛互联网新型营销示范区""秦皇岛休闲农业乐园"等，突出抚宁"生态、绿色、有机、安全、健康"的农产品品牌印象。让抚宁农业形成秦皇岛市乃至河北省具有代表性的由"资本下乡＋市场导向"和"农田直通餐桌"构成的创新型现代农业服务模式。

3. 工业发展现状分析

2015年抚宁撤县改区，总产值减少57.5%，第二产业结构占比由31.9%下降为26%。提高第二产业占比，近期目标将占比恢复至撤县改区前的32%，远期目标向秦皇岛市37%的占比看齐。

撤县改区前：在抚宁工业化进程中，一直是以重工业为主导发展的"一主导＋五支柱"结构。"一主导＋五支柱"产业构成抚宁工业的六大主营业务。六大主营业务中，又以重工业为主，2013年重工业收入占主营业务收入的69%。

改区前抚宁工业六大主营业务：

一大主导产业：黑色金属压延。

五大支柱产业：农副食品加工，非金属矿物制品，造纸及纸制品，装备制造，电力、热力、燃气及水的生产供应。

撤县改区后，针对原有工业的资源需求性、污染性、GDP贡献性、就业创造性采取相应发展决策，同时重点引入高价值绿色产业，打造特色工业产业园。

未来抚宁工业格局以新能源与新材料、生物医药、高端装备制造等高新产业为主导，以农副产品加工、食品与饮料制造、造纸和纸制品、电力热力燃气及水的生产供应、化学纤维制造为支柱的产业格局（图 10–3–10）。

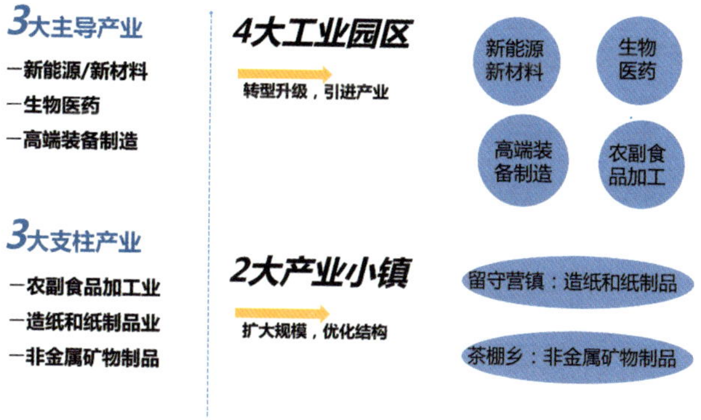

图 10-3-10　未来抚宁工业格局

4.　旅游业发展现状分析

抚宁 2011 年至 2015 年游客接待人次呈现先下降后上升趋势；2015 年旅游接待人次增加到 234 万人次，旅游总收入达到 22 亿元，人均消费水平达到 957 元。旅游业发展呈现良好上升趋势（图 10–3–11）。

2011 年国内旅游市场集中在河北、北京、辽宁三省市，46% 的市场属于河北其他城市，22% 来自北京，13% 来自辽宁。抚宁旅游客源对边远省份的旅游辐射力有限，仍具有较大开发潜力。国外市场主要集中在欧美两大洲。

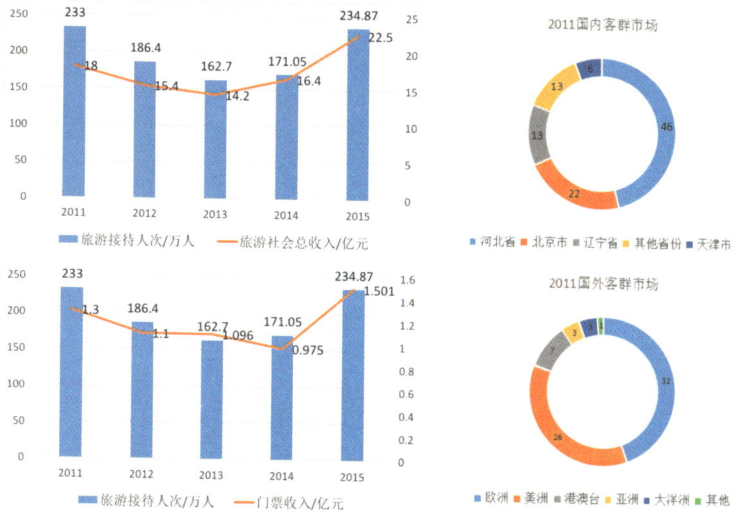

图 10-3-11　抚宁旅游业发展现状

抚宁北部旅游资源以山岳观光和湖泊观光为主导，主要景点有（图 10-3-12）：天马湖旅游度假区，天马山景区，龙潭峡景区，冰糖峪旅游区，象石景区。抚宁北部旅游资源存在景点分散，联系性差，沿途村庄旅游服务程度不够，未打造一条集观光、娱乐、餐饮、住宿（酒店或农家乐）、购物于一体的旅游度假功能等问题。

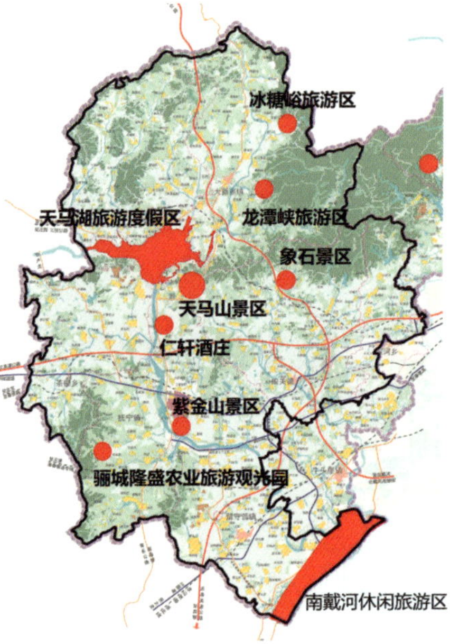

图 10-3-12 抚宁旅游资源现状

抚宁中部旅游资源少，景点少，主要景点有：紫金山景区，骊城隆盛农业旅游观光园，仁轩酒庄。仅有一个自然景点，其余为农业旅游景点，但旅游深度低，体验游、度假游发展薄弱，难以扩大旅游消费。

抚宁应该构建“湖岳旅游、长城旅游、农业旅游、养老旅游、旅游综合体”五大旅游板块，以旅游度假为主导，构筑功能联动、良性循环的差异化服务业结构（图 10-3-13）。

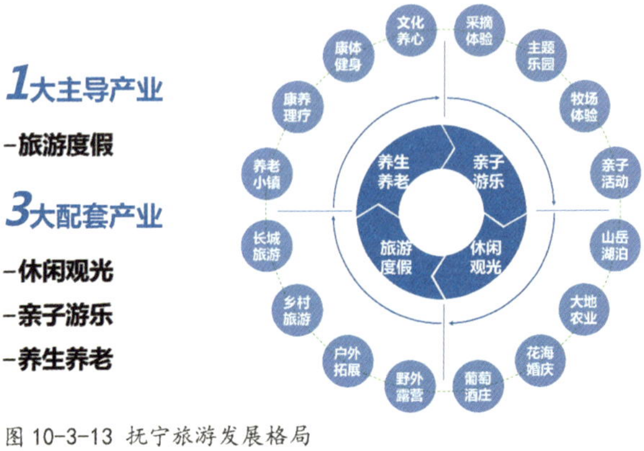

图 10-3-13 抚宁旅游发展格局

三、上位规划

上位规划分析如图 10-3-14 所示。

1. 《秦皇岛城市总体规划》（2008 — 2020）

抚宁定位：秦皇岛卫星城，中心城区产业扩散的主要承接地，是海港组团和新城组团向纵深发展的产业承接地。

南戴河片区为国际商务会议中心，生态型、园林式、国际性旅游休闲度假胜地。

2. 《秦皇岛全域战略发展规划》

抚宁定位：绿色农副产品深加工和现代制造业基地，重要滨海生态宜居城市组团。重点发展沿京哈高速新兴产业带、洋河生态景观维护和提升、中心区内部改造，强化与海港组团、南戴河片区的交通联系及功能承接。

3. 《抚宁县城乡总体规划》（2012 — 2030）

抚宁定位：河北省沿海地区的战略性新兴产业发展集聚区，秦皇岛市重要的休闲旅游基地，现代制造业基地。

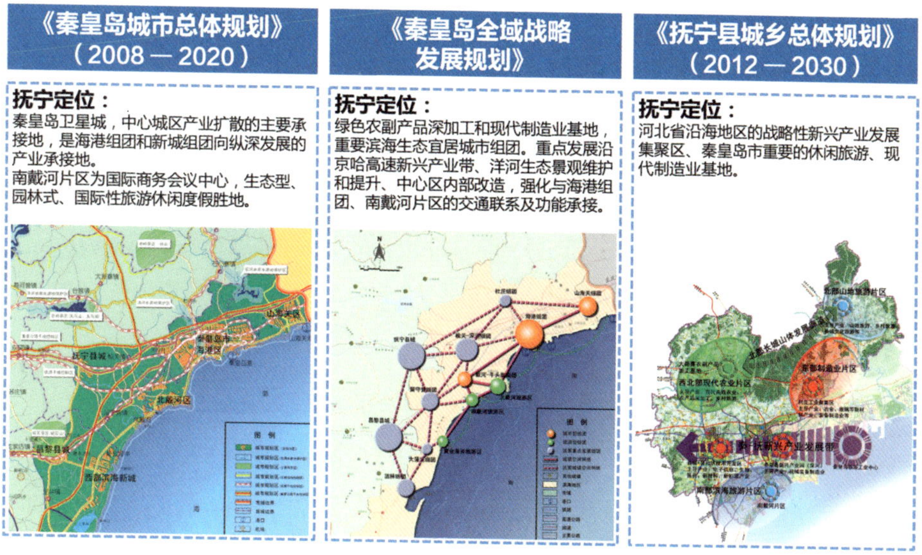

图 10-3-14 上位规划分析

第四节　特色小镇概述

一、相关政策背景

国务院印发的《国家新型城镇化规划（2014—2020 年）》和《国务院关于深入推进新型城镇化建设的若干意见》（国发〔2016〕8 号）中指出：城镇化是现代化的必由之路，是解决农业农村农民问题的重要途径，是推动区域协调发展的有力支撑，是加快产业结构转型升级的重要抓手。

2016 年 7 月 24 日，国家住建部、发改委和财政部联合下发《关于开展特色小镇培育工作的通知》（建村〔2016〕147 号）指出发展目标：到 2020 年，培育 1000 个左右各具特色、富有活力的休闲旅游、商贸物流、现代制造、教育科技、传统文化、美丽宜居等特色小镇，引领带动全国小城镇建设，不断提高建设水平和发展质量。国家发展改革委等有关部门支持符合条件的特色小镇建设项目申请专项建设基金，中央财政对工作开展较好的特色小镇给予适当奖励。

二、特色小镇定义

据官方的定义，“中国特色小镇”是“具有明确产业定位、文化内涵、旅游和一定社区功能的发展空间平台”。其既不同于建制镇、工业园区、产业园、经济开发区、旅游区，又不是五者的简单叠加。

特色小镇“非镇非区”，是创新发展平台。特色小镇不是行政区划单元上的“镇”，它没有行政建制；特色小镇也不是产业园区的“区”，它不是单纯的“大工厂”，而是按照创新、协调、绿色、开放、共享发展理念，聚焦特色产业，融合文化、旅游、社区功能的创新创业发展平台。

特色小镇是透过挖掘产业特色、历史人文底蕴和自然资源禀赋，创新打造（做强特色和提升质量）新产业、新商业、新品牌（企业和产品）、新的居住与生活方式，形成“产、城、人、文、景”五位一体有机结合的功能平台，成为打造城市新经济的全新途径。

其特点为：面积在 3 平方千米左右，一般不超过 5 平方千米；围绕经典传统产业、新兴导入产业或功能提升产业，一个具有特色、站位高端的产业主题形成产业生态；拥有居住空间与社区、商业设施、公共服务、基础设施、生态、文旅等完整开放的产业功能；具备历史经典文化、创新文化、时尚文化、乡土文化等文化特色。

三、特色小镇建设意义

打造特色小镇，缩小城乡差距，助推新型城镇化发展。

新型城镇化是以城乡统筹、城乡一体、产城互动、生态宜居、和谐发展为基本特征，城市、城镇、新型农村社区协调发展，互促共进的城镇化新路径。

以特色集聚发展要素，唯有特色，小城镇才有生命力和吸引力。注重结合实际，突出本土优势，创新发展理念，展示自身特色，走出一条新型城镇化建设的崭新道路（图 10-4-1）。

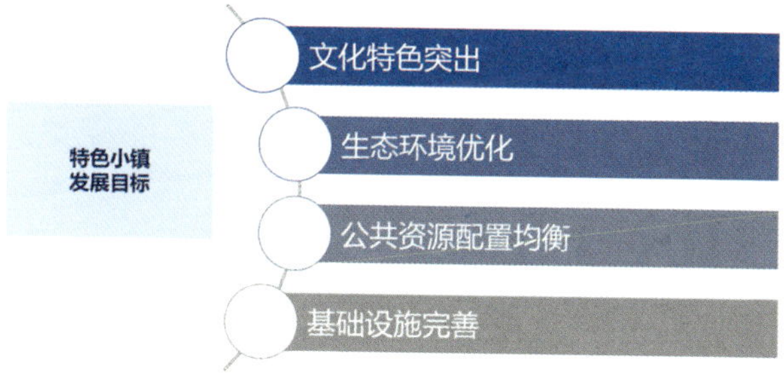

图 10-4-1　特色小镇发展目标

改善居住环境，提高生活品质。在环境设计、建筑外观、功能布局、基础设施、能源利用等方面进行合理化设计。

提升区域经济实力，打造新的经济引擎。用产业支撑小镇的繁荣，创造更多的就业机会，改善群众生活水平，更重要的是大大增强小镇的发展后劲。

提升旅游品牌，繁荣现代服务业。打造新的旅游聚焦点，增强旅游业的活力和内涵，提升旅游品牌。

增强区域商贸活力。在旅游业的带动下，培育活跃的商贸业，形成完善的商业设施。

丰富文化内涵。“特色”的引入为小镇注入文化内涵，使小镇未来更有吸引力。

第五节　产业规划总体设计

一、产业发展原则

1. 产业重构筛选原则

抚宁的产业重构基于三大筛选原则：符合抚宁产业发展定位、产业功能关联互动、周边协助竞争（图 10-5-1）。另外，产业转型升级并导入符合抚宁新区发展且有差异化竞争力的特色、优势产业。

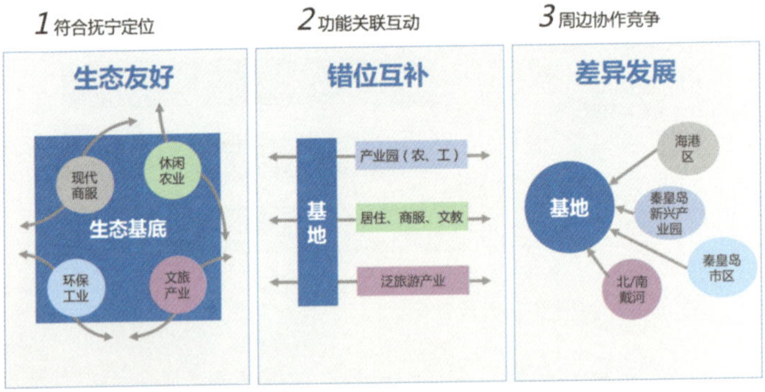

图 10-5-1 产业重构筛选原则

2. 产业体系构建原则

第三产业带动下的产业体系整合，应该以服务业为引导，现代农业为基础，绿色工业为支撑，构建高效生态产业体系（图 10-5-2）。

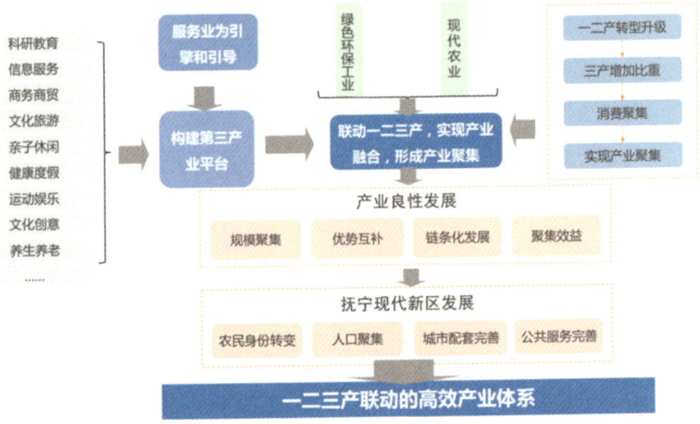

图 10-5-2 产业体系构建原则

3. 产业空间导向原则

以土地性质、产业根基及未来发展为依据，对产业发展构建空间导向，“山、湖、河、海、田、城”构成“山水田园画廊”式的产业空间格局（图 10-5-3）。

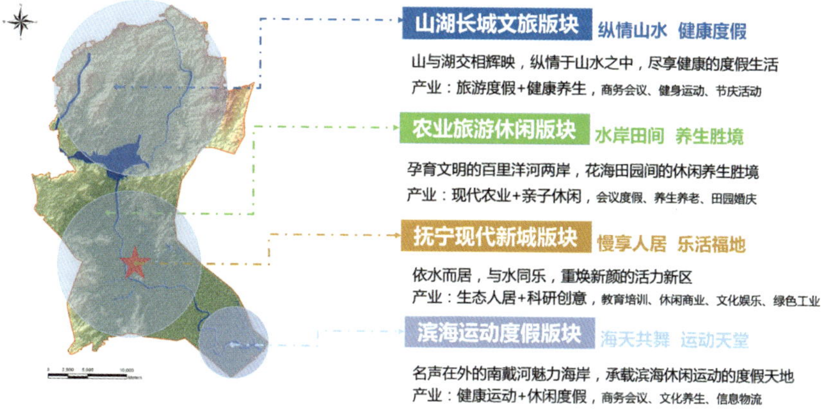

图 10-5-3 产业空间导向原则

二、产业功能分区

依据抚宁产业发展现状和《抚宁县城乡总体规划（2012 — 2030）》，在此基础上梳理、细化产业功能分区（图 10-5-4）。

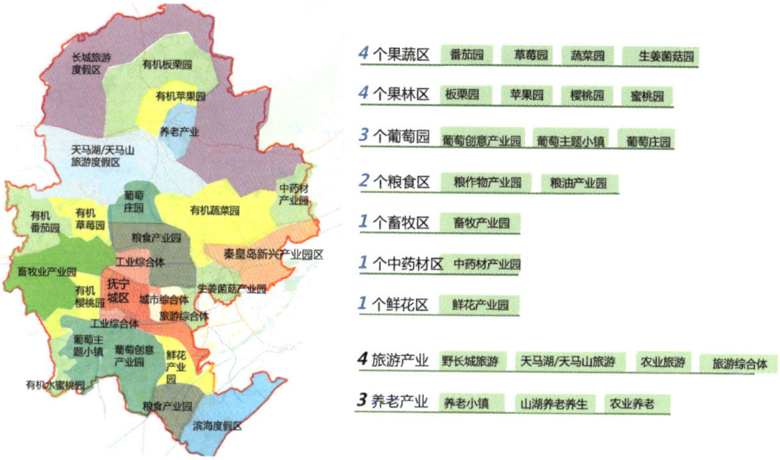

图 10-5-4 产业功能分区分析

三、产业发展格局

抚宁未来产业发展格局依据现有资源以及上位规划分析，确定以中心城区为核心、以四条特色产业发展带为主要脉络的城市产业发展格局体系（图 10-5-5）。

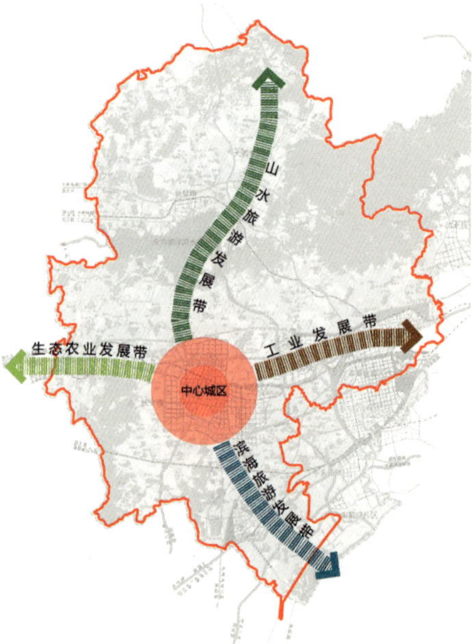

图 10-5-5 抚宁未来产业发展格局

1. 北部山水旅游发展带

依靠现有的丰富资源，如洋河水库、天马山景区、野长城等，开展以自然观光、游览、娱乐为主要功能的旅游特色发展带。

2. 南部滨海旅游发展带

以南部海域为主要特色，开展以滨海休闲、旅游、观光、度假、会议等活动为主的南部滨海旅游发展带。

3. 西部生态农业发展带

依靠现有良好的种植业基础，发展农业高新技术，打造生态观光农业旅游发展带。

4. 东部工业发展带

以工业发展为导向，向东对接秦皇岛新型产业园。

四、农业产业项目布局

1. 项目定位

（1）国家级农业产业园示范区。

（2）国家级旅游综合体示范区。

（3）抚宁野长城旅游示范区。

（4）抚宁水源地生态保护区。

（5）抚宁城镇化宜居城市示范区。

（6）抚宁农业加工及服务业示范区。

2. 产业项目策划

四大果蔬产业园，四大果林产业园，三个葡萄园，两个粮食区，一个畜牧区，一个中药材区，一个鲜花区。

1）四大果蔬产业园

（1）有机蔬菜产业园（图 10-5-6）：

范围划定依据：榆关镇是抚宁重要的蔬菜生产基地，五龙庄豆角是省级优质农产品。依据现状和品牌口碑、地形和基本农田划定有机蔬菜产业园范围。

发展策略：运用新兴智能光伏农业温室技术，建设蔬菜大棚生产基地，提高管理种植技术，节约用水，降低温室能耗。建立蔬菜加工销售基地、市民菜园等，构建集产、加、销、旅于一体的现代化高科技蔬菜产业园。

生态影响：充分利用抚宁土地资源，结合现代化蔬菜培养技术，控制农药化肥带来的面源污染，节约用水，降低传统温室大棚能耗和成本，打造生态美景与现代农田为一体的有机蔬菜产业园。

社会经济效益：为京津冀地区提供安全绿色食品，以安全特供商标在各大城市超市出售，树立抚宁绿色食品口碑品牌，带动抚宁经济产值增长 1.6 亿元，增加就业岗位 430 个。

图 10-5-6 有机蔬菜产业园

（2）有机番茄产业园（图 10-5-7）：

范围划定依据：抚宁茶棚乡西红柿远近闻名，上官营西红柿是省级优质农产品。依据现状、品牌口碑、地形和基本农田划定有机番茄产业园范围。

发展策略：园区建设立足于抚宁境内的自然资源、社会经济和科技文化水平现状，集成科技优势、产业优势、经营优势和市场优势，建设省级有机番茄产业园。因地制宜，科学布局，突出特色，全面振兴所在区域农村经济，实现农业生产的根本性变革。

生态效益：从园区布局、种植加工流程及环境管理全过程贯彻生态、环保、有机理念，综合治理土壤、水质污染，保证产品绿色安全。

社会经济效益：有机番茄产业园建成后，推动农业产业化结构的全面升级，加快番茄产业科技成果的转化应用；带动产值经济增长 1.56 亿元，增加就业岗位 150 个。

图 10-5-7 有机番茄产业园

（3）有机草莓产业园（图 10-5-8）：

范围划定依据：依据田各庄管理区现存 53 公顷草莓种植大棚，根据周边交通仓储等基础设施配套状况，确定有机草莓产业园范围区域。

图 10-5-8 有机草莓产业园

发展策略：扩大草莓种植园面积 33 公顷，联合番茄产业园投资果蔬加工厂，研发果蔬衍生品产业链，实行“龙头 + 基地 + 农民”和“龙头 + 农民”的经营模式。开发草莓农场庄园作为农旅结合项目，提供草莓采摘、儿童游乐园、美食品尝、衍生品贩售、制作体验等活动体验。

社会经济效益：带动经济产值增长 3.89 亿元，增加就业岗位 600 个。

（4）生姜菌菇产业园（图 10-5-9）：

范围划定依据：依据现状下庄管理区内以无公害生姜、食用菌为主的生产基地，进一步扩大种植规模，集中种植、管理。

发展策略：以生姜、菌菇规模化生产销售、菌菇主题乐园旅游开发为未来深度挖掘方向，农业发展与乡村旅游相结合。

社会经济效益：丰富市民闲暇游憩活动，鼓励青少年观察植物生长过程，提高动手能力；带动经济产值增长 2.56 亿元，增加就业岗位 415 个。

图 10-5-9 生姜菌菇产业园

2）四大果林产业园

（1）有机板栗园：

范围划定依据：依托基底资源及抚宁上位规划，基于对农业市场需求的宏观把控。

发展策略：采取“板栗、肉牛种养混合园 + 农产品加工 + 乡村旅游”模式，本着种植园规模化、产业链一体化原则，打造京东板栗产业链，同时结合乡村旅游，设置儿童体验农庄、栗味餐厅等体验项目。

生态效益：板栗林下混合种植苜蓿，提高绿地覆盖率，防治水土流失的同时发展立体混合经营（图 10-5-10）。

社会经济效益：带动经济产值增长 1.48 亿元，新增就业岗位 1200 个。

图 10-5-10 有机板栗园

（2）有机苹果园：

范围划定依据：依托以大新寨为中心的红富士苹果生产基地及抚宁上位规划，基于对市场需求的宏观把控。

发展策略：“现代有机农业 + 农业休闲体验”，对现有农业进行空间上的整合和时序上的合理完善，重点依据生态观光和亲子游憩市场设置果农博览会；可开发“农业庭院 + 苹果文化节”，“果园 + 农场”模式，“果酒 + 亲子”模式等特色项目（图 10-5-11）。

生态与经济效益：带动 2.75 亿元经济产值增长，增加 1100 个就业岗位。

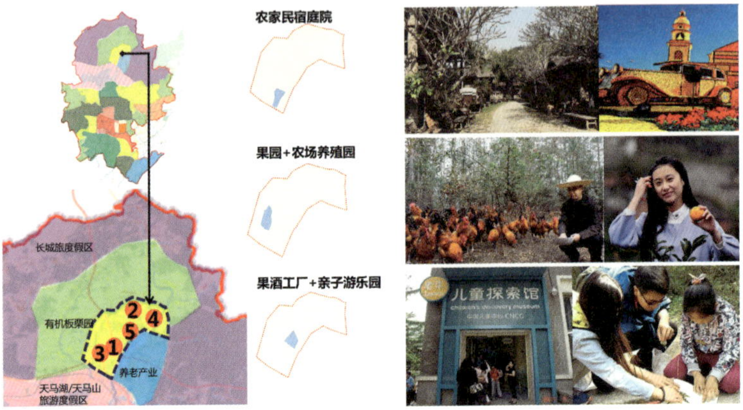

图 10-5-11 有机苹果园

（3）有机樱桃园：

范围划定依据：有机樱桃园以抚宁城市总体规划和土地利用现状为划定依据。

发展策略：有机樱桃园以有机樱桃多品种种植、销售、采摘、生态观光及其衍生产品如樱桃酒、樱桃酱等为未来深度挖掘方向。

生态影响：充分利用抚宁土地资源，增加果林覆盖面积，增加绿化覆盖率，打造生态美景与生产果林为一体的樱桃产业园（图 10-5-12）；

社会经济效益：带动经济产值增长 1.002 亿元，增加就业岗位 730 个，在美化环境的同时提高居民收入。

图 10-5-12 有机樱桃园

（4）有机水蜜桃园：

范围划定依据：有机水蜜桃园以土地利用现状为划定依据，利用黄宝峪现有水蜜桃基地为种植研发基础。

发展策略：以有机水蜜桃多品种研发、种植、销售、采摘、休闲观光及其衍生产品贩售为发展方向。

生态影响：充分利用抚宁土地资源，增加果林面积，林下种植花卉草本植物，打造生态美景与生产果林为一体的蜜桃产业园（图 10-5-13）。

图 10-5-13 有机水蜜桃园

社会经济效益：带动经济增长 1.75 亿元，增加就业 280 个，提高居民收入。

3）三大葡萄产业园

（1）葡萄创意产业园：

范围划定依据：葡萄创意产业园划定依据为抚宁城市总体规划和土地利用现状。

发展策略：葡萄创意产业园以葡萄休闲采摘、葡萄籽油产销、原乡民宿、高端社交沙龙以及世界葡萄产业园为未来深度挖掘方向。

生态影响：充分利用抚宁土地资源，增加果林覆盖面积，打造生态美景与生产果林为一体的葡萄创意产业园（图 10-5-14）。

社会经济效益：带动经济产值增长 8.5 亿元，增加就业岗位 1030 个，在美化环境的同时提高居民收入。

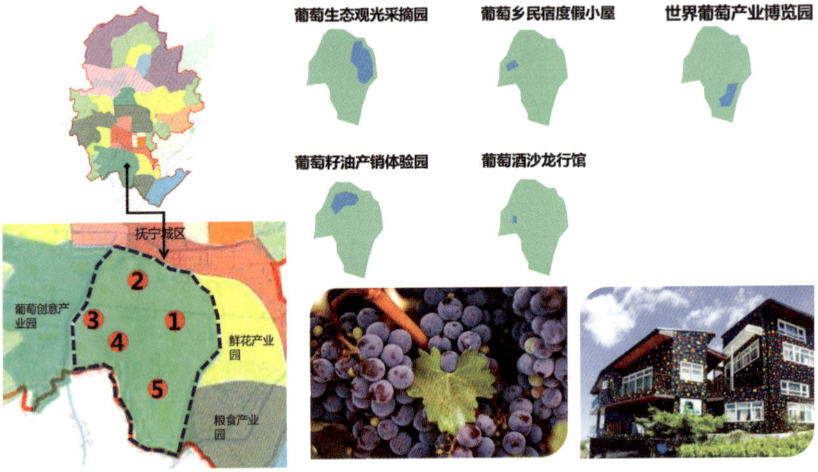

图 10-5-14 葡萄创意产业园

（2）葡萄主题小镇：

范围划定依据：葡萄主题小镇以抚宁城市总体规划和土地利用现状为划定依据。

发展策略：葡萄主题小镇以葡萄田园婚庆摄影、园艺疗养、主题游乐园、酒吧风情街及葡萄大集市为未来深度挖掘方向。

生态影响：充分利用抚宁土地资源，增加果林覆盖面积，增加绿化覆盖率，打造生态美景与生产果林为一体的葡萄主题小镇（图 10-5-15）。

社会经济效益：带动经济产值增长 5.5 亿元，增加就业岗位 1280 个，在美化环境的同时提高居民收入。

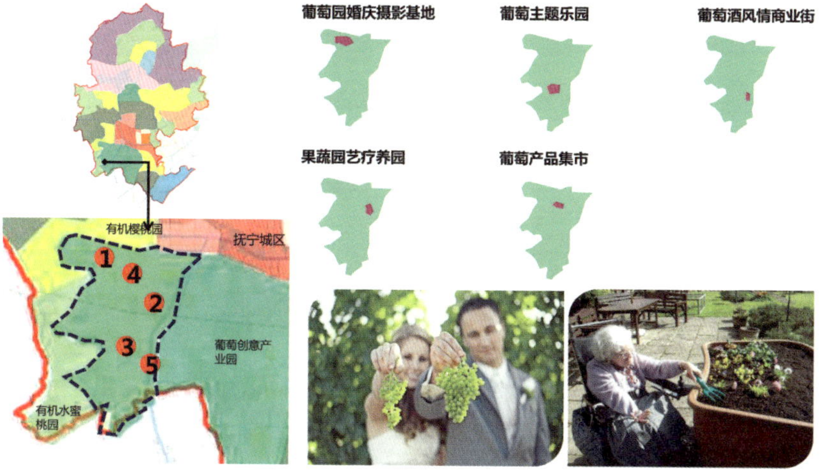

图 10-5-15　葡萄主题小镇

（3）葡萄庄园：

范围划定依据：葡萄庄园以抚宁城市总体规划和土地利用现状为划定依据。

发展策略：葡萄庄园以葡萄酒堡、酒文化博物馆、艺术中心、温室餐厅以及阳光葡萄园为未来深度挖掘方向。

生态影响：充分利用抚宁土地资源，增加果林覆盖面积，增加绿化覆盖率，打造生态美景与生产果林为一体的葡萄庄园（图 10-5-16）。

社会经济效益：带动经济产值增长 4.05 亿元，增加就业岗位 610 个，在美化环境的同时提高居民收入。

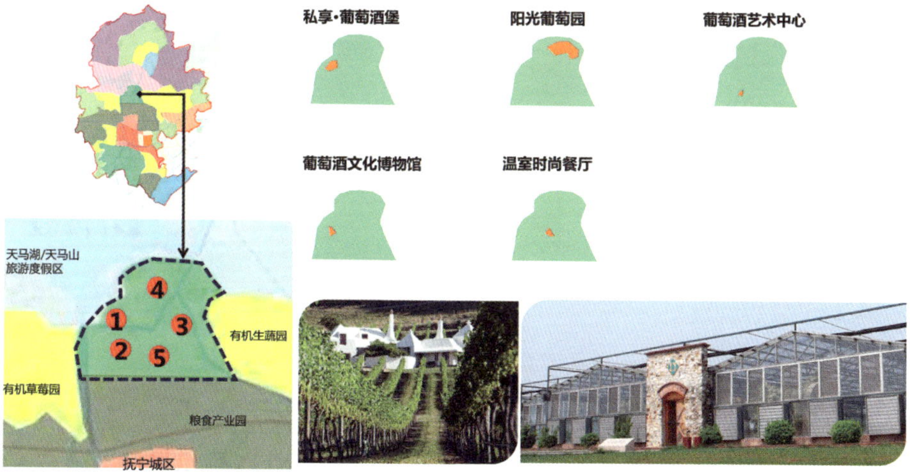

图 10-5-16　葡萄庄园

4）两大粮食产业园

（1）粮作物产业园

范围划定依据：依据抚宁城市总体规划的基本农田面积，结合抚宁粮食产业结构现状确定区域位置，划定区域面积。

发展策略：农业粮田景观化，打造艺术麦田，设立农作物博览苑、仓储物流区，打造现代化高科技粮食产业园。

生态效益：综合整治土壤、水系污染，结合现代化粮食培养技术，减少农药使用，降低农药化肥带来的面源污染（图 10–5–17）。

社会经济效益：为京津冀提供优质安全的粮食作物；带动经济产值增长 2.25 亿元，增加就业岗位 310 个。

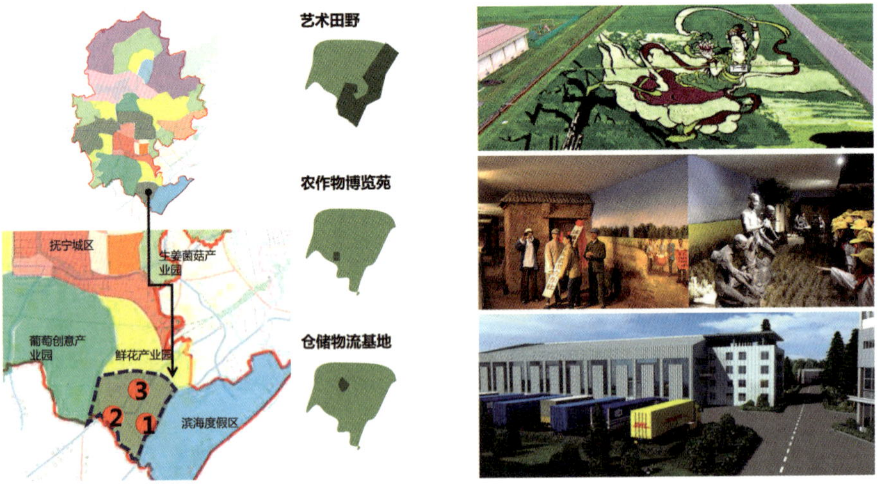

图 10-5-17 粮作物产业园

（2）粮油产业园

范围划定依据：依据抚宁城市总体规划的基本农田面积，结合抚宁粮食产业结构现状确定规划范围。

发展策略：建设集粮油加工区、仓储物流销售区、粮油产品研发区于一体的现代化高科技粮油加工研发基地。

生态效应：充分利用抚宁土地资源，结合现代化粮食培养技术，结合抗板结品种，增加土壤中离子含量，改良土地种植条件，改善抚宁地区粮食种植环境（图 10–5–18）。

社会经济效益：带动抚宁经济产值增长 1.7 亿元，增加就业岗位 182 个。

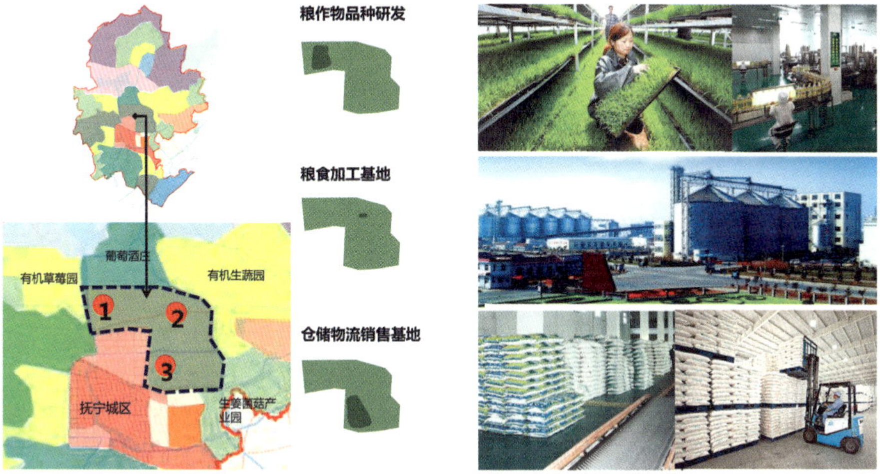

图 10-5-18 粮油产业园

5）畜牧产业园

范围划定依据：依据抚宁总体规划中产业结构的划定，结合现状产业布局结构，综合养殖所需气候、草场等自然条件以及周边交通仓储等基础设施配套状况，确定畜牧产业园的范围区域。

发展策略：抚宁已是河北省生猪调出大户，在龙头企业带领下效益出色。本区规划不再考虑生猪养殖，重点考虑牛、羊、禽类以及特种动物的养殖生产加工产业。新增牛、羊、禽综合养殖基地、特种动物养殖基地和食品加工厂，着重打造牧场主题乐园，吸引亲子度假游客，打造河北最大的牧场主题乐园（图 10–5–19）。

图 10-5-19 畜牧业产业园

社会经济效益：带动经济产值增长 7.28 亿元，增加就业岗位 640 个。

6）鲜花产业区

范围划定依据：城区至滨海度假区沿途划作鲜花产业园，一方面可作为城市花卉供给基地，另一方面打造从城区至滨海区的线性花卉旅游产品，一路游玩到底。

发展策略：以鲜花规模化生产销售、花海婚庆基地、花海主题游乐园、花卉博览为未来深度挖掘方向，花海经营与乡村旅游度假相结合。

生态影响：提高抚宁绿地覆盖率，美化城市环境，打造浪漫花海城乡区（图 10–5–20）。

社会经济效益：带动效益 7.65 亿元，增加就业岗位 1150 个。

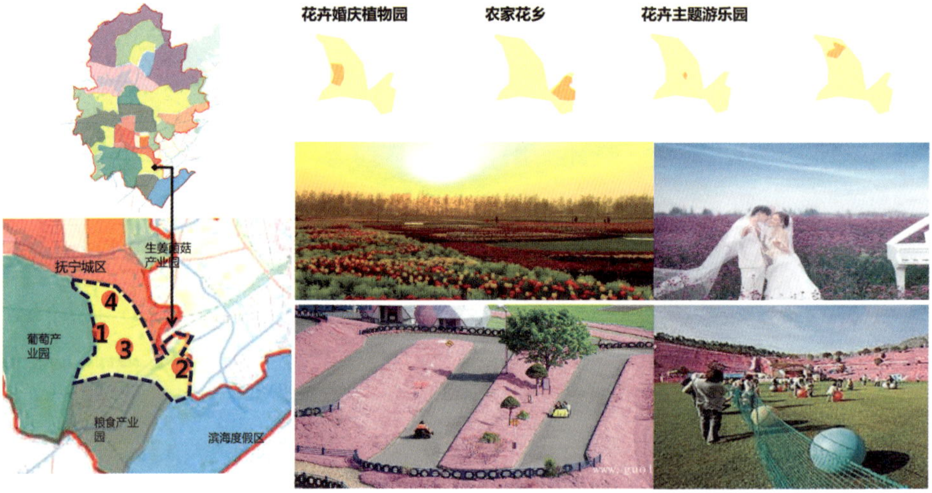

图 10-5-20 鲜花产业园

7）中药材产业区

范围划定依据：抚宁有着丰富的药用植物资源，植物种类达 700 多种，有基本农田和山间林地，适合草药种植。

发展策略：作为大型的产业园区，有繁育基地、中药研发、生产加工、旅游观光和养生教育五大类的产业园区。

生态影响：充分利用抚宁土地资源和种类繁多的种草药植物，调整农业种植结构，利用高效技术提高农民的收入（图 10–5–21）。

社会经济效益：带动经济增长 1.05 亿元，增加就业岗位 1100 个；提高人们的生活品味和质量，提高人们的养生意识。

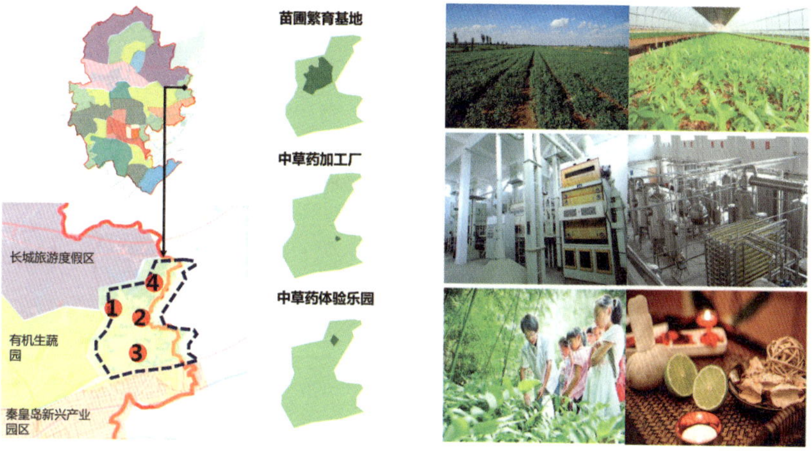

图 10-5-21　中药材产业园

3. 总农业产业园效益分析

农业产业园总投资为 47 亿元，产业经营收益（预计至 2030 年）为每年 53 亿元，就业岗位增加（预计至 2030 年）11237 个（表 10-5-1）。

表 10-5-1　农业产业园效益分析

产业园项目	投资（万元）	年产出（万元）	管理费用（40%）（万元）	相关税费（10%）（万元）	经营收益（万元）	增加就业岗位（个）
果蔬产业园	71300	132900	53160	13290	66450	1025
果林产业园	61520	139640	55856	13964	69820	3910
葡萄产业园	145340	361000	144400	36100	180500	2920
粮食产业园	37700	105100	42040	10510	52550	492
畜牧产业园	75000	145600	58240	14560	72800	640
鲜花产业园	71000	153000	61200	15300	76500	1150
中药材产业园	11200	21000	8400	2100	10500	1100
合计	473060	1058240	423296	105824	529120	11237

五、工业产业项目布局

1. 工业综合体

规划依据：工业是国家经济的支撑，应大力发展重工业，特别是新型产业，响应国家政策。

发展策略：充分了解当地资源条件，合理利用现有资源，做到资源的可持续发展。

生态影响：新型产业都是本着环保、高效、安全的原则，合理利用资源，做到对生态环境产生最小的影响（图 10-5-22）。

图 10-5-22 工业综合体

2. 工业特色小镇

1）非金属矿物制品小镇——茶棚乡镇

抚宁茶棚乡镇非金属矿物制品资源优势突出，并已经形成一定规模产业区，可依靠此工业资源整合村镇资源，打造抚宁特色工业小镇，并通过小镇中心带动周边区域发展（图 10-5-23）。

带动经济产值增长 17.5 亿元，就业岗位增加 1050 个。

图 10-5-23　非金属矿物制品小镇——茶棚乡镇

2）纸制品生产小镇——留守营镇

抚宁留守营镇造纸及纸制品资源优势突出，并已经形成一定规模产业区，可依靠此工业资源整合村镇资源，组团布局实现区域性功能共享，形成抚宁优势产业组团。

带动经济产值增长 20 亿元，就业岗位增加 1270 个。

3. 工业综合体及工业小镇效益分析

工业综合体及工业小镇总投资为 126 亿元，产业经营收益（至 2030 年）为每年 230 亿元，就业岗位增加（至 2030 年）9820 个（表 10-5-2）。

表 10-5-2　工业产业园效益分析

工业产业园	项目	投资（亿元）	年产出（亿元）	管理费用(40%)（亿元）	相关税费(10%)（亿元）	经济效益（亿元）	就业增加（个）
高端装备制造	轨道交通装备	4.0	12.0	4.8	0.5	6.7	800
	节能环保装备	6.0	10.0	4.0	0.4	5.6	500
	智能制造装备	23.0	100.0	40.0	4.0	56.0	1000
	合计	33.0	122.0	48.8	4.9	68.3	2300
新能源 / 新材料	新能源汽车	30.0	100.0	40.0	4.0	56.0	750
	生物质电厂	2.1	10.0	4.0	0.4	5. 6	500
	新能源电池	10.0	30.0	12.0	1.2	16.8	650
	节能灯具	0.6	3.0	1.2	0.1	1.7	400
	新型建材	1.2	5.0	2.0	0.2	2.8	500
	合计	43.9	198.0	79.2	7.9	110.9	2800
生物制药	生物医药产业化基地	10.0	50.0	20.0	2.0	28.0	600
	合计	10.0	50.0	20.0	2.0	28.0	600
农副产品加工业	谷物食用油加工园	3.0	8.0	3.2	0.3	4.5	700
	食品工业园	2.4	10.0	4.0	0.4	5.6	600
	饮料加工园	2.0	6.0	2.4	0.2	3.4	500
	合计	7.4	24.0	9.6	1.0	13.4	1800
非金属矿物制品小镇	合计	14.0	35.0	14.0	3.5	17.5	1050
纸品生产小镇	合计	18.0	40.0	16.0	4.0	20.0	1270
合计		126	419	168	21	230	9820

六、旅游产业项目布局

1. 项目定位

（1）国家级旅游综合体示范区。

（2）京津冀养老养生旅游示范区。

（3）抚宁野长城旅游示范区。

2. 产业项目布局

1）野长城旅游度假区

野长城旅游度假区如图 10-5-24 所示。

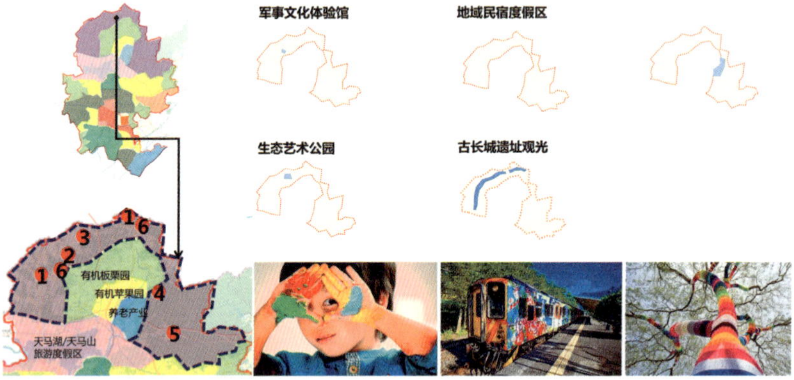

图 10-5-24 野长城旅游度假区

范围划定依据：依托历史古长城遗址资源、北部山林资源及抚宁旅游规划，基于对旅游市场需求的宏观把控。

发展策略：修复保护北部古长城资源，开发观光游览和地域民宿度假功能，整合山林徒步旅游、军事文化体验旅游、户外拓展旅游和汽车露营等旅游项目。

生态效益：通过植树造林丰富长城沿线林地资源，特别是色叶树种，打造五彩缤纷长城植物带。

社会经济效益：对原有物质文化遗址修复、保护；旅游资源合理开发，拉动长城沿线的度假板块，带动经济产值增长 6.24 亿元，增加就业岗位 610 个。

2）天马湖、天马山旅游度假区

范围划定依据：依托现状天马湖和天马山旅游度假区及抚宁旅游规划，整合深化现有旅游项目，继续挖掘潜在旅游资源。

发展策略：充分利用天马湖美丽的生态基础，建设集休闲、疗养、美食、观赏、婚庆于一体的旅游度假园。

生态效益：充分利用天马湖景区资源，在保护生态的前提下，使生态更适应物种的发展，保护周边生态系统，美化环境（图 10–5–25）。

社会经济效益：带动经济增长 26.6 亿元，增加就业岗位 1360 个，在美化环境的同时提高居民收入。

图 10–5–25 天马湖、天马山旅游度假区

3）养老养生度假小镇

规划背景：从 2011 年到 2015 年，全国 60 岁以上老年人由 1.78 亿增加到 2.21 亿，平均每年增加老年人 860 万。我国老年人口比重由 13.3% 增加到 16%，平均每年递增 0.54 个百分点，因此老龄化是个很严重的问题，养老产业和服务需要急剧增加（图 10–5–26）。

范围规划依据：以大新寨镇作为养老产业重点示范区。现大新寨镇人口规模约 3 万人。到 2030 年建设用地预计 0.97 平方千米，备用地 0.8 平方千米。大新寨镇位于野长城脚下，毗邻天马湖，森林植被资源良好，空气清新适合养老产业发展。

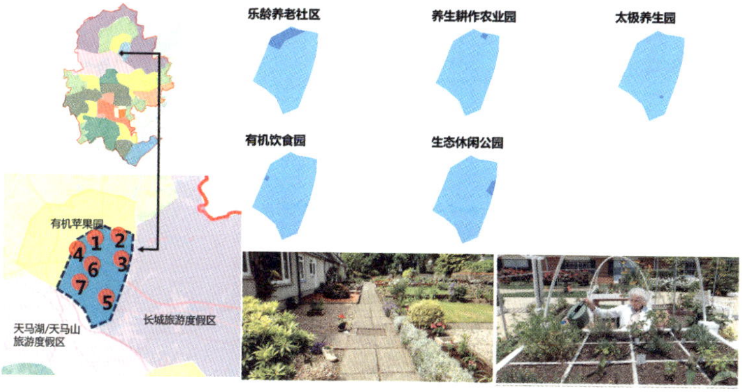

图 10–5–26 养老养生度假小镇

建设规模：养老产业园现规划0.47平方千米的建设用地，建筑密度30%，绿地密度40%，容积率0.8，可以容纳8000 ~ 10000人。

社会经济效益：带动经济增长4.71亿元，增加就业岗位1000个，为老年人提供舒适的养老环境。

4）主题乐园旅游综合体

规划背景：抚宁位于秦皇岛西部，离北京、天津等地区近，地价便宜，通过打造城市综合体，形成集休闲、娱乐、酒店为一体的多种生活方式，建立三大主题乐园，吸引人们来抚宁旅游，并且给抚宁带来生机。

范围规划依据：以抚宁新开发区为重点建设，东侧建立三大主题乐园，主题公园临近火车站和高速出口，交通便利，并且公园的三个主要出入口分别朝向居民区、高速出口和火车站，方便人们进入园区。

建设规模：主题乐园需要150公顷用地，绿地密度40%，容积率0.8，可以容纳8000 ~ 10000人。

社会经济效益：带动经济增长27.6亿元，增加就业岗位1620个。

3. 旅游项目总效益分析

旅游项目总投资为57亿元，产业经营收益（至2030年）为每年65亿元，就业岗位增加（至2030年）5060个（表10-5-3）。

表10-5-3　旅游区与主题乐园效益分析

项目分布		投资（万元）	年收入（万元）	管理费用（40%）（万元）	相关税费（10%）（万元）	经营收益（万元）	带动就业（个）
两个旅游区	天马湖、天马山运动旅游度假区	179000	532000	212800	53200	266000	1360
	野长城旅游度假区	33000	109000	43600	10900	54500	1080
养老养生度假小镇		69500	94200	37800	9420	4.71	1000
主题乐园	航飞主题乐园	80000	160000	64000	8000	88000	500
	地球探索主题乐园	160000	200000	80000	16000	104000	800
	生态激水主题乐园	60000	150000	60000	6000	84000	320
合计		573100	1245200	498080	92610	654510	5060

七、特色小镇选择

根据抚宁城市发展格局，沿洋河形成“串珠式”产业发展带（图 10-5-27）。

沿产业发展带选择部分重点特色小镇优先开发（图 10-5-28）。

（1）农业特色小镇——葡萄主题小镇。

（2）工业特色小镇——茶棚乡、留守营镇。

（3）旅游特色小镇——野长城度假小镇。

（4）主题乐园小镇——中心城区。

（5）运动休闲小镇——天马小镇。

（6）足球特色小镇——大新寨镇。

交通可达性分析。基于区域内部交通路网等级、河流、地形等因子，综合分析地区交通可达性。

交通可达性的计算综合了规划区内铁路、高速、国道、省道、河流以及地形坡度等因子，基于 GIS 分析，获得各特色小镇通勤圈范围。通过交通可达性的计算，可以对规划区的交通条件进行定量分析。规划区内四座特色小镇的综合交通可达性均在 30 分钟左右，交通便利受地形影响，交通便捷程度总体上南部高，北部稍低。北部因山地影响，交通路网密度稍低，交通可达性稍弱。大新寨镇、天马镇与东侧国家森林公园所在的北部区域是未来旅游业发展的最为重要的空间区域，因此，应加强北部地区交通联系。茶棚乡与留守营镇应注意利用其交通便利的优势，打造适宜产业，带动镇区经济发展（图 10-5-29）。

图 10-5-27 “串珠式”产业发展带

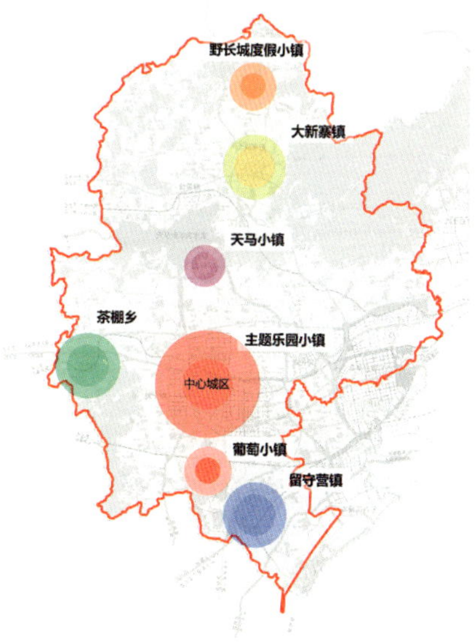

图 10-5-28 重点特色小镇选择

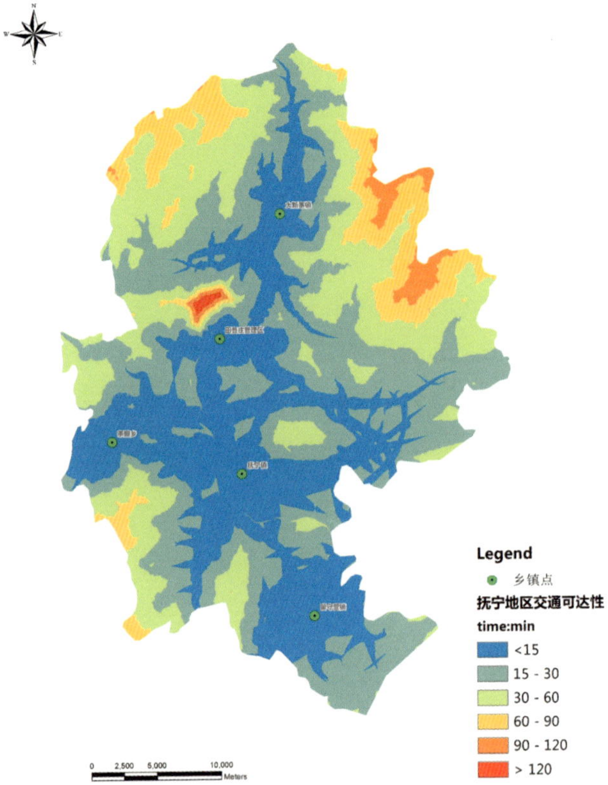

图 10-5-29 交通可达性分析

第六节　重点特色小镇设计

一、主题乐园小镇

主题乐园小镇总体规划见图 10-6-1。

1. 大范围用地规划

根据上版总体规划，在城区东侧选择面积为 535 公顷的用地作为主题乐园区，并对乐园周边用地类型进行了调整，以最大化提升未来土地价值。

2. 空间结构

空间结构分为两轴、三心、四区。两轴：连接出入口的两条生态景观轴；三心：三个主题游览核心；四区：四大主要功能区。如图 10-6-2 所示。

3. 功能分区

主题乐园内部分为以下几个功能区：三大主题乐园区：航飞主题乐园、生态激水主题乐园、地球探索主题乐园；配套服务区：迎宾中心和服务中心、研究中心和服务中心；景观绿化区；生态停车区。如图 10-6-3 所示。

4. 土地利用

乐园土地利用分区如图 10-6-4 所示。

5. 总平面

乐园土地总平面如图 10-6-5 所示。

6. 景观结构分析

三个主题乐园内部各有一个主要景观节点，次要景观节点沿轴线分布。另外，主题乐园内部有大量景观绿地，在保证观赏性的同时为游人提供休憩空间。如图 10-6-6 所示。

7. 游线分析

考虑到主题乐园的主要客源方向，主入口选在西侧城区主干道方向，南侧北侧各有一个次入口。如图 10-6-7 所示。

乐园内部主要游线串联三个主题乐园，次要游线为各主题乐园内部游线。

8. 效益分析

主题乐园总投资为47.16亿元，旅游收入（至2030年）为每年16亿元，就业岗位增加（至2030年）20000个（表10-6-1）。

表10-6-1 主题乐园小镇效益分析

参数类别	参数单价		计价数量		费用总计（亿元）
一、前期工程费	5	万元/公顷	325.13	公顷	2.44
二、市政基础设施建设费用	500	元/平方米	37.42	公顷	1.87
三、公共配套设施建设费用	10.5	万元/公顷	325.13	公顷	0.34
四、主题乐园区建设费用	—	—	—	—	36.00
主题乐园	1500	万元/公顷	133.33	公顷	20.00
配套商业区	2000	万元/公顷	80	公顷	16.00
五、管理费用	项目工程费 ×3%				1.22
六、不可预见费（预备费）	项目工程费 ×5%				2.03
七、财务费用及税费	项目工程费 ×8%				3.25
费用总计（亿元）	47.16				

图10-6-1 大范围用地规划

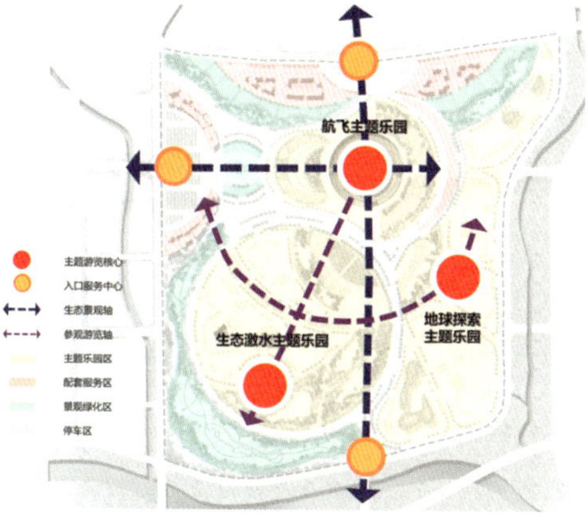

图 10-6-2 空间结构

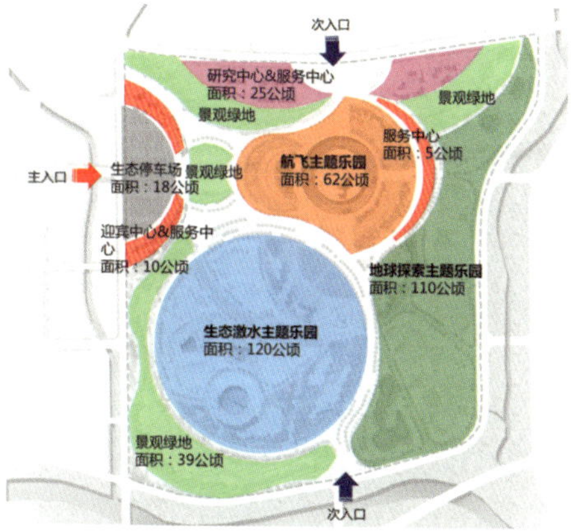

图 10-6-3 功能分区

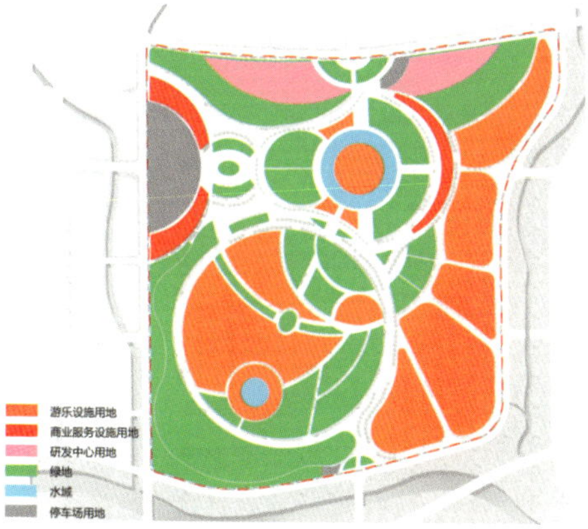

图 10-6-4 用地分区

图 10-6-5 总平面

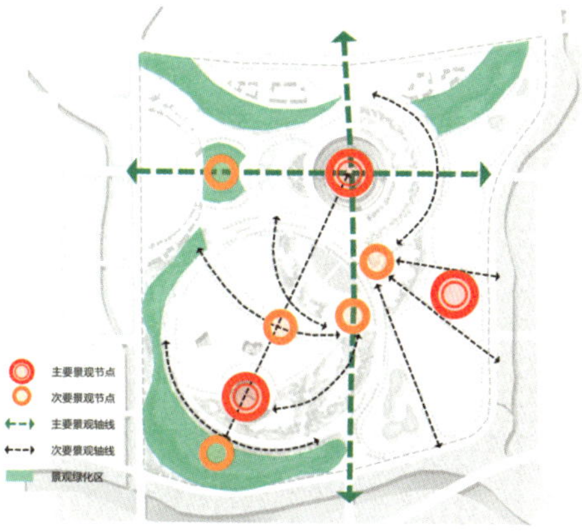

图 10-6-6 景观结构分析

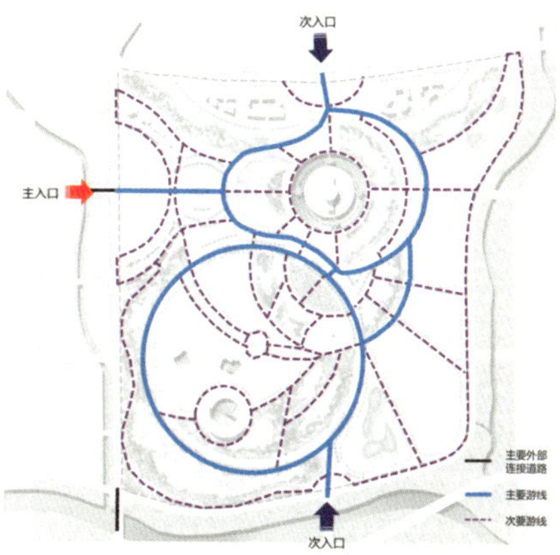

图 10-6-7 游线分析

二、运动休闲小镇——天马小镇

1. 形象定位

天马小镇：打造以山为靠，以水为镜的自然宁静、充满体育活力的特色小镇；打造生态和谐、依山傍水、最具活力与价值的运动休闲小镇。

2. 选址与规划范围

选址依据：抚宁洋河水库水量充足，环境优美，风景良好，旅游资源优势明显，因此，洋河水库周边村庄可作为水库农庄度假小镇，依靠周边环境资源，消除农村面源污染和养殖业点源污染，引进旅游产业，营造特色鲜明的个性小镇。

规划范围：参考“秦皇岛北戴河风景名胜区总体规划”“河北昌黎干红葡萄酒产业聚集区总体规划”，依据景区红线，综合考虑现状因素，划定天马小镇范围红线。

小镇近期规划面积约 2 平方千米，至 2030 年规划人口达到 2 ~ 2.5 万人（图 10-6-8）。

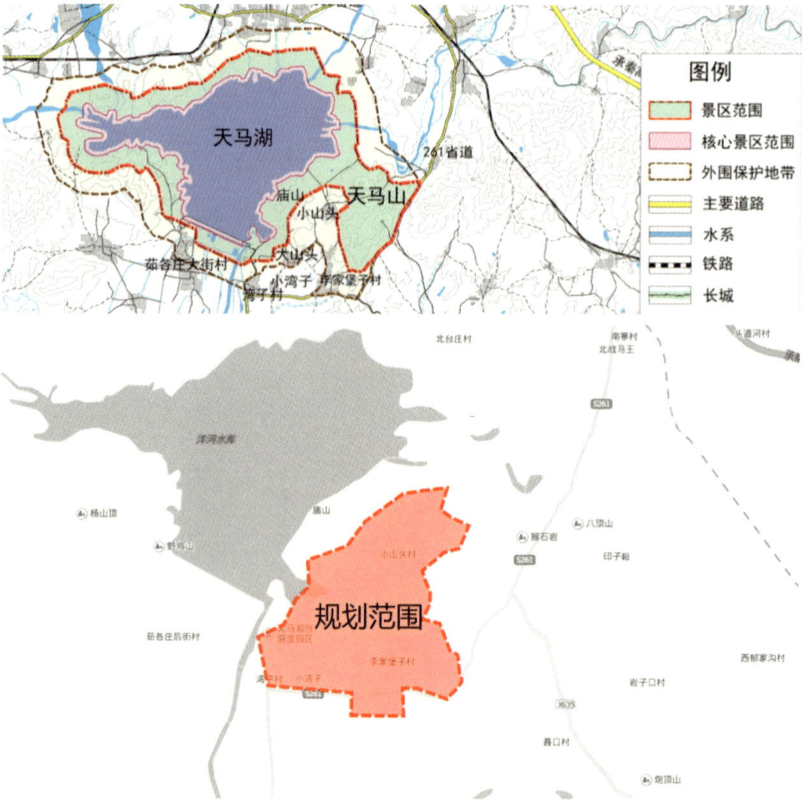

图 10-6-8 选址范围

3. 功能结构

天马小镇开发呈一核、两轴、六区、多点的空间结构（图 10-6-9）。

一核：生态绿核。

两轴：活力商业轴，通过商业通廊串联小镇的西南门户到天马的主要轴线。生态景观轴，连接滨水商业节点与体育基地的主要轴线。

六区：体育休闲区、运动疗养区、主题度假区、综合服务区、生态居住区、酒庄体验区。

多点：综合服务中心、滨水商业节点、体育基地、红酒庄园。

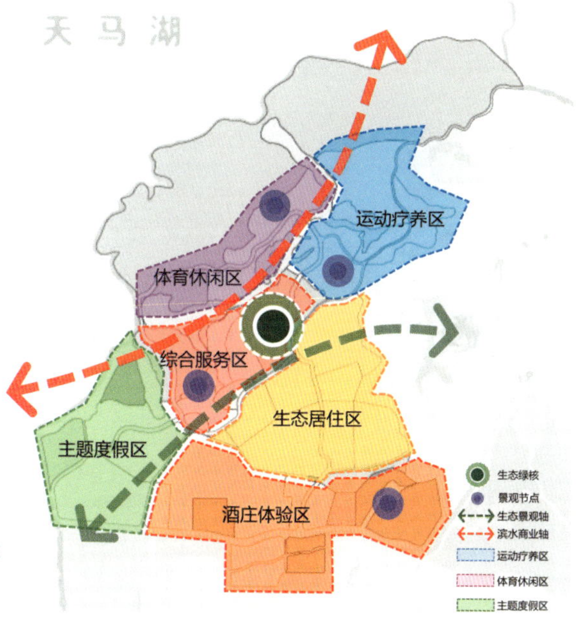

图 10-6-9　功能结构

4. 用地规划

依据规划人口，进行经济测算，预测各类用地所需面积，对用地布局进行调整。主要调整为将部分商业用地转换为居住用地以及旅游建设用地。其中，旅游建设用地为商住功能混合用地。可根据未来发展需要，从而确定旅游建设用地中，居住功能与商业功能的占比关系（图 10-6-10）。

5. 分期开发

天马小镇分两期开发：一期可建设用地为 233 公顷，二期为 47 公顷，共 280 公顷。一期：包括运动疗养区、体育休闲区、生态居住区、综合服务区和主题度假区的部分。二期：酒庄体验区和主题度假区的部分（图 10-6-11）。

6. 总平面及效果图

小镇总平面如图 10-6-12 所示，效果图如图 10-6-13 所示。

7. 核心资源导览

小镇核心资源如图 10-6-14 所示。

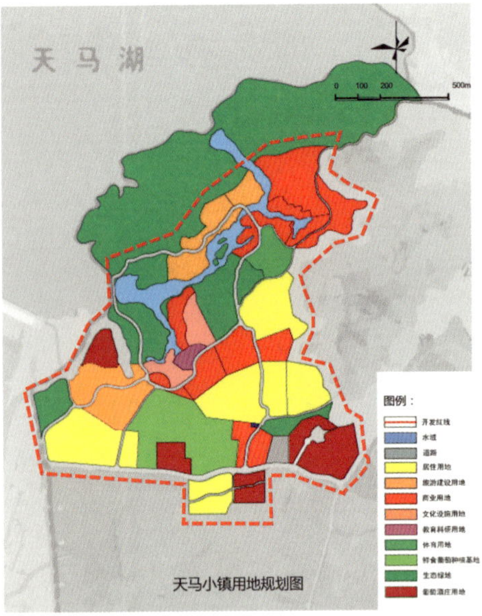

	规划面积（公顷）	城镇人口（人）	旅游人口（人/日）	常住人口（人）
开发（规划）	500	13165	3948	17113

用地平衡表

用地分类	占地面积（公顷）	占地比例（%）
居住用地	108	21.6
商业用地	94.9	18.9
旅游建设用地	49.6	9.9
教育科研用地	3.4	0.7
体育用地	10.4	2.1
文化设施用地	13.6	2.7
鲜食葡萄种植基地	43.6	8.7
酒庄用地	43.3	8.6
生态绿地	63.7	12.7
社会停车场用地	4.1	0.8
道路	34.8	6.9
水域	31.5	6.3

图 10-6-10 用地规划

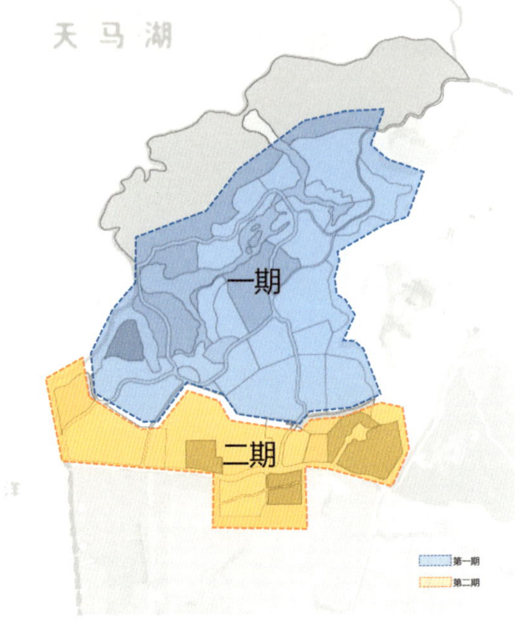

图 10-6-11 分期开发

图 10-6-12 总平面

图 10-6-13 效果图

图 10-6-14 核心资源导览

三、足球特色小镇——大新寨镇

1. 形象定位

全国唯一一座长城脚下的足球小镇。让中国足球的未来在历史的恢宏下见证，让中国足球的明天在祖国的羽翼下萌芽。

2. 小镇发展思路

大新寨镇区以足球为主题，并结合抚宁本地的农业休闲、历史文化等诸多复合型旅游资源，全方位配合营造以足球主题为主要特色的多彩活力小镇。以视觉营造足球主题特色，体现足球主题的业态配置，策划多彩的节事活动。

大新寨镇应发展成为一个集旅游集散、美食购物、足球主题游乐于一体的新型旅游小镇。

3. 功能分区

打造大新寨镇一核、一带、两轴、四区多点的空间结构。

一核：生态绿核。

一带：滨河休闲带。

两轴：商业发展轴、滨水景观轴。

四区：生态居住区、主题商业区、活力生活区、农业加工区（图 10-6-15）。

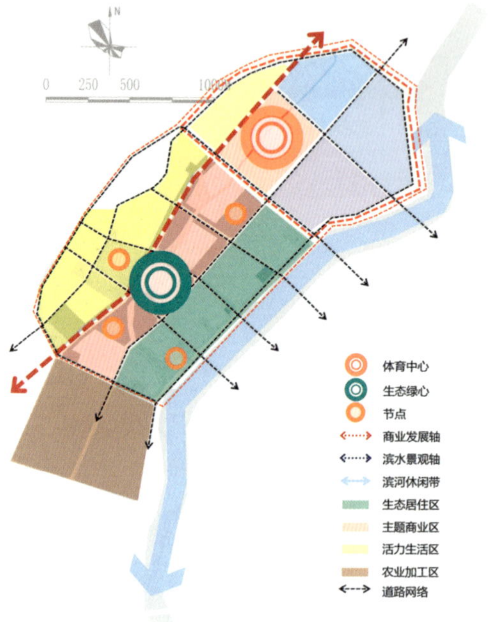

图 10-6-15 功能分区

4. 用地规划

小镇一期开发面积约 140 公顷，至 2020 年规划人口达到 1.94 万人。

镇区中心规划生态绿核，并与滨河、沿路绿地形成生态绿网。增加部分商业用地及一类工业用地（图 10-6-16）。

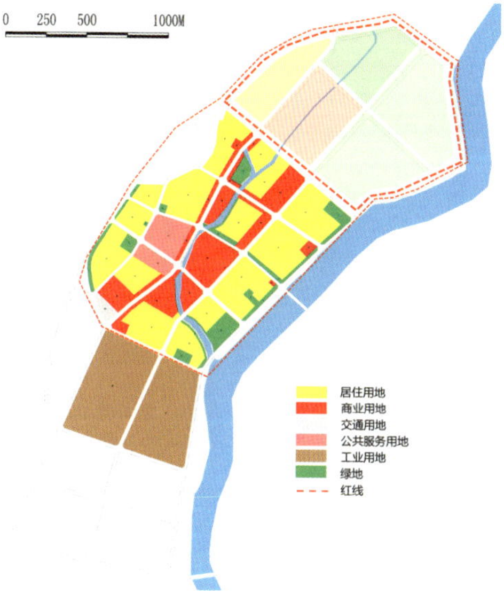

一期开发（规划）	规划面积（公顷）	城镇人口（人）	旅游人口（人/日）	常住人口（人）
	136.5	12605	6783	19389

土地利用平衡表

用地分类	占地面积（平方米）	占地比例（%）
居住用地	688384.6	50.41%
商业服务业设施用地	238790.3	17.49%
公共管理与公共服务用地	42041.25	3.08%
绿地与广场用地	120173.9	8.80%
水域	42989.14	3.15%
道路与交通用地	233093.6	17.07%

图 10-6-16 用地规划

5. 总平面和效果图

小镇总平面如图 10-6-17 所示，效果图如图 10-6-18 所示。

6. 交通分析

梳理交通规划，与北部长城、东部森林公园、南部天马小镇建立慢行系统。镇区南部沿洋河设置约 6 千米的风景步道，连接南部高品质红酒小镇（天马小镇）。镇区东部滨河 3 千米处设置游客驿站，通往两个方向设立两条慢行景观道，北至长城，东至国家森林公园。

7. 核心资源导览

在体育强国战略指导下，未来每个省至少有一个足球小镇，它是历史、文化、特色、产业的集聚，是球迷、球星的故乡。大新寨镇作为“长城脚下的足球小镇”将是全国首创（图 10-6-19）。

8. 效益分析

足球特色小镇总投资为 2.5 亿元，旅游收入（至 2030 年）为每年 26 亿元，就业岗位增加（至 2030 年）8508 个（表 10-6-2）。

本规划通过生态、景观、产业等整体规划设计，将特色小镇发展与产业发展整合，创造可持续的新模式，同时实现生态、经济、社会等多方面的综合效益。

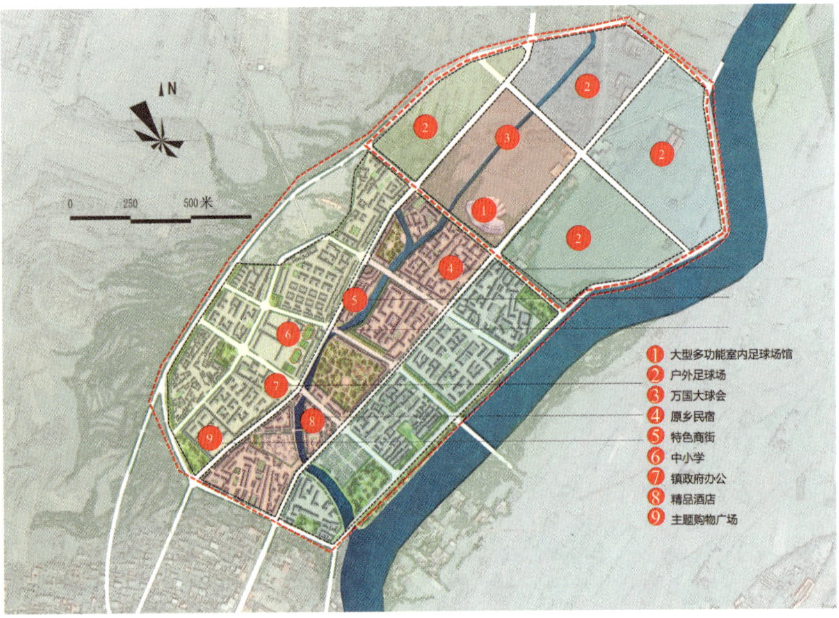

图 10-6-17 总平面

图 10-6-18 效果图

图 10-6-19 核心资源导览

表 10-6-2　足球特色小镇效益分析

参数类别	单价	单位	面积	单位	费用（万元）
一、前期工程费	项目工程费 ×3%				633
二、基础设施建设费	—	—	—	—	18 400
道路	600	元 / 平方米	24	公顷	14 400
污水处理厂	4000	万元 / 处	1	处	4 000
三、公共服务工程建设费用	—	—	—	—	2 708
公共绿地	200	元 / 平方米	12	公顷	2 400
其他	2.3	万元 / 公顷	134	公顷	308
四、管理费用	项目工程费 ×3%				633
五、不可预见费（预备费）	项目工程费 ×8%				1689
六、财务费用	项目工程费 ×5%				1055
总投资（万元）	25 119				